高等学校化工原理课程系列教材

化工原理课程设计

HUAGONG YUANLI KECHENG SHEJI

李金龙　　赵振龙　　李峰博　　主编

化学工业出版社

·北京·

内容简介

《化工原理课程设计》作为化工原理课程系列教材之一,是化工及相关专业的教学参考书。本书共分六章,内容包括绪论、Aspen Plus 在化工设计中的应用、管壳式换热器设计、塔设备设计、蒸发器设计及干燥器设计,着重介绍了四类常用化工过程及设备的设计资料和设计方法。对于所涉及的化工单元操作,除了强调设计的目的与要求、设计原理及方法外,重点阐述了流程方案的确定、设备选型、工艺尺寸的设计和设计计算方法。此外,还介绍了辅助设备的计算及选型,给出了相应的设计计算示例,并附设计任务,可供不同类型的专业进行课程设计时选用。

本书可作为高等院校化工、制药、环境等专业的教材,亦可供化工及相关领域从事科研、设计、生产与管理工作的工程技术人员参考。

图书在版编目(CIP)数据

化工原理课程设计/李金龙,赵振龙,李峰博主编. —北京:化学工业出版社,2024.1
 ISBN 978-7-122-44407-3

Ⅰ.①化… Ⅱ.①李…②赵…③李… Ⅲ.①化工原理-课程设计 Ⅳ.①TQ02-41

中国国家版本馆 CIP 数据核字(2023)第 214594 号

责任编辑:蔡洪伟 马 波
文字编辑:崔婷婷
责任校对:宋 玮
装帧设计:王晓宇

出版发行:化学工业出版社
　　　　(北京市东城区青年湖南街 13 号 邮政编码 100011)
印　　刷:三河市航远印刷有限公司
装　　订:三河市宇新装订厂
787mm×1092mm 1/16 印张 16¼ 字数 392 千字
2024 年 2 月北京第 1 版第 1 次印刷

购书咨询:010-64518888
售后服务:010-64518899
网　　址:http://www.cip.com.cn

凡购买本书,如有缺损质量问题,本社销售中心负责调换。

定　　价:48.00 元　　　　　　　　　　　　　　版权所有　违者必究

前言
PREFACE

化工原理课程设计是化工及相关专业学生学习的一个总结性和综合性的实践教学过程，与化工原理理论课、化工原理实验课一起构成化工原理课程的三大必修环节，是综合运用化工原理和相关先修课程的所学知识，完成以某一化工单元操作为主的设计。

在本书的编写过程中，编者吸收了多年来教学改革的经验和工程实践的成果，遵循认知规律，面向新工科要求下的化工人才培养，力求在内容和体系上有新意。与传统的《化工原理课程设计》教材相比，本书更注重理论对工程设计的指导作用，引入化工技术经济分析评价，强调现代化设计工具、手段的使用，力求工艺参数和设备参数的优化，使学生初步建立工程观念。在选材上，编者本着"加强基础、增强专业实用性、培养创新能力"的主导思想，以产品精制所用的塔设备为主，辅以换热器设计，让学生从宏观上掌握不同条件对塔设备尺寸影响规律的设计，从微观上熟知操作条件对塔设备结构的变化规律设计；在处理方法上，以现代设计工具 Aspen Plus 进行工艺设计，注重理论与实践相结合，以实际工业生产中的工程设计为案例，融入创新思想，培养学生工程观念、解决复杂工程问题的能力和创新意识。

本书按照化工设计的规范和化工原理课程教学的基本要求，共分六章介绍了课程设计的要求、内容及技术经济评价，化工设计软件 Aspen Plus 软件，并详细介绍了四类常用化工过程及设备的流程方案的确定原则、设备选型、工艺尺寸的设计和设计计算方法，包括换热器设计、塔设备设计、蒸发器设计、干燥器设计及结晶器设计。所介绍的化工单元操作都有设计计算示例，并附设计任务，可供不同类型专业课程设计时选用。

本书由齐齐哈尔大学李金龙、赵振龙、李峰博主编并统稿。第 1 章绪论由李金龙执笔，第 2 章 Aspen Plus 在化工设计中的应用、第 3 章管壳式换热器设计、第 5 章蒸发器设计由赵振龙执笔，第 4 章塔设备设计由李峰博执笔，第 6 章干燥器设计由隋国哲执笔，康泰斯（上海）化学工程有限公司李实提供了 Aspen Plus 软件的支持并进行了指导，张伟光、杨长龙、吕君对本书提出了很多宝贵意见。在这里，我们对以各种形式帮助过本书撰写的单位和个人表达深深的敬意和谢意。

在本书的编写中，参考了大量的有关数据和资料，在此向其作者表示感谢！另外，作者向齐齐哈尔大学教务处等对于本书出版所给予的支持表示感谢！

因编者的水平有限，书中不足之处在所难免，恳请读者批评指正，以便我们在今后的工作中加以改进，在此深表谢意。

编　者
2023 年 8 月

目录
CONTENTS

第 1 章　绪论　001

1.1　课程设计的目的、要求及内容　001
- 1.1.1　课程设计的目的、要求　001
- 1.1.2　课程设计的内容　002

1.2　化工生产工艺流程设计　003
- 1.2.1　工艺流程图中常见的图形符号　003
- 1.2.2　工艺流程设计　011
- 1.2.3　工艺流程设计的基本原则　013

1.3　主体设备设计　013
- 1.3.1　主体设备工艺条件图　013
- 1.3.2　主体设备装配图　014

1.4　典型单元设备的控制设计　015
- 1.4.1　输送设备的控制设计　015
- 1.4.2　传热设备的控制设计　017
- 1.4.3　精馏塔设备的控制设计　019

1.5　化工过程技术经济评价　024
- 1.5.1　技术评价指标　024
- 1.5.2　经济评价指标　024
- 1.5.3　工程项目投资估算　025
- 1.5.4　化工产品的成本估算　027
- 1.5.5　利润和利润率　029

1.6　设计说明书的编写　029

1.7　化工设计软件的应用　030

第 2 章　Aspen Plus 在化工设计中的应用　　031

2.1　Aspen Plus 简介　　031
2.1.1　Aspen Plus 的主要功能和特点　　031
2.1.2　Aspen Plus 的物性数据库　　032
2.1.3　Aspen Plus 存在的热力学方法　　032
2.1.4　Aspen Plus 的热力学模型选择　　033
2.1.5　Aspen Plus 的物性估算及分析　　033
2.1.6　Aspen Plus 的单元模型库　　034

2.2　Aspen Plus 的基本操作　　035
2.2.1　Aspen Plus 的启动　　035
2.2.2　Aspen Plus 的流程创建　　036
2.2.3　Aspen Plus 组分的规定及其他数据输入　　037
2.2.4　Aspen Plus 模拟程序的运行　　037
2.2.5　Aspen Plus 的管理文件　　038
2.2.6　灵敏度分析和设计规定　　039
2.2.7　物性分析和物性参数估算　　039
2.2.8　物性数据回归　　039

2.3　Aspen Plus 中分离器单元模块　　040
2.3.1　Flash2 模型　　040
2.3.2　Flash3 模型　　041
2.3.3　Decanter 模型　　042
2.3.4　Sep 模型　　043
2.3.5　Sep2 模型　　043

2.4　Aspen Plus 中换热器单元模块　　043
2.4.1　Healer 模型　　044
2.4.2　HeatX 模型　　045

2.5　Aspen Plus 中塔设备计算单元模型　　049
2.5.1　DSTWU 模型　　049
2.5.2　Dist1 模型　　051
2.5.3　SCFrac 模型　　051
2.5.4　RadFrac 模型　　051
2.5.5　Extract 模型　　056

  2.5.6 MultiFrac 模型 058
  2.5.7 PetroFrac 模型 059
  2.5.8 RateFrac 模型 059
  2.5.9 BatchFrac 模型 059

 2.6 Aspen Plus 中反应器单元模型 059

  2.6.1 化学计量反应器（RStoic） 060
  2.6.2 产率反应器（RYield） 061
  2.6.3 平衡反应器（REquil） 062
  2.6.4 吉布斯反应器（RGibbs） 063
  2.6.5 全混釜反应器（RCSTR） 064
  2.6.6 平推流反应器（RPlug） 066
  2.6.7 间歇釜反应器（RBatch） 068

第 3 章　管壳式换热器设计 070

 3.1 概述 071

 3.2 管壳式换热器的设计 072

  3.2.1 概述 072
  3.2.2 设计方案的确定 073
  3.2.3 管壳式换热器的结构 078
  3.2.4 管壳式换热器的设计计算 087
  3.2.5 管壳式换热器类型的确定 097

 3.3 管壳式换热器的设计示例 099

  3.3.1 确定设计方案 099
  3.3.2 确定物性数据 099
  3.3.3 计算总传热系数 100
  3.3.4 计算传热面积 101
  3.3.5 工艺结构尺寸 101
  3.3.6 换热器核算 102
  3.3.7 换热器的主要结构尺寸和计算结果 105

第 4 章　塔设备设计 106

 4.1 概述 108

  4.1.1 塔设备的类型 108

4.1.2　塔设备设计的性能要求　　　　　　　　　　　　109
　　4.1.3　板式塔与填料塔的比较及选型　　　　　　　　　109

4.2　板式塔的设计　　　　　　　　　　　　　　　　　　110
　　4.2.1　设计方案的确定　　　　　　　　　　　　　　111
　　4.2.2　塔板的类型与选择　　　　　　　　　　　　　112
　　4.2.3　塔体工艺尺寸的计算　　　　　　　　　　　　115
　　4.2.4　塔板工艺尺寸的计算　　　　　　　　　　　　117
　　4.2.5　塔板的流体力学验算　　　　　　　　　　　　127
　　4.2.6　塔板的负荷性能图　　　　　　　　　　　　　131
　　4.2.7　板式塔的结构与附属设备　　　　　　　　　　131
　　4.2.8　筛板塔设计示例　　　　　　　　　　　　　　140

4.3　填料塔的设计　　　　　　　　　　　　　　　　　　152
　　4.3.1　设计方案的确定　　　　　　　　　　　　　　153
　　4.3.2　填料的类型与选择　　　　　　　　　　　　　155
　　4.3.3　填料塔工艺尺寸的计算　　　　　　　　　　　159
　　4.3.4　填料层压降的计算　　　　　　　　　　　　　167
　　4.3.5　填料塔内件的设计　　　　　　　　　　　　　168
　　4.3.6　填料吸收塔设计示例　　　　　　　　　　　　175

第 5 章　蒸发器设计　　　　　　　　　　　　　　　　　181

5.1　概述　　　　　　　　　　　　　　　　　　　　　　182
　　5.1.1　蒸发器的类型　　　　　　　　　　　　　　　182
　　5.1.2　蒸发器的选型　　　　　　　　　　　　　　　186

5.2　单效蒸发与真空蒸发的设计计算　　　　　　　　　187
　　5.2.1　单效蒸发的设计计算　　　　　　　　　　　　187
　　5.2.2　蒸发器的生产能力与生产强度　　　　　　　　191

5.3　多效蒸发　　　　　　　　　　　　　　　　　　　　191
　　5.3.1　多效蒸发的效数及流程　　　　　　　　　　　192
　　5.3.2　多效蒸发的计算　　　　　　　　　　　　　　194

5.4　蒸发装置的辅助设备　　　　　　　　　　　　　　　200
　　5.4.1　气液分离器　　　　　　　　　　　　　　　　200
　　5.4.2　蒸气冷凝器　　　　　　　　　　　　　　　　201

5.4.3　真空装置　　　　　　　　　　　　　　　　　205

　5.5　蒸发设备的强化　　　　　　　　　　　　　　　205

　5.6　蒸发装置的设计示例　　　　　　　　　　　　206

第 6 章　干燥器设计　　　　　　　　　　　　　214

　6.1　概述　　　　　　　　　　　　　　　　　　　215

　　　6.1.1　干燥器的类型　　　　　　　　　　　　　215
　　　6.1.2　干燥器的选择　　　　　　　　　　　　　216
　　　6.1.3　气流干燥器　　　　　　　　　　　　　　217
　　　6.1.4　流化床干燥器　　　　　　　　　　　　　218

　6.2　干燥器的设计　　　　　　　　　　　　　　　219

　　　6.2.1　干燥器的设计步骤　　　　　　　　　　　219
　　　6.2.2　干燥条件的确定　　　　　　　　　　　　219
　　　6.2.3　干燥过程的物料衡算与热量衡算　　　　　221

　6.3　气流干燥器的设计　　　　　　　　　　　　　224

　　　6.3.1　气流干燥的基础理论　　　　　　　　　　224
　　　6.3.2　气流干燥器的设计计算　　　　　　　　　226
　　　6.3.3　流化床干燥器的设计计算　　　　　　　　228

　6.4　干燥装置附属设备的计算与选型　　　　　　　238

　　　6.4.1　风机　　　　　　　　　　　　　　　　　238
　　　6.4.2　空气加热器　　　　　　　　　　　　　　238
　　　6.4.3　供料器　　　　　　　　　　　　　　　　239
　　　6.4.4　气固分离器　　　　　　　　　　　　　　240

　6.5　气流干燥器的设计示例　　　　　　　　　　　242

　6.6　流化床干燥器的设计示例　　　　　　　　　　246

　6.7　卧式多室流化床干燥器设计示例　　　　　　　248

参考文献　　　　　　　　　　　　　　　　　　　251

第 1 章 绪论

设计是工程建设的灵魂,对工程建设起着主导和决定性作用,又是科研成果转化为现实生产力的桥梁和纽带,决定着工业现代化的水平。化工设计是把一项化工过程从设想变成现实的政策性很强的工作,涉及政治、经济、技术、环保、法规等诸多方面,而且还会涉及化工、机械、电气、自动化控制、给排水等多专业及多学科的交叉、综合和相互协调,是一门综合性很强的技术科学。融合了先进的设计思想、科学合理的设计方法的优秀作品始终是工程设计人员追求的目标。化工原理课程设计,即化工单元设备的设计,是整个化工过程和装置设计的核心和基础,作为化工类的本科生,熟练掌握化工单元设备的设计方法和步骤是十分重要的。

1.1 课程设计的目的、要求及内容

1.1.1 课程设计的目的、要求

课程设计是化工原理课程教学中综合性和实践性较强的教学环节,是理论联系实际的桥梁,是学生体察工程实际问题复杂性、学习化工设计基本知识的初次尝试。通过课程设计,要求学生能够综合运用化工原理课程和相关前修课程所学的基本知识,进行融会贯通的独立思考,在规定的时间内,按照设计任务书的要求,搜集、选择所需的资料和数据,完成以化工单元操作和单元设备设计为主的化工设计,从而得到化工工程设计的初步训练。课程设计能够使学生树立正确的化工设计思想,了解化工设计的基本内容,掌握化工设计的程序和方法,培养学生综合运用所学知识分析和解决工程实际问题的能力,以及培养实事求是、严肃认真、高度负责的工作作风,切实提高学生的工程素质能力。

课程设计与普通的课程作业不同,需要学生根据所学知识独立做出决策,即独立查找资料、确定方案、选择流程、进行过程和设备计算,以及过程的经济核算,经过反复的分析比较,择优确定理想的方案和科学合理的设计,完成相关文本、图纸等设计文件。所以,课程设计是增强工程观念、培养学生工程能力和独立工作能力的有益实践。

通过课程设计,学生应在以下几方面得到较好的能力培养和训练:

① 熟练查阅资料、正确选用公式和收集相关数据。在设计任务书下达后,要根据内容查找相关的流程、生产设备以及涉及的物性参数,公式也要综合全面数据根据需求自行选定。当缺乏必要数据时,除采用经验公式估算外,还可以利用 Aspen Plus 软件中的功能进行计算,

甚至有时需要自己通过实验测定或到生产现场进行实际查定。

② 在兼顾技术上的先进性、可靠性，经济上合理性的前提下，综合分析设计任务要求，确定工艺流程，进行设备的设计及选型，并提出保证过程正常、安全运行所需的过程控制设计、设备布置设计，同时还要考虑改善劳动条件和环境保护的有效措施。

③ 迅速且准确地进行化工过程及主要设备的工艺设计等工程计算。

④ 掌握化工设计的基本程序和方法，了解工艺流程图、主体设备图、设备布置图的基本绘制要求。

⑤ 通过编写设计说明书和绘制图纸，用精练的语言、简洁的文字、规范制图来表达自己的设计思想和设计结果。

1.1.2 课程设计的内容

课程设计一般包括以下内容。

（1）设计方案的选定　根据设计任务书所提供的条件和要求，通过对生产现场的调查和对查找资料的分析对比，选定适宜的流程方案和设备类型，初步确定工艺流程，并对给定或选定的工艺流程、主要设备的型式进行简要的论述。

（2）主要设备的工艺设计　包括工艺参数的选定、物料衡算、能量衡算、设备的工艺尺寸计算及结构设计，绘制物料流程图和带控制点的工艺流程图，标出主要设备和辅助设备的物料流向、物流量、能量流量和主要化工参数测量点。

（3）设备设计及设计条件图　设备工艺尺寸和结构尺寸的设计计算，绘制主体设备的设计条件图，图面应包括设备的主要工艺尺寸、技术特性表和管口表。

（4）典型辅助设备的计算和选型　包括典型辅助设备的主要工艺尺寸计算和设备型号规格的选定。

（5）设计说明书的编写　课程设计报告由设计说明书和图纸两部分组成。设计说明书应包括所有论述、原始数据、计算、表格等，编排顺序如下：

① 标题页；
② 设计任务书；
③ 说明书目录；
④ 总论：设计任务的意义，设计方案简介，设计结果简述；
⑤ 工艺流程草图及说明；
⑥ 工艺计算及主体设备设计：物料与能量衡算，主要设备工艺计算及结构尺寸计算；
⑦ 辅助设备的计算及选型：泵、压缩机、换热器的规格及型号，容器及贮槽的形式与容积；
⑧ 设计结果概要或设计一览表；
⑨ 结束语：对本设计的总结、收获、评述等；
⑩ 附图（带控制点的工艺流程简图、主体设备设计条件图）；
⑪ 参考文献；
⑫ 主要符号说明。

设计说明书中的论述应该逻辑清晰、观点明确，所采用的物性等数据需标明出处，计算所需公式必须写明编号，涉及的符号必须注明含义和单位，计算的数据要求科学有效。

对设计图纸的要求如下：

（1）流程图　本图应以细实线画出设备和装置的外形，大致标明各设备的相对位置，并在相应设备的上方、下方或附近标注出设备的位号和名称。以粗实线和箭头表示物料流向。

（2）设备图　本图一般用主（正）视图、俯视图和局部剖面图表示设备的结构形状，并应在图上注明设备的直径、高度、接口等尺寸。

1.2　化工生产工艺流程设计

化工生产工艺流程设计是所有化工装置设计中最先着手的工作，由浅入深、由定性到定量逐步分阶段依次进行，并贯穿于整个设计过程。工艺流程设计的目的是在确定生产方法之后，以流程图的形式表示出由原料到成品的整个生产过程中物料被加工的顺序、各股物料的流向以及所涉及的公用工程，同时表示出生产中所有化工单元操作的工艺参数及设备之间的联系，据此可进一步制定化工管道流程和计量-控制流程。工艺流程图作为化工过程技术经济评价的依据，为工艺安装和指导生产的重要技术文件。

1.2.1　工艺流程图中常见的图形符号

（1）常见设备图形　设备示意图用细实线画出设备简略外形和主要内部特征（如塔的填充物、塔板、搅拌器和加热管等），线条宽度为 0.15mm 或 0.25mm。目前很多设备的图形已有统一规定，其图例见表 1-1。

表 1-1　工艺流程图中设备、机器图例（HG/T 20519—2009）

类别	代号	图例		
塔	T	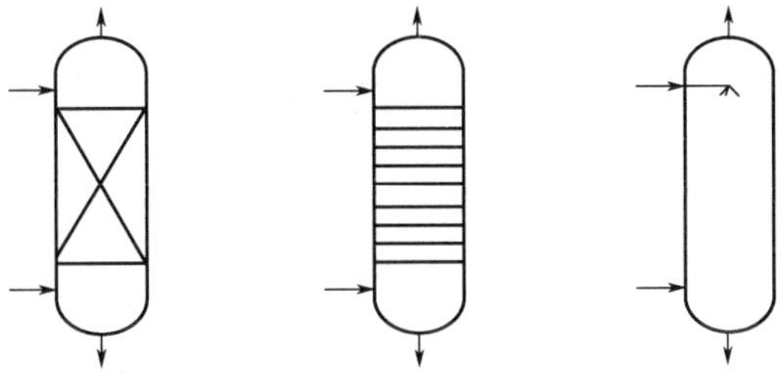 填料塔	板式塔	喷洒塔
反应器	R	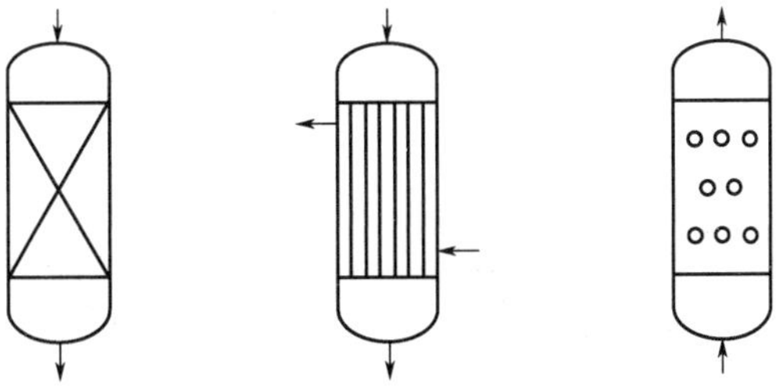 固定床反应器	列管式反应器	流化床反应器

续表

类别	代号	图例
反应器	R	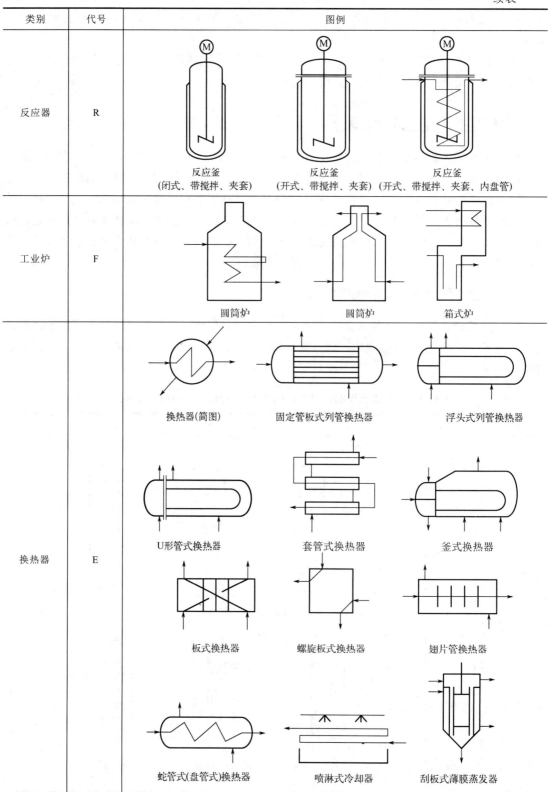
工业炉	F	
换热器	E	

续表

类别	代号	图例
换热器	E	列管式(薄膜)蒸发器　　抽风式空冷器　　送风式空冷器
泵	P	离心泵　　水环式真空泵　　漩涡泵　　旋转泵、齿轮泵 螺杆泵　　螺杆泵　　隔膜泵　　喷射泵
压缩机	C	鼓风机　　卧式压缩机　　立式压缩机　　往复式压缩机 离心式压缩机　　二段往复式压缩机(L型)　　四段往复式压缩机
容器	V	锥顶罐　　(地下/半地下)池、槽、坑　　浮顶罐　　圆顶锥底容器 蝶形封头容器　　平顶容器　　干式气柜　　湿式气柜

续表

类别	代号	图例
容器	V	球罐　卧式容器　卧式容器　填料除沫分离器 丝网除沫分离器　旋风分离器　干式电除尘器 湿式电除尘器　固定床过滤器　带滤筒的过滤器
称量机械	W	带式定量给料秤　地上衡
其他机械	M	压滤机　转鼓式(转盘式)过滤机　有孔壳体离心机　无孔壳体离心机 螺杆压滤机　挤压机　揉合机　混合机

续表

类别	代号	图例
动力机	MESD	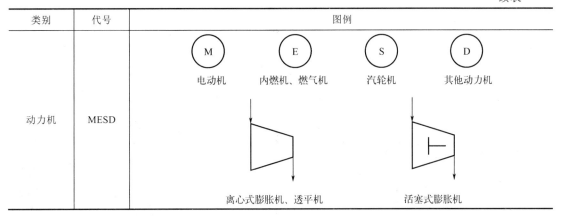

图上应标注设备的位号及名称。设备分类代号见表1-2。

表1-2 设备分类代号

设备类别	代号	设备类别	代号
塔	T	火炬、烟囱	S
泵	P	容器（槽、罐）	V
压缩机、风机	C	起重运输设备	L
换热器	E	计量设备	W
反应器	R	其他机械	M
工业炉	F	其他设备	X

（2）工艺流程图中关键、阀门的图形符号　阀门的图例尺寸一般长4mm、宽2mm或长6mm、宽3mm，常用管道、管件、阀门的图例见表1-3。

表1-3 常用管道、管件、阀门的图例（HG/T 20519—2009）

名称	图例	备注	名称	图例	备注
主物料管道	———	粗实线	次要物料管道，辅助物料管道	———	中粗线
引线、设备、管件、阀门、仪表图形符号和仪表管线等	———	细实线	原有管道（原有设备轮廓线）	—··—··—	管线宽度与其相接的新管线宽度相同
地下管道（埋地或地下管沟）	---------		蒸汽伴热管道	========	
电伴热管道	====		夹套管		夹套管只表示一段
管道绝热层		绝热层只表示一般	翅片管		
柔性管			管道相接		

续表

名称	图例	备注	名称	图例	备注
管道交叉（不相连）			地面		仅用于绘制地下、半地下设备
管道等级管道编号分界	××××　××××	××××表示管道编号或管道等级代号	流向箭头		
进、出装置或主项的管道或仪表信号线的图纸接续标志，相应图纸编号填在空心箭头内		尺寸单位mm，空心箭头上方注明来或去的设备位号或管道号或仪表号	同一装置或主项的管道或仪表信号线的图纸接续标志，相应图纸编号填在空心箭头内		尺寸单位mm，空心箭头附件注明来或去的设备位号或管道号或仪表号
取样、特殊管（阀）件的编号框	A　SV　SP	A：取样；SV：特殊阀门；SP：特殊管件；圆直径：10 mm	闸阀		
截止阀			节流阀		
球阀		圆直径 4 mm	旋塞阀		圆黑点直径 2 mm
隔膜阀			角式截止阀		
角式节流阀			角式球阀		
三通截止阀			三通球阀		
三通旋塞阀			四通截止阀		
四通球阀			四通旋塞阀		
止回阀			柱塞阀		
蝶阀			减压阀		
角式弹簧安全阀		阀出口管为水平方向	角式重锤安全阀		阀出口管为水平方向
直流截止阀			疏水阀		
插板阀			底阀		

续表

名称	图例	备注	名称	图例	备注
针形阀			呼吸阀		
带阻火器呼吸阀			阻火器		
视镜、视钟			消声器		在管道中
消声器		放大气	爆破片		真空式 压力式
喷射器			Y型过滤器		
文氏管			锥型过滤器		方框5mm×5mm
T型过滤器		方框5mm×5mm	罐式(篮式)过滤器		方框5mm×5mm
管道混合器			膨胀节		
喷淋管			焊接连接		仅用于表示设备管口与管道为焊接连接
螺纹管帽			法兰连接		
软管接头			管端法兰(盖)		
阀端法兰(盖)			管帽		
阀端丝堵			管端丝堵		
偏心异径管	(底平) (顶平)		同心异径管		
圆形盲板	(正常开启) (正常关闭)		放空管(帽)	(帽) (管)	
8字盲板	(正常关闭) (正常开启)		漏斗	(敞口) (封闭)	
	c.s.O	未经批准,不得关闭（加锁或铅封）		c.s.C	未经批准,不得开启（加锁或铅封）

（3）仪表参量代号、功能代号及图形符号　仪表参量代号见表1-4,仪表功能代号见表1-5,仪表图形符号见表1-6。

表 1-4 仪表参量代号

参量	代号	参量	代号	参量	代号
温度	T	质量(重量)	m(W)	厚度	δ
温差	ΔT	转速	N	频率	f
压力(或真空)	p	浓度	C	位移	S
压差	Δp	密度(相对密度)	γ	长度	L
质量(或体积)流量	G	分析	A	热量	Q
液位(或料位)	H	湿度	Φ	氢离子浓度	pH

表 1-5 仪表功能代号

功能	代号	功能	代号	功能	代号
指示	Z	积算	S	联锁	L
记录	J	信号	X	变送	B
调节	T	手动控制	K		

表 1-6 仪表图形符号

符号	○	⊖	♀	⍭	⍫	⌐	⊟	Ⓢ	Ⓜ	⊗	▽	⏚
意义	就地安装	集中安装	通用执行机构	无弹簧气动阀	有弹簧气动阀	带定器气动阀	活塞执行机构	电磁执行机构	电动执行机构	变送器	转子流量计	孔板流量计

（4）流程图中的物料代号 按物料的名称和状态取其英文名词的字头组成流程图中的物料代号，一般采用 2～3 个大写英文字母表示，见表 1-7。

表 1-7 物料代号

物料代号	物料名称	物料代号	物料名称	物料代号	物料名称
PA	工艺空气	PG	工艺气体	PL	工艺液体
PGL	气液两相工艺物料	PGS	气固两相工艺物料	PLS	液固两相工艺物料
PS	工艺固体	PW	工艺水	AR	空气
IA	仪表空气	CA	压缩空气	HS	高压蒸汽
MS	中压蒸汽	LS	低压蒸汽	SC	蒸汽冷凝水
TS	伴热蒸汽	BW	锅炉给水	FW	消防水
CSW	化学污水	HWR	热水回水	HWS	热水上水
CWR	循环冷却水回水	CWS	循环冷却水上水	RW	原水、新鲜水
DNW	脱盐水	SW	软水	DW	自来水、生活用水
WW	生产废水	FG	燃料气	FL	液体燃料
FS	固体燃料	NG	天然气	LPG	液化石油气
LNG	液化天然气	DO	污油	RO	原油
FO	燃料油	SO	密封油	GO	填料油
HO	导热油	LO	润滑油	AG	气氨

续表

物料代号	物料名称	物料代号	物料名称	物料代号	物料名称
AL	液氨	PRG	气体丙烯或丙烷	PRL	液体丙烯或丙烷
ERG	气体乙烯或乙烷	ERL	液体乙烯或乙烷	RWR	冷冻盐水回水
RWS	冷冻盐水上水	FRG	氟里昂气体	H	氢
N	氮	O	氧	VE	真空排放气
VT	放空	WG	废气	WS	废渣
WO	废油	DR	排液、导淋	FSL	熔盐
FV	火炬排放气	FLG	烟道气	IG	惰性气体
CAT	催化剂	SL	泥浆	AD	添加剂

（5）图线与字体　图线宽度的画法见表1-8。图纸和表格中的所有文字采用长仿宋体，图纸中的数字及字母为2～3mm，表格中的文字（格高小于6mm）为3mm。

表1-8　工艺流程图中图线宽度的画法

类别	图线宽度/mm		
	粗线 0.6～0.9	中粗线 0.3～0.5	细线 0.15～0.25
带控制点的工艺流程图	主物料管道	其他物料管道	其他
辅助物料管道系统图	辅助物料管道总管	支管	其他

1.2.2　工艺流程设计

工艺流程图是一种示意性图样，它以形象的图形、符号、代号表示出化工设备、管路附件和自控仪表等，用于表达生产过程中物料的流动顺序和生产操作程序，是化工工艺人员进行工艺设计的主要内容，也是进行工艺安装和指导生产的重要技术文件。按照设计阶段的不同，应先后有方框流程图、工艺流程草（简）图、工艺物料流程图和带控制点的工艺流程图。不论在初步设计还是在施工图设计阶段，工艺流程图都是非常重要的组成部分。

（1）方框流程图（block flow diagram）和工艺流程草（简）图（simplified flow diagram）　在工艺路线选择确定后的设计最初阶段，首先要绘制方框流程图，工艺步骤或操作单元以方框表示，注明方框序号、名称和主要操作条件，定性地标示出物料由原料转化为产品的过程、流向、各物流及公用工程的相互关系，不编入设计文件。

工艺流程草（简）图是一个半图解式的工艺流程图，实际上是方框流程图的一种变体或深入，用来表达整个工厂或车间生产流程的图样，带有示意的性质，仅供工艺计算时使用，不编入设计文件。

（2）工艺物料流程图（process flow diagram）　工艺物料流程图是在全厂（车间、总装置）方框流程图的基础上，完成物料衡算和热量衡算时绘制的，它以图形与表格相结合的形式来表达计算的结果，使设计流程定量化，为初步设计阶段的主要设计成品，作为下一步设计的依据，为接受审查提供资料，可供日后操作参考。

工艺物料流程图采用展开图形式，一般以车间为单位进行。按工艺流程顺序，自左至右依次画出一系列设备的图形，并配以物料流程线和必要的标注说明。一般包括图形、标注、物料平衡表、标题栏等内容。

图中设备应采用标准规定的设备图形符号（见表 1-1），不必严格按比例绘制，但图上需标注设备的位号、名称、规格及主要参数。设备位号可在两个位置进行标注，一是在图的上方或下方，标注的位号排列要整齐，尽可能排在相应设备的正上方或正下方，并在设备位号线下方标注设备的名称。二是在设备内或其近旁，此处仅标注位号，不标注名称。对于流程简单，设备较少的流程图，也可直接由设备上用细实线引出，标注设备位号。

设备位号在整个系统内不得重复，且在所有工艺图上设备位号均需一致。第一节字母是设备代号，其后是设备编号，一般由四位数字组成，最后一节字母为设备尾号。设备编号前两位数字主项代号，即设备所在工段（或车间）代号，从 01 开始编排，后两位是设备顺序号；设备尾号是区别同一位号的相同设备。例如，T 02 03 A 表示第二工段（或车间）的第三号塔设备 A。

物料流程图中需附上物料平衡表，可单独成表，包括物料代号、物料名称、组分、流量（质量流量和摩尔流量）等。还应列出物料的某些参数，如压力、温度、密度、状态、来源或去向等。标题栏包括图名、图号、所属设计阶段等内容。

（3）带控制点的工艺流程图（piping and instrumentation diagram）　在设备设计结束、控制方案确定之后，便可绘制带控制点的工艺流程图，此后，在进行车间布置的设计过程中，可能会对流程图作一些修改。图中应包括以下内容：

① 物料流程

a．设备示意图，其大致依表 1-1 的设备外形尺寸用细实线按比例画出，标明设备的主要管口，适当考虑设备合理的相对位置，保证设备布置的美观；

b．设备位号，一是标注在图的上方或下方，二是标注在设备内或其近旁；

c．物料及动力（水、汽、真空、压缩气、冷冻盐水）等管线及流向箭头，以及仪表控制线。绘制管线时，应横平竖直，所有管线不可横穿设备，尽量避免交叉，不能避免时，采用"细让粗"的规定，同类物料管道交叉时采用"横断竖不断"的原则；

d．管线上的主要阀门、设备及管道的必要附件，如疏水器、管道过滤器、阻火器等；

e．必要的计量、控制仪表，如流量计、液位计、压力表、真空表及其他测量仪表等；

f．简要的文字注释，如冷却水、加热蒸汽来源，热水及半成品去向等。

② 图例。图例是将工艺物料流程图中画的有关管线、阀门、设备附件、计量-控制仪表等图形以及代号、符号及其他标注用文字予以说明。如流程复杂，图样分成数张绘制时，应将以上内容单独编制成首页图，各分项工艺流程图不必再解释这些图例。

③ 图签。图签就是俗称的标题栏，应放在图的右下角，按一定的格式填写图名、设计单位、设计人员、制图人员（签名）、图号等内容。

带控制点的工艺流程图与工艺物料流程图不同，需要对管道、阀门与管件进行标注。

① 管道的标注。在一般情况下，横向管道标注在管道上方，竖向管道标注在管道左侧。标注内容包括由物料代号、主项代号和分段序号构成的管道号、管径和管道等级三部分。管道标注示意如图 1-1 所示。

主项代号用两位数字表示，应与设备位号的主项代号一致。

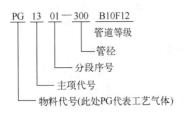

图 1-1　管道的标注示意图

分段序号按生产流向依次编号，采用两位数字表示。管径一般标注公称直径，管道等级是按温度、压力、介质腐蚀等情况预先设计各种不同管材规格，作出的等级规定。

② 阀门与管件的表示方法。在管道上需用细实线画出全部阀门和部分管件，并标注其规格代号，但如无特殊要求，一般连接件如法兰、三通、弯头及管接头等均不用画出。标注时同一管道号只是管径不同时，可以只标注管径，异径管标注大端公称直径乘以小端公称直径，如图1-2所示。

图1-2　带各类阀体的管道的标注方法

1.2.3　工艺流程设计的基本原则

工程设计是一项政策性很强的工作，要求设计人员必须严格遵守国家的有关方针政策和法律法规以及有关的行业规范，特别是国家的工业经济法规、环境保护法规和安全法规。此外，由于设计本身是一个多目标优化问题，对于同一个问题，常会有多种不同的解决方案，设计者常常要在相互矛盾的选项中进行判断和选择，作出科学合理的决策，为此一般应遵循如下一些基本原则。

（1）技术的先进性和可靠性　在设计中，需要设计人员具有较强的创新意识和创新精神，掌握先进的设计工具和方法，尽可能采用当前的先进技术，实现生产装置的优化集成，使其具有较强的市场竞争能力。但另一方面，应该实事求是，结合实际，对所采用的新技术要进行充分的论证，以保证设计的科学性和可靠性。

（2）过程的经济性　在各种方案的分析对比过程中，经济技术指标评价往往是关键要素之一，设计生产装置总是希望以较少的投资获取最大的经济效益。

（3）过程的安全性　在化工生产过程中，常会使用或产生大量的易燃、易爆或有毒物质。因此，在设计过程中要充分考虑到各生产环节可能出现的各种危险事故，并选择能够采取有效措施以防止发生危险的设计方案，以确保装置的可靠运行、人员的健康和人身安全。

（4）可持续发展及清洁（低碳）生产　树立可持续及清洁生产意识，在选定的设计方案中，要尽量能够利用生产过程中产生的废弃物，减少废弃物排放，甚至达到废弃物的"零排放"，实现"绿色生产"，保证发展的可持续性。

（5）过程的可操作性及可控制性　生产装置满足正常生产需要的情况下，能够进行稳定可靠地操作。此外，当生产负荷以及操作参数在一定范围内波动时，应能有效快速进行调节控制。

（6）行业性法规　如进行药品生产装置的设计，应符合《药品生产质量管理规范》（即GMP）。

1.3　主体设备设计

1.3.1　主体设备工艺条件图

主体设备是指在每个工艺过程中处于核心地位的关键设备，如传热中的换热器、蒸发中的蒸发器、精馏中的精馏塔、吸收中的填料塔等。一般情况下，由于同种设备在不同工艺过程中所起的作用不尽相同，因此，同种设备在某个工艺过程中为主体设备，而在另一工艺过程中则可能变为辅助设备。主体设备工艺条件图不同于装配图，是将设备的结构设计和工艺尺寸的计算结果用一张总图表示出来，通常由负责工艺的人员完成，是进行装置施工图设计的依据。图面应包括以下内容：

（1）设备图形　指主要尺寸（外形尺寸、结构尺寸、连接尺寸）、接管、人孔等。

（2）技术特性　指装置设计和制造检验的主要性能参数。通常包括设计压力、设计温度、工作压力、工作温度、介质名称、腐蚀裕度、焊缝系数、容器类别（指压力等级）及装置的尺度（如罐类为全容积、换热器类为换热面积等）。

（3）管接口表　注明各管口的符号、公称尺寸、连接尺寸和用途等。

（4）设备组成一览表　注明组成设备的各部件名称等。

以上设计全过程统称为设备的工艺设计。完整的设备设计，应在上述工艺设计基础上再进行机械强度设计，最后提供可供加工制造的施工图（装配图）。

1.3.2　主体设备装配图

主体设备的装配图是由非工艺人员按比例绘制完成，在高等院校的教学环节中属于化工机械专业的专业课程，在工业设计过程中则属于机械设计组的职责。一台化工设备的装配图一般应包括以下内容：

（1）视图　为了正确、完整、清楚地表示设备的主要结构形状和零部件之间的装配关系，常采用一组视图表示复杂设备。视图一般包括主视图、俯视图、局部剖视（放大）图。主视图以剖视形式呈现，如设备壁厚可采用夸张画法画出，剖视方向无法表示的管口应采用旋转画法在主视图中表达。对主视图中需详细表达内部结构、连接方式等内容的局部构件应以局部图表示出来，其中部件尺寸可按比例画出（单独标出），也可不按比例画出。

（2）尺寸　图上标注的尺寸主要有表示设备总体大小的总体尺寸，表示规格大小的特性尺寸，表示零部件之间装配关系的装配尺寸，表示设备与外界安装关系的安装尺寸，这些尺寸是设备制造、装配、安装检验的依据。因此，标注的尺寸数据要绝对正确，且为了便于检查和规范，对标注的位置、方向都有严格规定。

（3）零部件编号及明细表　将主视图上组成设备的所有零部件依次用数字编号，从左侧底部开始按顺时针顺序编写标注。并按编号顺序从下向上逐一填写每一个编号的零部件名称、规格、材料、数量、质量及有关图号或标准号等内容于明细表（明细表放置在主标题栏上方）中。

（4）管口符号及管口表　设备上所有管口均需用英文小写字母按顺时针顺序依次在主视图和管口方位图上标出，对于同一类管口采用字母与数字相结合的方式（如 a_1、a_2 等），并在管口表（表长 120mm）中从上向下逐一填写每个管口的尺寸、连接尺寸及标准、连接面形式、用途或名称等。

（5）技术特性表　将设备的制造检验主要数据列于技术特性表中，表格长 120mm。

（6）技术要求　用文字或国家标准规定的符号形式说明图样中不能表示出来的要求，即设备在装配、检验、使用等方面的要求。

（7）标题栏　位于图样右下角，用以填写设备名称、主要规格、制图比例、设计单位、设计阶段、图样编号以及设计、制图、校审等有关责任人签字等项内容。

1.4 典型单元设备的控制设计

1.4.1 输送设备的控制设计

化工生产常用的输送设备主要有泵、压缩机,由于输送的目的不同,被控变量也不完全一样,可以是压力、流量、液位。

(1) 离心泵　在化工厂中离心泵的流量控制是常见的,其目的是将泵的排出量恒定于某一给定数值上。例如,维持进入某一设备的物料量恒定,精馏塔的回流量维持恒定等。离心泵流量控制可以分为直接节流法、旁路调节法和改变泵的转速调节法。直接节流法(图 1-3)是在泵的出口管线上设置调节阀,利用阀的开度变化直接调节流量。旁路调节法(图 1-4)是将泵排出的物料部分重新送回到吸入管路,通过调节设置在旁路管线上调节阀的开度控制泵的实际排出量。改变泵的转速调节法是指当泵的转速改变时,泵的流量特性曲线会发生改变,从而达到调节流量的目的。流量调节法的优缺点及适用场合如表 1-9 所示。

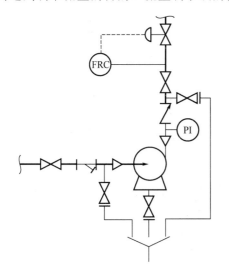

图 1-3　离心泵的直接节流法

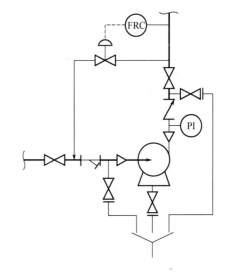

图 1-4　离心泵的旁路调节法

表 1-9　离心泵流量调节法的优缺点及适用场合

调节方法	优缺点	适用场合
直接节流法	方法简单、方便	多数场合,对于流量低于泵的额定流量的30%以下情况不宜采用
旁路调节法	物料回流使泵的总效率降低	调节阀直径较小,适合于介质流量偏低的场合
改变泵的转速调节法	节约能量,但驱动机械及其调速设施的投资较高	一般只适用于较大功率的机泵

离心泵的控制设计一般包括以下几方面内容。

① 泵的出入口均需设置切断阀,一般采用闸阀或截止阀,以保证设备的维修和开车。

② 在泵的出口与第一个切断阀之间应安装止回阀,防止停泵时物料倒流及出现水锤现象。

③ 在泵的吸入管路上，入口切断阀后入泵前设一个 Y 型过滤器，防止杂物进入泵体。

④ 在泵的出入口与切断阀之间管线上以及泵体上应设置放净阀，保持输送物料的纯净。

⑤ 在泵出口与止回阀间靠近泵位置安装压力表，供泵开车观察和调节出口压力指示用。

（2）往复泵　往复泵多用于流量较小、压头要求较高的场合。可通过改变驱动装置的转速（如：蒸汽机带动的可借助于改变蒸汽流量的方法控制原动机转速），控制泵的出口旁路，改变冲程来实现流量调节，如图 1-5 所示。也可通过控制泵出口旁路阀门开度来控制实际排出量，如图 1-6 所示。

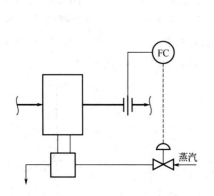

图 1-5　改变电动机转速控制往
复泵的出口流量

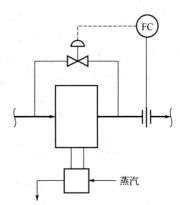

图 1-6　控制出口旁路阀门开度来
调节往复泵的出口流量

（3）真空泵　真空泵的真空度可采用吸入支管调节和吸入管阻力调节的方案，分别如图 1-7 和图 1-8 所示。如果采用喷射真空泵，其真空度可以通过调节蒸汽量的方法来调节，如图 1-9 所示。

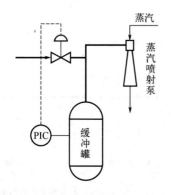

图 1-7　吸入支管调节真空泵的流量

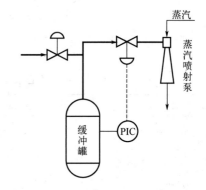

图 1-8　吸入管阻力调节真空泵的流量

（4）离心压缩机　压缩机的控制设计一般应注意以下几个问题：

① 压缩机的进、出口管道上均应设置切断阀，但自大气抽吸空气的往复式压缩机的吸入管道上可不设切断阀。

② 压缩机出口管道上应设置止回阀。

③ 压缩机吸入气体中如经常带机械杂质，应在进口管嘴与切断阀之间设置过滤器。

④ 往复式压缩机各级吸入端均应设置气、液分离罐；出口管道的凝液为可燃或有害物质时，凝液应排入相应的密闭系统。

⑤ 离心式压缩机应设置反飞动放空管线。

⑥ 对于涉及氢气的压缩机，为了保证安全，其出口管道的压力等级大于或等于4MPa，可设置串联的双止回阀；多级往复式氢气压缩机各级间进、出口管道上均应设置双切断阀，在两个切断阀之间设置带有切断阀的排向火炬系统的放空管道。

为了防止离心式压缩机喘振现象的出现，压缩机的流量不能低于某一限值（单级叶轮压缩机为额定流量的50%，多级叶轮压缩机为额定流量的75%～80%）。常用的流量调节法有旁路调节法、导向叶片角度调节法和转速调节法等，旁路调节法的示意图如图1-10所示。压力调节的方法是可在压缩机进口前设置一缓冲罐，按照旁路调节的方法来调节压力。

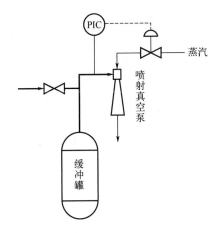

图1-9 喷射真空泵的蒸汽调节图

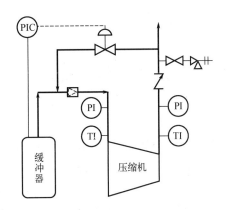

图1-10 压缩机进口压力旁路调节的原理图

1.4.2 传热设备的控制设计

常用的换热设备根据传热的目的不同可分为加热器、冷却器、物流换热器等，其控制变量也会不一样，大多数情况下为温度控制。

1.4.2.1 两侧均无相变的情况

可以通过调节载热体和被加热流体的流量和旁路流量的方法，控制换热器热负荷来保证工艺介质温度在换热器出口维持在某一恒定值。

（1）调节载热体流量控制出口温度 通过调节载热体的流量稳定出口温度的方法适用于载热体流量变化对温度影响敏感的场合，方法如图1-11所示。有时为了控制好流量和温度变量，常采用温度为主变量、流量为副变量的串级控制，如图1-12所示。如果载热体为工艺流体，为了保持总流量的恒定，常利用三通控制阀来调节旁路流量的方法控制温度恒定，如图1-13所示。

（2）调节被加热流体流量和旁路流量控制出口温度 通过调节被加热流体的流量和旁路流量来控制出口温度，方法如图1-14和图1-15所示。但是旁路调节法对于载热体流量很大的场合不太适用。

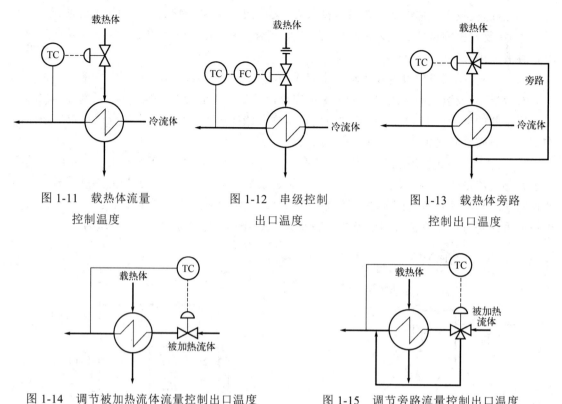

图 1-11 载热体流量控制温度

图 1-12 串级控制出口温度

图 1-13 载热体旁路控制出口温度

图 1-14 调节被加热流体流量控制出口温度

图 1-15 调节旁路流量控制出口温度

1.4.2.2 蒸汽（有相变）用来加热的情况

利用蒸汽作为加热介质，这种过程可能存在相变，其传热过程是蒸汽先冷凝后降温。可通过调节蒸汽流量和有效传热面积的方式控制被加热流体的出口温度。

（1）调节蒸汽流量 调节蒸汽流量的方法简单易行，过渡过程短，控制迅速。但是需选用较大的蒸汽阀门，传热量变化比较剧烈。其操作示意图如图 1-16 所示。如果阀前蒸汽压力有波动，可对蒸汽总管加设压力定值控制，或者采用温度与蒸汽量串级控制。

（2）调节加热器的有效传热面积 调节加热器有效传热面积的方法是利用凝液控制阀的开关度，控制换热器内凝液量的多少，进而改变加热器的有效传热面积，如图 1-17 所示。该方法控制通道长，需要较大的传热面积裕量，变化迟缓，能够有效防止局部过热，适用于容易引起化学变化的热敏性物料的加热。

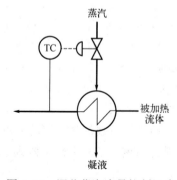

图 1-16 调节蒸汽流量控制温度

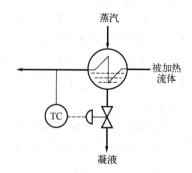

图 1-17 调节加热器有效传热面积控制温度

1.4.2.3 用冷却剂汽化来冷却的情况

为了满足较低冷却温度的要求,需要用液氨、烷烃等冷却剂,通过冷却剂汽化带走大量热量的方式冷却工艺物流。为了控制工艺物流的出口温度,可采用调节冷却剂的流量、温度与液位的串级控制和汽化压力控制等三种方法,其操作示意图如图 1-18～图 1-20 所示。

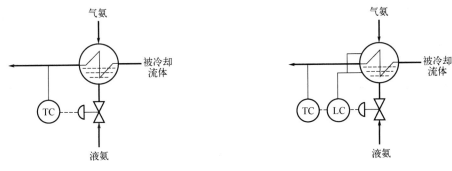

图 1-18　调节冷却剂流量控制温度　　　　　图 1-19　温度-液位的串级控制

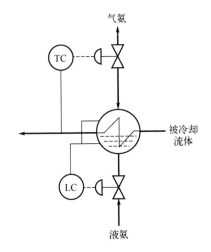

图 1-20　用汽化压力控制温度

温度与液位串级控制系统的操纵变量仍然是冷却剂流量,液位作为主变量,此方案要求对冷却剂的液位上限加以控制,保证有足够的蒸发空间。利用冷却剂汽化温度与压力的关系,控制冷却剂气体出口管道上的控制阀开度,此方法控制迅速、灵敏,但当冷却剂压力不能随意加以控制时就不能采用这种方法。

1.4.3　精馏塔设备的控制设计

精馏过程是利用混合体系中各组分挥发度的差异而进行分离的,是石油化工领域应用最为广泛的传质过程,其关键设备为精馏塔。由于精馏过程较为复杂,可选用的操纵变量及其之间的组合较多,所以控制方案繁多。常常需要对精馏的内在机理、变量之间的关联进行灵敏度分析,才能给出设计合理的控制方案。

精馏塔的控制设计应注意以下问题:
① 塔的进料量由进料罐液位控制。

② 塔的回流量由回流罐液位控制。
③ 塔底液面由塔底出料泵的调节阀控制。
④ 由蒸汽流量和塔的温度串级控制再沸器的加热蒸汽流量，并在进入再沸器的蒸汽管道上设置压力计，在蒸汽进入再沸器前设置疏水器。
⑤ 塔顶设安全阀，防止塔超压损坏。
⑥ 塔顶馏出线上一般不设阀门直接接塔顶冷凝器。
⑦ 塔底出料接泵入口，故塔内管口附近设有防涡流板；一般塔底出料泵靠近塔布置，塔底出料管线不设阀门。
⑧ 塔顶和中段回流管线在塔管口处不宜设置切断阀；侧线汽提塔塔顶气体返回分馏塔的管线上不应设置切断阀；对同一产品多个抽出口的塔，其各个出口均应设置切断阀。以下介绍压力、温度进料量及液位的几种控制方法。

1.4.3.1 塔顶压力控制

精馏塔的操作需要保持塔顶压力恒定，其操作压力根据工艺物料性质及经济比较采取常压、减压、加压方式。

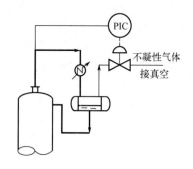

图 1-21 改变不凝性气体的抽吸量控制塔压

（1）常压操作 如对操作压力恒定要求不高的情况下，仅需要设置一个通大气的管道来保证塔内压力接近于大气压。如果压力稳定性要求较高时，应设置压力调节系统维持塔内压力恒定。

（2）减压操作 可通过改变不凝气体的抽吸量和吸入空气或惰性气体量的方式调节塔内真空度。改变不凝气体抽吸量的操作如图 1-21 所示。如果采用蒸汽喷射泵作为真空装置，在控制塔内真空度的同时，还应在喷射泵的蒸汽管路上设置蒸汽压力控制系统，如图 1-22 所示。如果采用电动真空泵，通常把调节阀安装在真空泵返回吸入口的旁路管线上，如图 1-23 所示。在回流罐至真空泵的吸入管路上，连接一根通大气或某种惰性气体的旁路，如图 1-24 所示。

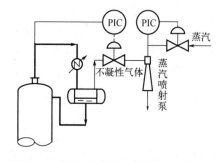

图 1-22 用蒸汽喷射泵控制塔的真空度

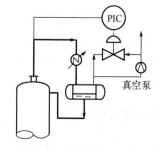

图 1-23 用电动真空泵控制塔的真空度

（3）加压操作 加压操作时的压力调节方式与馏出物的状态及馏出物中不凝性气体组成密切相关，分以下几种情况加以讨论：

塔顶气相馏出物不冷凝时，压力调节阀可设置在塔顶气相管线上，如图 1-25 所示。塔顶气相馏出物部分冷凝时，压力调节阀可调节气相馏出物的流量，如图 1-26 所示。

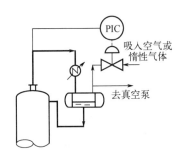

图 1-24 改变旁路吸入空气或惰性气体量控制塔压

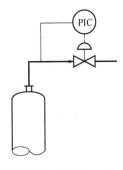

图 1-25 塔顶气相不冷凝的塔顶压力控制

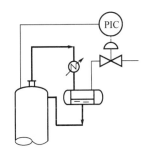

图 1-26 塔顶气相部分冷凝的塔顶压力控制

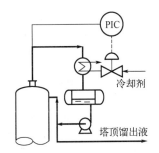

图 1-27 调节冷却剂流量控制塔压

塔顶气相馏出物含微量不凝气体时，可采用调节冷却剂的流量、热气相旁通法、调节塔顶气相流量、冷凝器排液量调节与热旁路相结合和安装浸没式冷凝器的方法控制塔压，如图 1-27～图 1-31 所示。

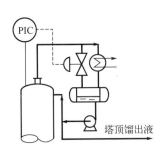

图 1-28 热气相旁通法控制塔压

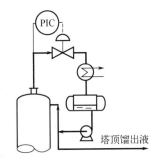

图 1-29 调节塔顶气相流量控制塔压

塔顶馏出物中含少量（小于 2%）不凝性气体或在部分时间里产生不凝性气体时，首先采用冷却剂调节阀控制塔压，若冷却剂全开塔压还降不下来时，再打开放空阀来维持塔压恒定，其分程控制方案如图 1-32 所示。如果含不凝气体较多，可以通过改变回流罐的气相排放量来控制塔压，如图 1-33 所示。

1.4.3.2 塔的温度控制

（1）提馏段的温度控制　提馏段的温度控制就是以提馏段塔板温度为被控变量，再沸器的加热介质量为操纵变量的一种控制方案，如图 1-34 所示。这种方案适用于以下场合：塔底馏出物作为主要产品时，为了很好地控制其流量和质量；全部为液相进料时，进料量及其成分会明显影响塔釜组成，采用提馏段的温度控制方便及时；当精馏段塔板上的温度对组成影响不显著时；当回流量的较小变化对操作影响不显著，较大变化反而会对稳定操作造成干扰时。

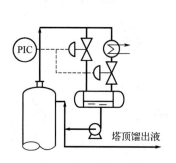

图 1-30　冷凝器排液量调节与热旁路相结合控制塔压

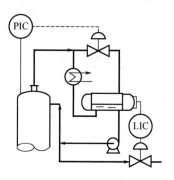

图 1-31　安装浸没式冷凝器控制塔压

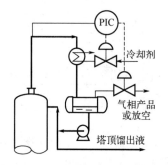

图 1-32　分程控制方案控制塔压

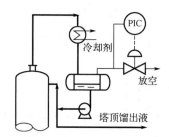

图 1-33　改变回流罐气相排放量控制塔压

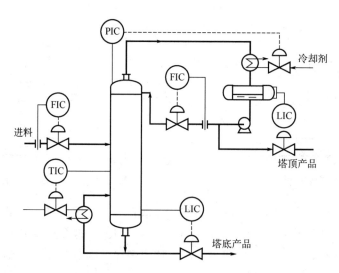

图 1-34　精馏塔提馏段温度控制示意图

（2）精馏段的温度控制　精馏段的温度控制就是以精馏段塔板温度为被控变量，回流量为操纵变量的一种控制方案，如图 1-35 所示。这种方案适用于以下场合：塔顶馏出物作为主要产品时，为了很好地控制其流量和质量；全部为气相进料时，进料量及其成分会明显影响塔顶产品组成时；当塔底或提馏段塔板上的温度对组成影响不显著时。

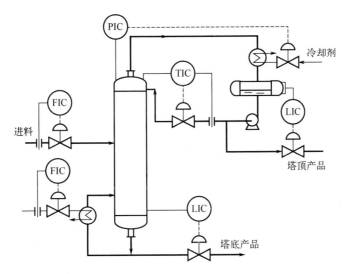

图 1-35　精馏塔精馏段温度控制示意图

（3）精馏塔的双温差控制　对于高精度精馏，塔顶和塔底的沸点差不大时，不能采用精馏段、提馏段温度控制方式，应采用温差控制来提高产品质量。在实际操作中，也常常使用双温差控制系统，即分别在精馏段与提馏段上选取温差信号，然后将两个温差信号相减，作为控制器的测量信号，如图 1-36 所示。

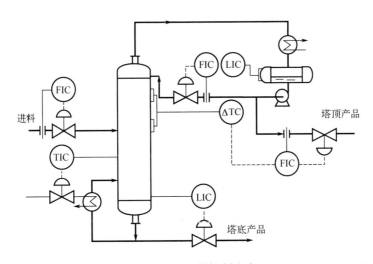

图 1-36　双温差控制方案

1.4.3.3　塔的流量控制

塔的进料流量直接影响精馏塔的操作稳定性，进而影响其分离效果。精馏塔的流量基本上由上一工序所决定，为了缓和上、下工序之间的冲突，可控制上一工序的液位或流量来维持进料流量的恒定，具体采用何种调节方案可由选用泵的类型来决定。回流量的调节也可根据泵型式来决定，如图 1-37 所示。

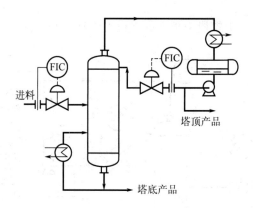

图 1-37 塔的进料量及回流量控制

1.5 化工过程技术经济评价

在化工、制药、食品等工业中，可以采用独特的技术或其他特性的多种方案和手段，来达到同一工程目的。为了从这些可供选择的众多工艺中选择先进可行、安全可靠、经济合理的方案，同时具有较强的竞争力，就需要对这些方案进行技术上和经济上的综合研究、分析、比较，即进行化工过程技术经济评价。经过反复修改和多次重新评价，最终确定最佳的方案，达到化工过程最优化的目的。

1.5.1 技术评价指标

评价一个化工过程技术的可行性、先进性和可靠性主要根据以下几项指标：
① 产品的质量和销路；
② 原料的质量、价格、加工难易、运输性能及供应的可靠性；
③ 原料的消耗定额（产品的回收率）；
④ 能量消耗定额和品位；
⑤ 过程设备的总数目和总质量，工艺过程在技术上的复杂性，操作控制的难易程度等；
⑥ 劳动生产率；
⑦ 环境保护及生产的安全性。

1.5.2 经济评价指标

所谓经济评价，是指在开发投资项目的技术方案中，用技术经济观点和方法来评价技术方案的优劣，它是技术评价的继续和确认，一般经济评价包括以下项目：
① 基本建设投资额；
② 化工产品的成本；
③ 投资的回收期或还本期；
④ 经济效益——利润和利润率；
⑤ 其他经济学指标。

建设投资和产品成本是进行设计方案经济分析、评价与优化的重点和基础。化工过程优化方案，在经济方面的目标函数基本上是基建投资、生产成本或由这二者确定的利润额。投资与成本估算也是设计工作的一个重要组成部分。

1.5.3 工程项目投资估算

投资是指建设一套生产装置，使之投入生产并能持续正常运行所需的总资金额。项目建设总投资通常由基本建设投资、生产经营所需流动资金以及建设期贷款利息三部分构成。投资构成情况如表1-10所示。

表1-10 投资构成情况

项目	内容
基本建设投资	建筑工程——厂房、建筑、上下水道、采暖通风、三废处理及环保、工业管道、电力照明等工程 工艺设备——机器、设备、工器具等的购置费 安装工程——包括生产、动力、起重、运输、传动等设备的装配和安装工程 其他费用——包括建设单位管理费、税金、干部培训费、土地征购费、施工单位迁移费等 不可预见费——合计费用的3%~5%
流动资金	企业进行生产和经营活动所必需的资金，包括储备资金、生产资金、成品资金和结算及货币资金4部分
贷款利息	建设投资的贷款在建设期的利息计入成本，以资金化利息进入总投资

1.5.3.1 基本建设投资的估算

国内基本建设投资的计算，根据设计阶段的不同分为估算（初步设计前的阶段可行性研究的依据）、概算（初步设计阶段，国家投资最高限额）和预算（施工图阶段）。国家计委要求投资估算和概算的出入不大于10%，因此估算数据要比较精确。

投资的估算有多种方法。目前国内外最常用的方法有化工投资因子估算法、化工范围内组织试行的设计概算法（逐项估算法）、单位能力建设投资估算法、资金周转率方法及生产规模指数法等。下面简要介绍前两种估算法。

（1）化工投资因子估算法 该法是以工艺流程中所有设备的购置费总和为基础，根据化工厂的加工类型，从表1-11中选取适当的Lang乘数因子，快速估算出固定投资或企业的总投资。

表1-11 Lang乘数因子

化工加工类型	因子数值	
	基本建设投资（固定资金）	总投资
固体物料	3.9	4.6
固体与流体	4.1	4.9
流体物料	4.8	5.7

用化工投资因子估算法估算投资的步骤是：

按照已确定的工艺流程图，根据工艺计算，确定所有过程设备的类型、尺寸、材质、操作温度与压力等参数，列出设备清单；利用设备价目图表或估算式子求取每台设备的购置费，综合求出整个生产装置设备的总费用；由表1-11查取合适的Lang因子数值，便可算出投资额。

（2）设计概算法（逐项估算法） 1988年中国化学工业部规划部门专门制定了《化工建

设项目可行性研究投资估算编制办法》。此办法规定：项目建设总投资是指拟建设项目从筹建起到建筑、安装工程完成及试车投产的全过程。它由单项工程综合估算、工程建设其他费用项目估算和预备费3部分构成。

单项工程综合估算是将某个完成工程项目分解为若干个单项工程（如工厂组成中的一个车间或装置、大型联合企业中的一个辅助生产工厂或独立的工厂、住宅区等）进行估算，它包括主要生产项目、辅助生产项目、公用工程项目、三废处理、安全环保、服务性工程项目、生活福利设施及厂外工程项目等。

工程建设其他费用是指一切未包括在单位工程投资估算内，但与整个建设项目有关的费用，且按国家规定，可由建设投资开支，以独立的项目列入建设总投资估算。其中包括土地购置及租赁费、迁移及赔偿费、建设单位管理费、交通工具购置费、临时工程设施费等。

预备费是指一切不能预见的有关工程费用。

对于化工厂、石油炼制厂或石油化工厂，投资项目的估算内容如表1-12所示。使用这种投资估算法不但过程十分清晰，而且便于分析整个基本建设的主要开支项目，从而对新建一个化工企业在投资方面建立一个完整的概念和轮廓。但需注意各个部分的比例可随投资项目类型、规模、时间和地区作调整。

表1-12 化工厂投资项目估算表

序号	项目	材料费[a]	劳务费
1	储罐类	A	A 的10%
2	各种塔器（现场制造）	B	B 的30%～35%
3	各种塔器（订货、外加工）	C	C 的10%～15%
4	热交换器	D	D 的10%
5	泵、压缩机及其他机器	E	E 的10%
6	仪器仪表	F	F 的10%
7	关键设备（A到F的总和）	G	
8	保温、隔热工程	$H=(0.05\sim0.1)G$	H 的150%
9	输送物料设施	$I=(0.40\sim0.50)G$	I 的100%
10	基础工程	$J=(0.03\sim0.05)G$	J 的150%
11	建筑物	$K=0.04G$	K 的70%
12	结构物（框架等）	$L=0.04G$	L 的20%
13	防火设施	$M=(0.005\sim0.01)G$	M 的500%～800%
14	供配电	$N=(0.03\sim0.06)G$	N 的150%
15	防腐、防锈、清洗	$O=(0.005\sim0.01)G$	O 的500%～800%
16	材料费和劳务费两项总和（安装费）		P
17	特殊设备的安装费[b]		Q
18	P和Q两项的总和（过程设备安装费）		R
19	经常管理费		R 的30%
20	总的安装费[c]		R 的130%
21	工程费		R 的13%

续表

序号	项目	材料费 a	劳务费
22	不可预见费（预备费）		R 的 13%
23	界区内总投资 d		R 的 156%

a. 对于化工设备，材料费即购置费；
b. 特殊设备即不常用的设备或机械（如球磨机等）；
c. 安装费中包括了设备购置费；
d. "界区"是指按生产流程划分的工艺界区范围，并不包括一些辅助工程（如公共罐区、工厂围墙、产品发运设施等）、公共服务及福利设施区域。

应予指出，不管采用哪种估算法，都是以所有生产设备的购置费为基础，这就需要根据生产流程准确无误地列出所有设备清单，并求出每台设备的购置费。单台设备的购置费最好从设备价目图表查得，在缺乏可靠价目时，可用有关公式近似估算，读者可参阅有关资料或专著。

新建一个化工厂的大概投资分配见表 1-13。

表 1-13 化工厂投资项目估算表

投资分配	占总投资的比例/%		占生产设备的比例/%
	范围	平均值	
生产设备	30～50	35	100
公用工程	10～25	20	57
辅助工程	30～45	35	100
建筑物	5～20	10	29
合计		100	286

1.5.3.2 流动资金的估算

企业的流动资金一般分为储备资金（原料库存备品、备件等所需资金）、生产资金（工艺过程所需催化剂、制品及半成品所需资金）、成品资金（库存成品、待售半成品所需资金）3 部分。

另外尚有非定额流动资金，包括结算资金和货币资金。

在缺乏足够数据时，可采用扩大指标估算，即流动资金金额为固定资金额的 10%～20%，或者为企业年销售收入的 25%。

汇总基本建设投资、流动资金和建设期贷款利息即为工程建设项目总投资。

1.5.4 化工产品的成本估算

1.5.4.1 成本的构成

化工产品的成本是产品生产过程中各项费用的总和。在经济可行性研究中，生产成本是决策过程中的重要依据之一。根据估算范围，产品成本可分为车间成本、工厂成本、经营成本和销售成本。成本的构成如图 1-38 所示。

1.5.4.2 成本的估算

化工产品成本的估算内容和方法可参考表 1-14。

需要说明，表 1-14 中有关比例数字会随着时间及产品种类有一定的变化或调整。

在化工生产过程中，往往在生产某一产品的同时，还在生产一定数量的副产品，这部分副产品应按规定的价格计算其产值并从上述工厂成本中扣除。

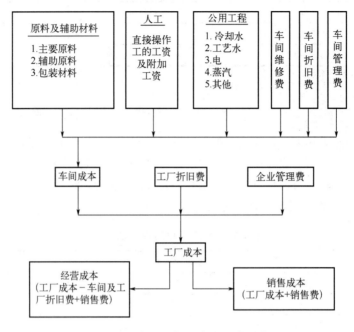

图 1-38　国内可行性研究中成本的构成

此外，有时还有营业外的损益，即非生产性的费用支出或收入，如停工损失、三废污染超标赔偿、科技服务收入、产品价格补贴等，都应计入成本或从成本中扣除。

表 1-14　化工产品成本估算

序号	项目	计算方法	单位	备注
1	原料及辅助材料	每吨产品消耗量×单价×年产量（吨）	元/年	可变成本
2	公用工程消耗	每吨产品消耗量×单价×年产量（吨）	元/年	可变成本
3	人工费用	第 4、5、6 项之和	元/年	固定成本
4	直接生产工人工资	平均月工资×每班人数×班数×12 个月	元/年	固定成本
5	辅助工资	工资总额的 11%	元/年	固定成本
6	奖金	直接生产工人工资的 11%	元/年	固定成本
7	车间费用	第 8、9、10 项之和，为总人工费用的 80%	元/年	固定成本
8	维修费	装置投资的 3%~6%	元/年	固定成本
9	车间折旧费	装置投资×基本折旧率	元/年	固定成本
10	车间管理费	第 1、2、3、8、9 项之和的 5%	元/年	固定成本
11	税金和保险费	固定投资的 2%	元/年	固定成本
12	车间成本	第 1、2、3、7、11 项之和	元/年	固定成本
13	企业管理费	年销售额的 5%	元/年	固定成本
14	销售费	年销售额的 5%	元/年	固定成本
15	折旧费	固定投资的 10%	元/年	固定成本

续表

序号	项目	计算方法	单位	备注
16	流动资金	总投资的10%	元/年	可变成本
17	工厂成本	第12、13、15、16项之和	元/年	
18	经营成本	第12、13、14、16项之和	元/年	
19	销售成本	第12、13、14、15、16项之和	元/年	

1.5.4.3 固定成本和可变成本

产品的总成本可划分为固定成本和可变成本两部分。

可变成本是指随产量而变化的那部分费用，如原料费、计件工资制的工人工资、动力费、运输费等。总趋势是产量增加，可变费用加大，而单位产品成本则保持不变。

固定成本是指在产品总成本中不随产量变化而变化的那部分费用，如在一定生产能力范围内，设备的折旧费、车间经费、属计时工的工人工资等。但在单位产品成本中却随产量的变化而变化。

1.5.5 利润和利润率

年销售收入扣除销售成本即为企业的年利润。

年利润与基建投资之比为资金利润率。

单位产品的利润与销售成本之比为成本利润率。

基建投资总额与年利润之比为投资回收期或还本期（年）。

1.6 设计说明书的编写

工艺设计说明书是整个课程设计工作的书面总结，也是后续相关设计工作的主要依据，应采用简洁、准确的文字及图表，实事求是地介绍设计过程及设计结果。设计说明书应包括以下几项内容：

① 封面：课程设计题目、学生班级、姓名、学号、指导教师、设计时间等。

② 目录。

③ 设计任务书。

④ 流程示意图：以单线图的形式绘制，标出主要设备和辅助设备的物料流向、物流量、能流量和主要化工参数测量点。

⑤ 流程方案的说明和论证：对选定的工艺流程、主要设备进行论述。

⑥ 设计结果概要：列出主要设备尺寸、各种物料的量和状态、能耗指标、设计时规定的主要参数以及附属设备的规格、型号和数量。

⑦ 设计计算及说明：包括工艺参数的选定、物料衡算、热量衡算、设备的工艺尺寸计算及结构设计。

⑧ 对设计的评述及有关问题讨论。

⑨ 参考文献。

⑩ 主要符号说明。

1.7 化工设计软件的应用

随着计算机技术的发展，化工设计中包括方案构思、物性参数、流程比较与选择、工艺计算与优化、设备设计与校核、图纸的绘制、成本核算和技术经济评价等一系列工作，都可以通过计算机及其相应的设计软件实施完成。化工设计软件是设计者进行基础设计、详细设计、修改设计的重要手段。

化工设计软件可分为三类：

（1）工艺设计软件 国内外开发的工艺设计软件很多，通用的过程模拟软件有 Aspen Plus、ProII 等系统。这些软件可以模拟各种化工生产装置或整个化工厂的工艺过程，包括多种化合物的物性数据、热力学方法和物性计算关联式，各种化工单元模块，循环物流收敛与监控、调度和其他辅助运算部分，以及技术经济评价模块、换热网络综合模块等。

（2）绘图软件 绘图软件是利用提供的绘图程序和命令及一些专业图库，可以画工艺流程图、设备总装图、零件图，还可以绘制设备布置图、工艺配管图等，常用的有 Auto CAD。

（3）化工设备设计软件 该软件是针对某一类化工设备进行专业设计，如泵、换热器、塔等。

KG-tower 是一款针对塔设备的水利学计算软件，软件还可以独立地计算蒸汽、液体的密度、质量、流量，是最为理想的水利学计算软件。Aspen EDR 软件用于换热器的设计，可计算出其换热面积，选择合适的换热设备。泵选型软件可根据输送物料、扬程、流量确定泵的类型。

第2章 Aspen Plus 在化工设计中的应用

2.1 Aspen Plus 简介

Aspen Plus 是美国 AspenTech 公司开发的，一个生产装置设计、稳态模拟和优化的大型通用流程模拟系统。它源于美国能源部20世纪70年代后期在麻省理工学院（MIT）组织的会展，开发的新型第三代流程模拟软件。该项目称为"过程工程的先进系统"（advanced system for process engineering，简称ASPEN），于1981年底完成。1982年为了将其商品化，成立了AspenTech 公司，并称之为 Aspen Plus。该软件经过多年不断地改进、扩充和提高，已先后推出了多个版本，对整个工厂、企业工程流程工程实践、优化和自动化有着非常重要的促进作用，成为举世公认的标准大型流程模拟软件，应用案例数以百万计。目前，全球各大化工、石化、炼油等过程工业制造企业及著名的工程设计公司都是 Aspen Plus 的用户。

2.1.1 Aspen Plus 的主要功能和特点

Aspen Plus 包括数据、物性、单元操作模型、内置缺省值、报告及为满足其他特殊工业应用所开发的功能，主要功能如下：

① Windows 交互性界面：具有方便灵活的用户操作界面，包括工艺流程图形视图，输入数据浏览视图，独特的"NEXT"专家向导系统能够直观地自动引导帮助用户逐步完成数据的输入。

② 图形向导：具有全面的化工单元操作模型库，并用形象的图形显示，便于构成各种化工生产流程。

③ EO 模型：方程模型有着先进参数管理和整个模拟的灵敏分析或者是模拟特定部分的分析。序贯模块法和面向方程的解决技术允许用户模拟多嵌套流程，可进行多个模拟的比较和分析。

④ 与外部通信接口：内部产品可以和第三方软件整合。如具有 ActiveX（OLE Automation）控件与微软 Excel 和 Visual Basic 的通信接口，支持 OLE（对象链接与嵌入）功能；包含 ad-hoc 计算与内嵌的 FORTRAN 和 Excel 模型接口。

⑤ 全面的单元操作：配有全面、广泛的单元操作模型，包括气/液、气/液/液、固体系统和用户定义模型。

⑥ ACM Model Export 选项：可以根据用户需求在 Aspen Custom Modeler（ACM）中创建和编译模拟模型，应用在 Aspen Plus 静态模拟中用于序贯模块法或面向方程的解决方案的

模式下。

⑦ 收敛分析：能够针对巨大的具有多个物流和信息循环的流程，自动分析和优化撕裂物流、流程收敛方法和计算顺序。

⑧ 灵敏度分析：便于用表格和图形表示工艺参数随设备规定和操作条件的变化而变化。

⑨ 强大的数据拟合和优化功能：将工艺模型与真实的装置数据进行拟合，确保工艺模型的精确性和有效性。确定装置操作条件，最大化任何规定的目标，如收率、能耗、物流纯度和工艺经济条件。

2.1.2 Aspen Plus 的物性数据库

Aspen Plus 使用广泛的、已经验证了的物性模型、数据和 Aspen Properties 中可用估算方法，提供纯组分、离子、二元混合物、离子反应的物性数据等，覆盖范围从简单的理想物性流程到非常复杂的非理想混合物和电解质流程。

① Aspen Plus 共含 5000 多个纯组分的物性数据。

a. Aqueous：适用于电解质（水溶剂），含 900 种离子参数；

b. ASPEN PCD：含 472 个有机和无机化合物参数（主要为有机物）；

c. INORGANIC：含约 2450 个化合物的物性数据（绝大多数为无机物）；

d. PURE11：基于 DIPPR 的数据库，含 1727 个（绝大多数为有机物）化合物参数，是 Aspen Plus 的主要数据库；

e. SOLIDS：含 3314 种固体化合物参数，主要用于固体和电解质的处理；

f. COMBUST：专用于高温、气相计算，含 59 种燃烧产物中典型组分的参数。

② 5000 个二元混合物的 40000 个二元交互参数，1000 多个水相离子反应的反应常数。

③ 与 DETHERM 数据库接口，提供 250000 多个混合物的物性数据。

④ 可以建立自己的专用物性数据库。有专用于 NRTL、WILSON 和 UNIQUAC 方法的二元交互参数库，如 VLE-IG、VLE-RK、VLE-HOC、VLE-LIT 及 LLE-ASPEN、LLE-LTI；亨利系数的二元参数库有 HENRY 及 BINARY；Aspen Plus 的电解质专家系统，有内置电解质库，包括几乎所有常见的电解质化学平衡常数及各种电解质专用二元参数。

2.1.3 Aspen Plus 存在的热力学方法

2.1.3.1 通用关联式法

基于相应的状态原理建立的一些经验或半经验的关联式，主要用于非极性的烃类体系、低压重烃体系。如 Braun K-10、Grayson-Streed（GS）。

2.1.3.2 状态方程法（EOS）

状态方程是关于流体密度、温度、压力和组成的数学表达式，可计算组分的相平衡常数、焓和熵的过渡值等。

① 最常见的状态方程有理想气体方程、范德华方程、SRK 方程、PR 方程。

② 三次型状态方程是针对于非极性或轻微极性物系，有 Van der Waals、Redlich-Kwong、Soave-Redlich-Kwong、Peng-Robinson，主要用于轻烃体系、富氢体系。

③ 用于处理高温、高压以及接近临界点的烃类体系状态方程有 BWR-LS、LK-PLOCK、PR-BM、RKS-BM。

④ 计算高温、高压、接近临界点混合物及高压下的液-液分离体系，可采用灵活的和预测性的状态方程，有 PRMHV2、PRWS、PS RK、RK-ASPEN、RKSMHV2、RKSWS、SR-POLAR。

2.1.3.3 活度系数法

活度系数法是根据液相混合物的过剩 Gibbs 自由能计算，是描述低压下（<10atm）高度非理想液体混合物的最好方法，需要实验数据来确定二元相互作用参数。

① 经验关联式，其二元相互作用参数与温度无关，如 Margules 模型、van Laar 模型。

② Wilson 模型属于局部组成模型，适用于较广的温度范围。

③ Regular Solution 模型不需要数据库，无法处理超临界组分。

④ 最常用的方程有 NRTL、UNIQUAC 模型。

⑤ 当缺乏混合物数据时，UNIFAC 模型可依据化学品和烃类物质的基团结构进行有效预测，特别是对于含有极性和非极性组分体系的 VLE 和 LLE 能够进行较好描述。

2.1.3.4 亨利定律

对于在低压下含有可溶性气体并且浓度很小的系统，以及超临界组分不适用于活度系数方法时，可用亨利定律。

2.1.3.5 其他方法

① AMINES 物性方法使用 Kent-Eisenberg 来计算 K 值和焓，设计用于含水、四种乙醇胺之一、硫化氢、二氧化碳和通常存在气体脱硫过程的其他组分系统。

② APISOUR 物性方法使用 API 程序来计算酸性水系统的 K 值和焓，设计用于含水胺硫化氢和二氧化碳的酸性水系统。

③ ELECNRTL 物性方法是最通用的电解质物性方法，能处理很低的和很高浓度的电解质溶液、水溶液和混合溶剂系统。

④ SOLIDS 物性方法是设计用于煤加工、高温冶金和其他固体处理（如淀粉和聚合物）过程的固体性质计算。

2.1.4　Aspen Plus 的热力学模型选择

热力学性质模型包括状态方程模型、活度系数模型、蒸气压和液体逸度模型、汽化热模型、摩尔体积和密度模型、热容模型、溶解度关联模型等。

由于 Aspen Plus 存在多个热力学方法，允许在一个体系中对不同的操作单元使用不同的热力学方法。热力学模型的选择步骤按照图 2-1 所示，针对某一体系的物性数据按照图 2-2 选择热力学模型。

2.1.5　Aspen Plus 的物性估算及分析

① 物性估算功能：是以基团贡献法和对比状态相关性为基础的，可用来估算纯组分的物性常数，与温度相关的模型参数，WILSON、NRTL 和 UNIQUAC 方法的二元交互参数，UNIFAC 方法的基团参数，都可以用 Property Estimation（物性估算）来估算。

② 物性分析功能：可以生成表格和曲线，如蒸气压线、相平衡图（t-x-y 图）、相平衡常数图等。

③ 数据回归功能：用于实验数据的分析及对热力学模型的回归拟合。

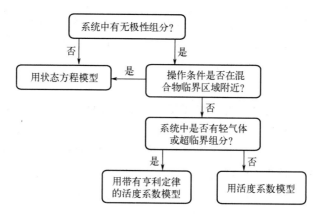

图 2-1　热力学模型选择步骤

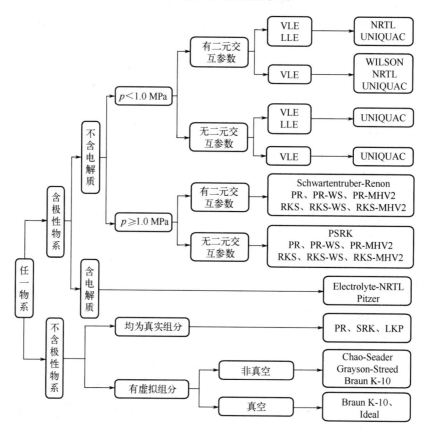

图 2-2　某一体系的热力学模型选择

2.1.6　Aspen Plus 的单元模型库

① 混合器/分流器：包括物流混合器（Mixer）、物流分流器（FSplit）和子物流分流器（FSSplit）模块。

② 分离器：包括双出口闪蒸（Flash2）、三出口闪蒸（Flash3）、液-液倾析器（Decanter）、多出口组分分离器（Sep）和双出口组分分离器（Sep2）模块。

③ 换热器：包括加热器/冷却器（Heater）、双物流换热器（HeatX）、多物流换热器（MHeatX）、

与 BJAC 管壳式换热器的接口程序（Hetran）和与 BJAC 空气冷却器的接口程序（Aerotran）模块。

④ 塔：包括简捷蒸馏设计（DSTWU）、简捷蒸馏核算（Distl）、严格蒸馏（RadFrac）、严格液-液萃取器（Extract）、复杂塔的严格蒸馏（MultiFrac）、石油的严格蒸馏（PetroFrac）、连续蒸馏（Rate-Frac）和严格的间歇蒸馏（BatchFrac）模块。

⑤ 反应器：化学计量器（RStoic）、收率反应器（RYield）、两相化学平衡反应器（REquil）、多相化学平衡反应器（RGibbs）、连续搅拌罐式反应器（RCSTR）、活塞流反应器（RPlug）和间歇反应器（RBatch）模块。

⑥ 压力变送器：包括泵/液压透平（Pump）、压缩机/透平（Compr）、多级压缩机/透平（Mcompr）、多段管线压降（Pipeline）、单段管线压降（Pipe）和严格阀压降（Valve）模块。

⑦ 手动操作器：包括物流倍增器（Mult）、物流复制器（Dupl）和物流类变送器（ClChong）模块。

⑧ 固体：包括除去混合产品的结晶器（Crystallizer）、固体粉碎器（Crusher）、固体分离器（Screen）、滤布过滤器（FabF1）、旋风分离器（Cyclone）、文丘里洗涤器（Vscrub）、电解质沉降器（ESP）、水力旋风分离器（HyCyc）、离心式过滤器（CFuge）、旋转真空过滤器（Filter）、单级固体洗涤器（SWash）和逆流倾析器（CCD）模块。

⑨ 用户模型：可以结合用户建立的设备计算模块，包括 User 和 User2，必须写一个 Fortran 子程序来计算出口物流值。

2.2 Aspen Plus 的基本操作

2.2.1 Aspen Plus 的启动

在程序菜单中点击 Start，然后指向 Programs，指向 AspenTech 启动 Aspen Plus。

在启动的对话框中，可以根据需求选择 Blank Simulation（新流程）、Template（模板）建立一个新的模拟文件，也可以通过 Using an Existing Simulation（打开一个已有的流程）打开格式为.apw 或.bkp 的已有文档。出现 Connect to Engine（连接引擎）对话框，根据需求确定模拟引擎运行的位置，或使用缺省项，点 OK 键进入 Aspen Plus 主界面。

Aspen Plus 主窗口示意图如图 2-3 所示。使用该工作页面可以建立、模拟流程图及绘制 PFD-style。还可以从主窗口打开 Plot（绘图）和 Data Browser（数据浏览）等其他窗口。Aspen Plus 主窗口包括：

① 标题条（Titlebar）：窗口顶部的水平条，显示运行标识。

② 菜单（Menubar）：在 Titlebar 下面的水平条，给出可用菜单的名字。

③ 工具条（Toolbar）：在 Menubar 下面的水平条，含有一些命令按钮。其中常用的是下一步按钮（Next Button），它调用 Aspen Plus 专家系统，指导完成模拟所必须经历的各步骤。数据浏览器（Data Browser）图标也是常用按钮之一，可提供要被完成的窗口清单、显示表页和页面并操纵对象、编辑定义流程模拟输入页面、检查运行的状态和内容、查看结果是否可用等。

④ 模拟状态域（Simulation）：显示有关当前运行的状态信息。

化工原理课程设计

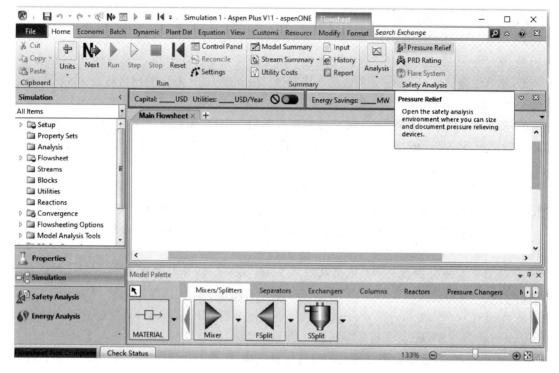

图 2-3　Aspen Plus 主窗口示意图

⑤ 选择模式按钮（Select Mode Button）：关闭插入对象的插入模式，并返回到选择模式。

⑥ 工艺流程模拟窗口（Main Flowsheet）：在该窗口中可以根据用户需求插入单元模块、输入物流信息等建立工艺流程。

⑦ 模型库（Model Palette）：在主窗口底部区域，列出可用单元操作模型库。

2.2.2　Aspen Plus 的流程创建

Flowsheet 是 Aspen Plus 最常用的运行类型，可以使用基本的工程关系式，如质量和能量平衡、相态和化学平衡以及反应动力学去预测一个工艺过程。在 Aspen Plus 的运行环境中，只要给出合理的热力学数据、实际的操作条件和严格的平衡模型，就能够模拟实际装置的运行，帮助设计更好的方案和优化现有的装置和流程，提高工程利润。

创建一个流程的步骤如下：

① 在 View 菜单下，确认 PFD 状态已经关闭。

② 根据工艺流程选择单元操作模块放置到流程窗口。

　a. 在模型库中单击一个模型类别标签；

　b. 根据流程中需设置的单元操作模型，单击向下箭头选择不同的图标；

　c. 在你需要放置模块的位置单击并释放鼠标键；

　d. 重复步骤 a~c 放置其他模块，创建完整的工艺流程单元。

③ 用物流连接模块。在画好流程的基本单元后，可以打开物流区，用物流将各个单元设备连接起来。

a. 在模型库的左侧单击 Streams 图标；

b. 如果你选择不同的物料类型（物料、热流或功流），单击与此图标相邻的向下箭头，然后选择一个不同的类型；

c. 移动鼠标指针到流程窗口，物流连接的端口将显示红色或蓝色；如果将鼠标定位在显示端口之上，箭头将变成亮显的并在端口处出现一个带有描述性的文字框；

d. 单击亮显的端口使之连接，在端口处单击并按住鼠标键拖动可改变端口的位置；

e. 重复步骤 d 连接物流的另一端；

f. 如果放置物流的端口作为流程的进料或产品，则单击工艺流程窗口的空白部分；

g. 停止放置物流单击模型库左上角的选择模式键或单击鼠标右键，在任何时候取消连接物流按 ESC 键或单击鼠标右键。

④ 检查流程的完整性。查看主窗口右下方的状态显示，如果状态为 Flowsheet Not Complete，流程则没有完全连接。可以在数据浏览器工具条中单击 NEXT 键，查找原因。

⑤ 修改流程。

a. 改变流程的连接。可以删除模块和物流，为模块和物流重命名，改变物流连接，以及在物流内插入一个模块。

b. 改善流程外观。在任何时候都可以改善你所画的流程外观，可以移动模块、模块的 ID、物流段、物流拐角、物流 ID 和物流连接位置，还可以隐藏模块和物流的 ID、重新布置物流、对齐模块、改变图标、调整图标的大小和旋转图标。

c. 重画全部或部分流程。当对流程的全部或局部修改时，可使用 Place 和 Unplace 重画流程。

2.2.3 Aspen Plus 组分的规定及其他数据输入

Aspen Plus 的几个数据库中包含了大量组分的物性参数，可以通过 Data（数据）菜单中单击 Components（组分），输入流程的组分，可以通过查找功能在 Aspen 数据库中确定需要的组分。对于非数据库组分，可以使用 Properties Data（物性数据）和 Parameters（参数）窗口提供相应的参数，或用 Property Estimation（物性估算）估算或 Data Regression（数据回归）回归所需参数。

在物性计算方法栏（Properties-Specification）中确定整个流程计算所需的热力学方法。设置温度、压力、浓度、组分流率或分率等物流的参数，设定塔板数、回流比等设备的参数，以及入口热（功）流和出口热（功）流等热（功）流参数。

当数据浏览器的红色标记消失后，单击 NEXT 按钮，系统提示所有的信息都输入完毕，可以进行计算了。

2.2.4 Aspen Plus 模拟程序的运行

状态栏中显示 Input Complete（输入完成）、Input Changed（输入被改变）或 Ready to Execute Block（可以执行模块）后，即能够运行模拟程序了。

（1）交互运行模拟程序　单击 Simulation Run（模拟运行）工具栏上的 Run 按钮，即可运行。点击 Control Panel（控制面板）可查看模拟程序运行进度并控制。

（2）重新初始化模拟计算　在缺省情况下，改变模拟规定后，在重新运行模拟程序之前，应该进行重新初始化。可在 Run 菜单上单击 Reinitialize 命令，并在对话框中选定重新初始化的项目；或在 Control Panel（控制面板）中选择要重新初始化的模块或项目，单击鼠标右键再单击 Reinitialize 命令。

（3）查看模拟的运行状态

① 利用状态栏（Status Bar）查看模拟的运行状态。主窗口的状态栏会显示出正在运行的模拟程序的精度以及模拟程序未运行时的状态，状态消息显示在状态栏的右边。

② 利用控制面板（Control Panel）查看模拟的运行状态。包括模拟计算期间产生的进度消息、诊断消息、警告消息和错误消息。

（4）检查计算的状态　在 Simulation Run 工具栏上或 Run 菜单上，单击 Check Results 按钮，显示出 Results Summary，指示出模拟计算是否正常完成，并显示出计算所引起的错误或警告信息。

2.2.5　Aspen Plus 的管理文件

运行 Aspen Plus 时，可以对文档文件存储、文件转出、运行期间所使用的文件格式、文件转入和运行的存储等进行管理。

（1）文件格式

① 文档文件（.apw）：对于较长的文件，可在运行过程中准确启动中间收敛信息，但在 Aspen Plus 的不同版本之间不能互相兼容。

② 备份文件（.bkp）：在 Aspen Plus 的不同版本之间能向上兼容，且文件较小，但不包含中间收敛信息。

③ 模板文件（.apt）：当创建一个新运行程序时，可以选择一个模板。

④ 输入文件（.inp）：是一个流程模拟规定的压缩汇总，包括流程图窗口中单元操作模块和物流布局的图形信息。

⑤ 报告文件(.rep)：包含完整的输入规定和模拟结果的报告文件，DFMS 输入文件(.dfm)、物性数据文件（.prd）和项目文件（.prj）可同报告文件一起转出。

⑥ 汇总文件（.sum）：汇总文件必须从模拟程序中转出保存，包含所有用户界面中显示的模拟结果。

⑦ 运行信息文件（.cpm）：属于文本文件，必须从模拟程序中转出保存，包括运行中的错误、警告和诊断信息。

⑧ 历史文件（.his）：属于文本文件，与运行信息文件相似，包括输入总的反馈，运行中的错误、警告和诊断信息。

（2）保存文件　在 Aspen Plus 中保存一个文件的步骤为：

① 在 File（文件）菜单上，单击 Save As（另存为）；

② 在 Save As（另存为）对话框中，从另存文件列表中选择正确的文件类型（.apw、.bkp 或.apt）；

③ 输入文件名，可以保存到本地计算机上的任何目录中；

④ 点击 Save（保存）按钮。

（3）转出 Aspen Plus 文件

① 在 File（文件）菜单上，单击 Export（转出）；

② 在 Export(转出)对话框中，从另存文件列表中选择正确的文件类型(.bkp、.rep、.sum、.inp、

.cpn、.spf 或.spe）；

③ 输入文件名，可以保存到本地计算机上的任何目录中；

④ 点击 Save（保存）按钮。

2.2.6 灵敏度分析和设计规定

灵敏度分析是检验一个过程如何对变化的关键操作变量和设计变量反应的一个工具，即研究该流程变量变化对其他流程变量的影响。可以用来验证一个设计规定的解是否在操作变量的变化范围内，可以用它做简单的过程优化，以及可以用灵敏度分析模块生成随进料物流、模块输入参数或其他输入变量变化的模拟结果的表或图。灵敏度分析结果在 Sensitivity Results Summary（灵敏度分析结果摘要）页面上以表格的形式输出，或利用 Plot（曲线图）菜单上的 Plot Wizard（绘图专家）将结果绘成曲线，以便于观察不同变量间的关系。

若建立一个灵敏度分析模块，需从 Data（数据）菜单上，单击 Model Analysis Tool（模型分析工具）中的 Sensitivity（灵敏度分析），标识被采集流程变量和被操纵的流程变量，并且对系统的影响变量应规定一指定值或一个范围。设定一个变量值，就可通过设计规定来实现。

设计规定产生必须迭代求解的回路，此外带有再循环回路的模块本身也需要循环求解。规定的目标值与计算值必须满足下面的方程：

$$|目标值-计算值|<允差$$

被操纵和被采集变量的最终值可在 Convergence（收敛）模块的 Results（结果）页面上查看。

2.2.7 物性分析和物性参数估算

当完成物性规定后，确定物流中各组分的相态及物性是否同选择的物性方法相适应是确保流程模拟结果正确的关键，Property Analysis（物性分析）可以帮助解决这样的问题。可以通过访问工具菜单的交互方法以及 Data Browser（数据浏览）菜单中的 Property Analysis（物性分析）窗口生成物性分析。物性分析的内容包括纯组分物性、二元系统物性、三元共沸曲线图、p-T 封闭曲线以及物流物性等。

Aspen Plus 在数据库中为大量组分存储了物性参数，如果所需物性参数不在 Aspen Plus 数据库中，则可以直接输入，用 Property Estimation（物性估算）进行估算，使用 Data Regression（数据回归）从实验数据中获取。估算物性参数应已知物质的标准沸点温度、分子量或分子结构，能够估算纯组分的常量参数、受温度影响的物性参数、二元参数、UNIFAC 参数。

对于估算参数可使用 Properties Estimation Compare（性质估计比较）窗口与实验数据进行比较，结果在 Compare Results（比较结果）窗口中显示，组分间的比较结果在 Reports（报告）中列出。

2.2.8 物性数据回归

可以利用实验物性数据来确定 Aspen Plus 模拟计算所需的物性模型参数。Aspen Plus 数据回归系统通过输入气-液平衡数据、液-液平衡数据、密度、热容和活度系数等实验数据，将物性模型参数与纯组分或多组分系统测量数据相拟合。在数据拟合时，应注意必须选择使用某物性模型的物性方法确定想要的参数。

数据回归系统的设定步骤如下：

① 启动 Aspen Plus 创建一个新的运行程序；

② 在 New 对话框上，Run Type（运行类别）列表框中选择 Data Regression（数据回归）；或在 Data（数据）菜单中，单击 Setup（设定），然后在 Setup Specifications Global（全局设置规定）页的 Run Type（运行类别）列表框中选择 Data Regression（数据回归）；

③ 用 Components Specifications Selection（组分规定选择）页定义组分；

④ 用 Properties Specifications Global（全局设置规定）选择物性方法；

⑤ 在 Properties Parameters（物性参数）及 Properties Estimation（物性估算）窗口上输入或估计任何附加的物性参数；

⑥ 在 Properties Data（物性数据）窗口上输入实验数据；

⑦ 在 Properties Regression（物性回归）表上规定回归工况。

回归所确定的参数被自动放在 Properties Parameters（物性参数）窗口的合适位置，应用时可从 Data Browser（数据浏览器）窗口选择 Setup Specifications Global（全局设置规定），然后在 Run Type（运行类别）区中选择 Flowsheet（流程）；或可在 Component Data（组分数据）页上将回归结果和估算结果拷贝到参数窗口上。

2.3 Aspen Plus 中分离器单元模块

分离器模型包括双出口闪蒸器（Flash2）、三出口闪蒸器（Flash3）、液-液倾析器（Decanter）、多出口组分分离器（Sep）和双出口组分分离器（Sep2）等五个模块。如图 2-4 所示。

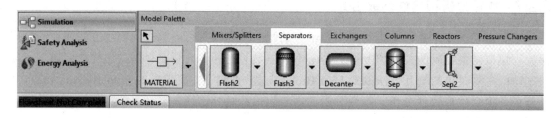

图 2-4 分离器模型图

2.3.1 Flash2 模型

双出口闪蒸器（Flash2）执行严格的气-液相或气-液-固相平衡计算，有一个气相出口物流、一个液相出口物流和一个可选的游离水倾析物流，可以模拟任何有足够的气体分离空间的闪蒸、汽化器、排出罐和任何其他的单相分离器等。

双出口闪蒸器（Flash2）模块有闪蒸设定（Specifications）和液沫夹带（Entrainment）等 2 组模型参数。如图 2-5 所示。

（1）闪蒸设定（Specifications） 闪蒸设定（Specifications）表单中需选择闪蒸类型（Flash Type），针对选择的类型适当输入温度（Temperature）、压力（Pressure）、热负荷（Duty）和蒸气分率（Vapor Fraction）4 个参数中的 2 个。

有效相态（Valid Phases）表单中需至少输入气-液相（Vapor-Liquid）、气-液-液相

（Vapor-Liquid-Liquid）、气-液-游离水相（Vapor-Liquid-Free Water）和气-液-污水相（Vapor-Liquid-Dirty Water）等 4 个参数中的 1 个。

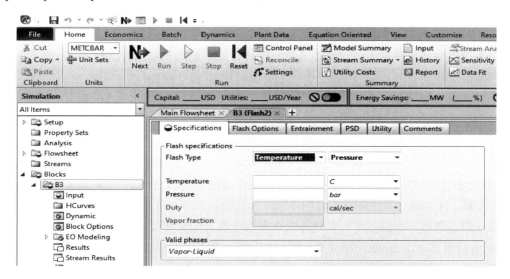

图 2-5　Flash2 模型参数示意图

（2）液沫夹带（Entrainment）　液沫夹带是指液相被带入气相中的分率。

2.3.2　Flash3 模型

三出口闪蒸器（Flash3）进行严格的气-液-液平衡计算，有一个气相出口物流和两个液相出口物流，可以模拟任何有足够的气-液分离空间和两相空间的单级分离器，还可以规定气相物流中的每个液相的夹带。

三出口闪蒸器（Flash3）模块有闪蒸设定（Specifications）、关键组分（Key Components）和液沫夹带（Entrainment）等 3 组模型参数。如图 2-6 所示。

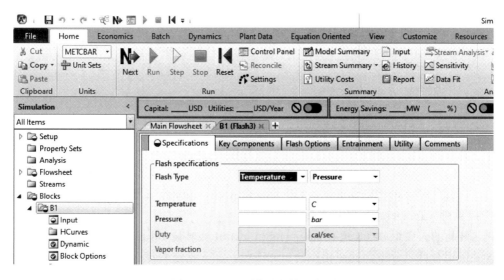

图 2-6　Flash3 模型参数示意图

（1）闪蒸设定（Specifications） 闪蒸设定（Specifications）表单中需选择闪蒸类型（Flash Type），针对选择的类型适当输入温度（Temperature）、压力（Pressure）、热负荷（Duty）和蒸气分率（Vapor Fraction）4个参数中的2个。

（2）关键组分（Key Components） 关键组分（Key Components）表单中指定关键组分后，含关键组分摩尔分率大的液相作为第二液相。如未指定关键组分，则密度大的液相作为第二液相。

（3）液沫夹带（Entrainment） 液沫夹带表单中需分别设定第一液相和第二液相被夹带入气相中的分率。

2.3.3 Decanter 模型

液-液倾析器（Decanter）执行给定热力学条件下的液-液平衡或液-游离水平衡计算，可以模拟排空罐、倾析器和其他具有足够的停留时间来分离两个液相但不包括气相的单级分离器，倾析器决定了带有一个或多个入口物流的混合物在规定的温度或热负荷下的热状态和相态。

液-液倾析器（Decanter）模块有倾析设定（Specifications）和分离效率（Efficiency）等2组模型参数。如图2-7所示。

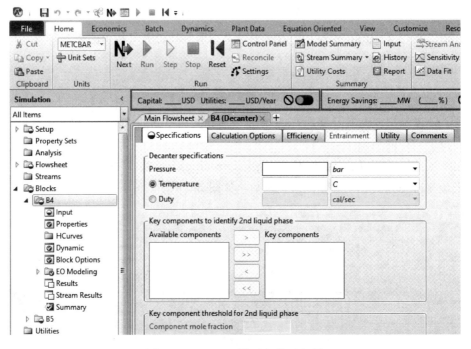

图 2-7 Decanter 模型参数示意图

（1）倾析设定（Specifications） 倾析设定（Specifications）表单中需输入压力（Pressure）和温度/热负荷（Temperature/Duty）2个参数。

第二液相的关键组分（Key components to identify 2nd liquid phase）表单中指定关键组分后，含关键组分摩尔分率大的液相作为第二液相。如未指定关键组分，则密度大的液相作为第二液相。

（2）效率（Efficiency） 效率（Efficiency）表单中需分别设定每个组分在两相中的分离

效率（代表了相组成偏离平衡组成的程度）。

2.3.4 Sep 模型

多出口组分分离器（Sep）模型将进料混合，并根据你对每个组分所做的规定将结果物流分离成两个或更多个物流。可以规定每个子物流的每个组分，也可以用 Sep 模型来表示组分分离操作。

多出口组分分离器（Sep）模块有分离设定（Specifications）、进料闪蒸（Feed Flash）和出料闪蒸（Outlet Flash）等 3 组模型参数。如图 2-8 所示。

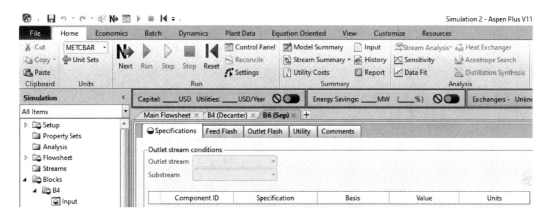

图 2-8　Sep 模型参数示意图

（1）设定（Specifications）　设定（Specifications）表单中输出物流条件设定，指定每个组分在各股输出物流中的分率或流量。

（2）进料闪蒸（Feed Flash）　进料闪蒸（Feed Flash）表单中指定输入物流混合后的闪蒸压力和有效相态。

（3）出口闪蒸（Outlet Flash）　出口闪蒸（Outlet Flash）表单中指定每一股输出物流的闪蒸压力、温度、气相分率和有效相态。

2.3.5 Sep2 模型

双出口组分分离器（Sep2）模型将进料混合，并将输出物流分离成两个物流。Sep2 和 Sep 相似，但它提供了更宽的规定范围，比如组分纯度或回收率。这些规定可以使组分分离操作更容易。

双出口组分分离器（Sep2）模块可以设定分配给各输出物流的流量（Flow）/流量分率（Split fraction）、各个组分的流量/流量分率以及摩尔分率/质量分率。可自由设定的参数个数由物料平衡自由度决定。

2.4　Aspen Plus 中换热器单元模块

换热器模型可以模拟加热器或两个或多个物流换热器的性能，共 4 种模型（见图 2-9）。

① 加热器/冷却器（Heater）；

② 双物流换热器（HeatX）；

③ 多物流换热器（MHeatX）；
④ 热通量换热器（HXFlux）。

图 2-9　Exchangers 单元模块示意图

2.4.1　Heater 模型

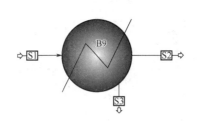

图 2-10　Heater 模型的物料连接示意图

Heater 模型可以用于模拟以下单元，改变单股物流的温度、压力和相态。
① 加热器或冷却器；
② 阀门（已知压降，不涉及阻力）；
③ 泵（仅改变压力，不涉及功率）；
④ 压缩机（仅改变压力，不涉及功率）。
Heater 模型的物料连接示意图如图 2-10 所示。

Heater 模型有模型设定（Specifications）参数，如图 2-11 所示：

闪蒸规定（Flash specifications）：需选择闪蒸类型（Flash Type），针对选择的类型适当输入温度（Temperature）、压力（Pressure）、温度改变（Temperature change）、蒸气分率（Vapor fraction）、过热度（Degrees of superheating）、过冷度（Degrees of subcooling）和热负荷（Duty）等参数。

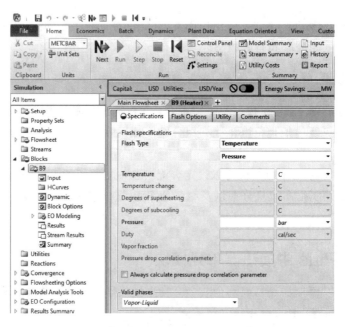

图 2-11　Heater 单元模型示意图

有效相态（Valid Phase）包括蒸气（Vapor only）、液体（Liquid only）、固体（Solid only）、气-液（Vapor-Liquid）、气-液-液（Vapor-Liquid-Liquid）、液-游离水（Liquid-Free Water）、气-液-游离水（Vapor-Liquid-Free Water）、液-污水（Liquid-Dirty Water）和气-液-污水（Vapor-Liquid-Dirty Water）。

利用 Heater 模型能够进行以下类型的单相或多相计算。

① 泡点或露点计算；
② 加入或移走任何数量的用户规定热负荷；
③ 过热或过冷的匹配温度；
④ 需要达到某一气相分率所必需的冷热负荷。

2.4.2 HeatX 模型

HeatX 模型可以对大多类型的双物流管壳式换热器进行简捷的或严格的计算。简捷法总是采用用户规定的或缺省的总的传热系数值，而严格方法采用膜系数的严格热传递方程，并能合并壳侧和管侧膜所带来的管壁阻力来计算总的传热系数。

HeatX 模型可以模拟以下结构管壳式换热器，计算两股物流之间的热量交换，如图 2-12 所示。

① 逆流/并流（Countercurrent /Cocurrent）；
② 折流板壳程（Segmental Baffle Shell）；
③ 棍式挡板壳程（Rod Baffle Shell）；
④ 裸管/低翅片管（Bare/Low-finned Tubes）。

可以规定换热器的热侧或冷侧入口物流，以及规定下列性能之一即可运行模拟运算。

① 出口温度热物流或冷物流的温度；
② 热物流或冷物流的气相摩尔分率；
③ 过热、过冷或冷热物流的温度；
④ 换热器负荷；
⑤ 传热表面积；
⑥ 在热物流或冷物流出口的平衡接近温度。

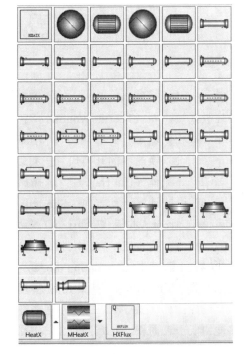

图 2-12 HeatX 模块模拟的管壳式换热器

HeatX 模型的设定从规定（Specifications）、对数平均温差（LMTD）、压降（Pressure Drop）、总传热系数法（U Methods）和膜系数（Film Coefficients）等几部分入手。

2.4.2.1 规定（Specifications）

有四组设定参数：模型准确性（Model fidelity）、热流体（Hot fluid）、简捷计算流动方向（Shortcut flow direction）、计算模式（Calculation mode）和换热器设定（Exchanger specification），如图 2-13 所示。

（1）模型准确性（Model fidelity） 共有两个选项：简捷计算（Shortcut）、严格计算（Detailed）。

① 简捷计算（Shortcut）。对于简捷方法，可以人为规定换热器的压降和相传热系数。HeatX 模型根据能量平衡和物料平衡来确定出口物流状态，并用传热系数的一个常数值来估计所需的表面积。

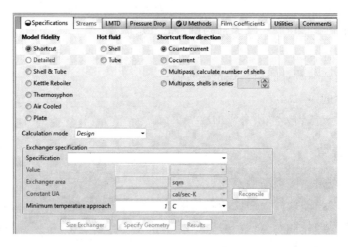

图 2-13　HeatX 模型的参数设定

② 严格计算（Detailed）。包括管壳式换热器（Shell & Tube）、釜式再沸器（Kettle Reboiler）、热虹吸式换热器（Thermosyphon）、空气冷却器（Air Cooled）、板式换热器（Plate）。能够对单相和双相物流进行具有热传递和压降估值的完整区域分析，要进行严格的热传递和压降计算，必须输入换热器的几何尺寸。可以估算显热核沸腾和凝液膜系数的关联式。

（2）热流体（Hot fluid）　选择热流体走壳程（Shell）或管程（Tube）。

（3）简捷计算流动方向（Shortcut flow direction）　物流在换热器中的流动方式包括逆流（Countercurrent）、并流（Cocurrent）、多壳程并计算壳程数（Multipass，calculate number of shells）和多壳程输入壳程数（Multipass，shells in series）。

（4）计算模式（Calculation mode）　共有四个选项：设计计算（Design）、严格计算（Rating）、模拟计算（Simulation）和最大污垢热阻计算（Maximum fouling）。

设计计算（Design）是程序确定设备几何尺寸。严格计算（Rating）是程序确定单元是否超过和低于表面积。模拟计算（Simulation）是程序确定出口条件。最大污垢热阻计算（Maximum fouling）是程序确定最大污垢热阻。

（5）换热器设定（Exchanger specification）　可以从以下 13 个选项进行选择并规定数值，有热物流出口温度（Hot stream outlet temperature）、热物流出口温降（Hot stream outlet temperature decrease）、热物流出口-冷物流进口温差（Hot outlet-cold inlet temperature difference）、热物流出口过冷度（Hot stream outlet degrees subcooling）、热物流出口蒸气分率（Hot stream outlet vapor fraction）、热物流进口-冷物流出口温差（Hot inlet-cold outlet temperature difference）、冷物流出口温度（Cold stream outlet temperature）、冷物流出口温升（Cold stream outlet temperature increase）、冷物流出口过热度（Cold stream outlet degrees superheat）、冷物流出口蒸气分率（Cold stream outlet vapor fraction）、传热面积（Heat transfer area）、热负荷（Exchanger duty）和热/冷物流出口温差（Hot/Cold stream outlet temperature approach）。

2.4.2.2 对数平均温差（LMTD）校正

由于换热器内的流动并非理想的并流或逆流，因此有效传热推动力需在对数平均温差（LMTD）的基础上进行校正。在对数平均温差计算选择（LMTD calculation option）部分，校正因子的计算方法（LMTD correction factor method）有四个选项：常数（Constant），由用户指定校正系数，可查手册，规定最小校正因子（Minimum correction factor）；几何结构（Geometry），由软件根据换热器结构和流动情况计算；用户子程序（User-subr）；计算值（Calculated），流动方向为多管程流动时采用。如图 2-14 所示。

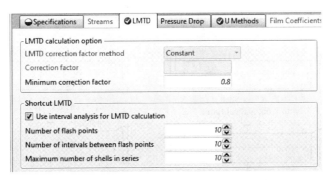

图 2-14　HeatX 模块中 LMTD 参数示意

对于简捷计算的对数平均温差（Shortcut LMTD），可以利用内置的分析方法计算 LMTD，需输入闪点数量（Number of flash points）、闪点中间数（Number of intervals between flash points）和最大的壳程数（Maximum number of shells in series）。

2.4.2.3 压降（Pressure Drop）

当换热器采用简捷计算和严格计算时，压降的规定有所不同。

（1）简捷计算　需分别指定热流体侧和冷流体侧的出口压力（Outlet pressure）。当指定值 >0 时，代表出口的绝对压力值；指定值 ≤0 时，代表出口相对于进口的压力降低值。

（2）严格计算　需分别指定热流体侧和冷流体侧的出口压力（Outlet pressure）或根据几何结构计算（Calculated from geometry）。

2.4.2.4 总传热系数法（U Methods）

总传热系数的计算方法可选择常数（Constant）、相态法（Phase specific values）、幂函数（Power law for flow rate）、换热器几何结构（Exchanger Geometry）和传热膜系数（Film coefficients），当采用严格计算时，通常选择后两种。

2.4.2.5 膜系数（Film Coefficients）

膜系数法根据换热器的几何结构和流动情况分别计算热流体侧和冷流体侧的传热膜系数（Film coefficients），根据管壁材料和厚度计算传导热阻，再结合给定的污垢热阻因子（Fouling factor）计算出总传热系数 U。

2.4.2.6 HeatX 模型——几何结构（Geometry）

严格计算时需输入换热器的几何结构参数。从数据浏览器左侧的目录树中选择几何结构（Geometry），然后在弹出的对话窗口中的壳程（Shell）、管程（Tubes）、管翅（Tube fins）、挡板（Baffles）和管嘴（Nozzles）表单中输入相应的数据。

（1）壳程（Shell）　表单中包含壳程类型（TEMA shell type）、管程数（No. of tube passes）、

换热器方位（Exchanger orientation）、密封条数（Number of sealing strip pairs）、管程流向（Direction of tubeside flow）、壳内径（Inside shell diameter）和壳/管束间隙（Shell to bundle clearance）等参数。

壳程类型（TEMA shell type）包含六种结构，如图 2-15 所示：E、F、G、H、J 和 X 型壳程。

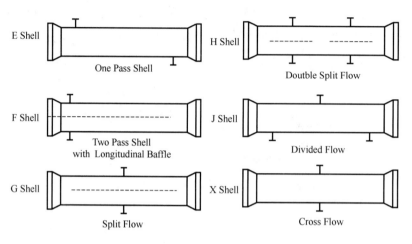

图 2-15 TEMA 的六种壳程结构

（2）管程（Tubes） 表单中包含选择管类型（Select tube type）、管程布置（Tube layout）和管尺寸（Tube size）三种参数。

选择管类型（Select tube type）包括裸管（Bare tube）和翅片管（Finned tube）参数设置。

管程布置（Tube layout）包括总管数（Total number）、管长（Length）、排列模式（Pattern）、中心距（Pitch）、材料（Material）和导热系数（Conductivity）参数设置。

管尺寸（Tube size），可用两种方式输入：选择实际尺寸（Actual）输入，应当从内径（Inner diameter）、外径（Outer diameter）和厚度（Tube thickness）三种参数中选择两个；选择公称尺寸（Nominal）输入，应输入直径（Diameter）和 BWG 规格（Birmingham wire gauge）两个参数。

（3）管翅（Tube fins） 对于翅片管，还需从管翅（Tube fins）表单中输入翅片高度（Fin height）、翅片高度/翅片根部平均直径（Fin height /Fin root mean diameter）、翅片间距（Fin spacing）和每单位长度的翅片数/翅片厚度（Number of fins per unit length /Fin thickness）等参数。

（4）挡板（Baffles） 有圆缺挡板（Segmental baffle）和棍式挡板（Rod baffle）两种挡板结构可供选用。

圆缺挡板（Segmental baffle）需输入所有壳程中的挡板总数（No. of baffles, all passes）、挡板切割分率[Baffle cut （fraction of shell diameter）]、管板到第一挡板的间距（Tubesheet to 1st baffle spacing）、挡板间距（Baffle to baffle spacing）、壳壁/挡板间隙（Shell-baffle clearance）和管壁/挡板间隙（Tube-baffle clearance）等参数。

棍式挡板（Rod baffle）需输入所有壳程中的挡板总数（No. of baffles, all passes）、圆环内径（Inside diameter of ring）、圆环外径（Outside diameter of ring）、支撑棍直径（Support rod diameter）和每块挡板的支撑棍总长（Total length of support rods per baffle）等参数。

（5）管嘴（Nozzles） 管嘴即换热器的物料进出接口，需从表单中分别输入壳程管嘴直径（Enter shell side nozzle diameters）和管程管嘴直径（Enter tube side nozzle diameters）的进口管嘴直径（Inlet nozzle diameter）和出口管嘴直径（Outlet nozzle diameter）等参数。

2.4.2.7 HeatX 模型——热参数结果（Thermal results）

HeatX 模型的热参数结果（Thermal results）包括概况（Summary）、衡算（Balance）、换热器详情（Exchanger details）、压降/速度（Pres drop/velocities）和分区（Zones）五张表单。

（1）概况（Summary） 表单分别给出了冷、热物流的进出口温度、压力、蒸气分率（Vapor fraction），以及换热器的热负荷（Heat duty）。

（2）衡算（Balance）

（3）换热器详情（Exchanger details） 表单给出了需要的换热器面积（Required exchanger area）、实际的换热器面积（Actual exchanger area）、清洁（Clean）和结垢（Dirty）条件下的平均传热系数（Avg. heat transfer coefficient）、校正后的对数平均温差（LMTD corrected）、热效率（Thermal effectiveness）和传热单元数（Number of transfer units）等信息。

（4）压降/速度（Pres drop/velocities） 表单给出了流道压降（Exchanger Pressure drop）、管嘴压降（Nozzle Pressure drop）和总压降（Total Pressure drop）；壳程错流（Crossflow）和挡板窗口（Windows）处的最大流速（Velocity）及雷诺数（Reynolds No.）；管程的最大流速（Velocity）及雷诺数（Reynolds No.）等信息。可以根据这些信息调整管程数、挡板数目和切割分率，以及管嘴尺寸。

（5）分区（Zones） 表单给出了换热器内根据冷、热流体相态对传热面积分区计算的情况，包括各区域的热流体温度（Hot-side Temp）、冷流体温度（Cold-side Temp）、对数平均温差（LMTD）、传热系数（U）、热负荷（Duty）和传热面积（Area）等信息。可根据这些信息分析换热方案是否合理以及改进设计方案的方向。

2.5 Aspen Plus 中塔设备计算单元模型

塔设备（Columns）模型包括：DSTWU、Distl 和 SCFrac 简捷蒸馏模型；MultiFrac、RadFrac、和 PetroFrac 严格蒸馏模型；Extract 和 ConSep 模型。如图 2-16 所示。

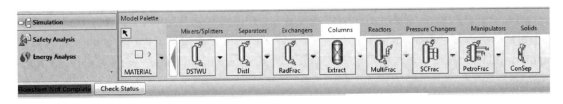

图 2-16　塔设备（Columns）模型图

2.5.1 DSTWU 模型

DSTWU 能够对一个有单个进料，两个产品，带有一个部分冷凝器或全凝器的蒸馏塔进行 Winn-Underwood-Gilliland 简捷设计计算。对于已经规定的轻重关键组分的回收率，DSTWU 可以估计最小回流比、最小理论板数、给定理论板数下的回流比、给定回流比下的理论板数、最佳进料位置、冷凝器和再沸器负荷。

DSTWU 模型有塔设定（Specifications）、计算选择（Calculation Options）等模型参数，如图 2-17 所示。

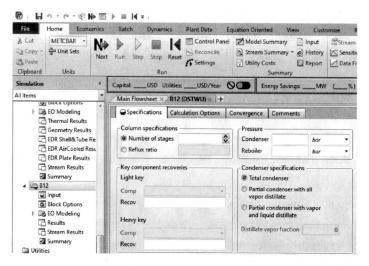

图 2-17　DSTWU 模型参数示意

2.5.1.1　设定（Specifications）

设定（Specifications）栏目中需输入塔设定（Column specifications）、关键组分回收率（Key component recoveries）、压力（Pressure）和冷凝器设定（Condenser specifications）等信息。

（1）塔设定（Column specifications）　塔设定（Column specifications）需输入塔板数（Number of stages）和回流比（Reflux ratio）。当回流比输入值＞0 时则为实际回流比；输入值＜-1 时，绝对值=实际回流比/最小回流比。

（2）关键组分回收率（Key component recoveries）　关键组分回收率（Key component recoveries）栏目中应分别指定轻关键组分（Light key）和重关键组分（Heavy key），并分别输入轻重关键组分在馏出物中的回收率值（Recov）。

（3）压力（Pressure）　压力（Pressure）栏目中应分别对冷凝器（Condenser）、再沸器（Reboiler）的压力值进行规定。

（4）冷凝器设定（Condenser specifications）　冷凝器设定（Condenser specifications）栏目中可选择全凝器（Total condenser）、带气相馏出物的部分冷凝器（Partial condenser with all vapor distillate）和带气、液相馏出物的部分冷凝器（Partial condenser with vapor and liquid distillate）。

2.5.1.2　计算选择（Calculation Options）

计算选择（Calculation Options）栏目中包括选择（Options）和实际回流比-理论板数关系表（Table of actual reflux ratio vs. number of theoretical stages）参数输入。

（1）选择（Options）　选择（Options）表单包括选择生成回流比-理论板数关系表（Generate table of reflux ratio vs. number of theoretical stages）和计算等板高度（Calculate HETP）选项。

（2）实际回流比-理论板数关系表（Table of actual reflux ratio vs. number of theoretical stages）　在实际回流比-理论板数（Table of actual reflux ratio vs. number of theoretical stages）

栏目中输入想分析的理论板数的最小值（Initial number of stages）、最大值（Final number of stages）和增量值（Increment size for number of stages）。计算完成后的结果中会包括回流比剖形图（Reflux ratio profile），据此可以绘制回流比-理论板数曲线。

2.5.2 Dist1 模型

Dist1 是一个用 Edimister 方法给定的简捷多组分蒸馏核算模型，该模型把一个入口物流分离成两个产品物流，必须规定理论板数、回流比和塔顶产品流率。可以估算冷凝器和再沸器的负荷。

Dist1 模型需在塔设定（Column specifications）表单中输入理论板数（Number of stages）、加料板位置（Feed stage）、回流比（Reflux ratio）、出物/进料摩尔比（Distillate to feed mole ratio）和冷凝器类型（Condenser type），在压强设定（Pressure specifications）中输入冷凝器压强（Condenser pressure）和再沸器压强（Reboiler pressure）等模型参数。如图 2-18 所示。

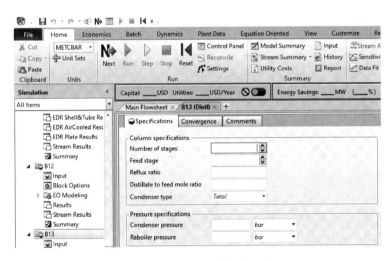

图 2-18　Dist1 模型参数示意

通过模拟计算给出冷凝器热负荷（Condenser duty）、再沸器热负荷（Reboiler duty）、进料板温度（Feed stage temperature）、塔顶温度（Top stage temperature）、塔底温度（Bottom stage temperature）和进料 q 值（Feed quality）等模型信息。

2.5.3 SCFrac 模型

SCFrac 可用于模拟炼油塔，例如原油单元和减压塔。SCFrac 可以进行塔的简捷蒸馏计算，这个塔可以有一个进料，一个可选的用于汽提的蒸气物流和许多的产品物流。SCFrac 模型可以模拟一个具有 $n-1$ 段的有 n 个产品的炼油塔，根据产品规定和分馏指数，能够估算产品组成和流率、每一段的级数和每一段的热或冷负荷。但 SCFrac 不能处理固体物系。

2.5.4 RadFrac 模型

精密分离模型（RadFrac）是一个严格的用于模拟所有类型的多级气-液分馏操作的模型。除了一般的蒸馏，它还能模拟吸收、再沸吸收、汽提、再沸汽提、萃取和共沸蒸馏，适用于三相系统、窄沸程系统和宽沸程系统、液相高度非理想系统。RadRrac 可以检测和处理游离水相或塔中任何地方的其他第二液相，还可以模拟正在进行化学反应的塔，两个液相的且在两个液相中有不同的化学反应发生的塔，以及盐沉降。

RadFrac 模型的连接图如图 2-19 所示。

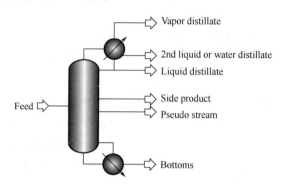

图 2-19　RadFrac 模型物料连接示意

RadFrac 模型有配置（Configuration）、流股（Streams）、压强（Pressure）、冷凝器（Condenser）、再沸器（Reboiler）、三相（3-Phase）塔设定（Specifications）和计算选择（Calculation Options）等表单设定。如图 2-20 所示。

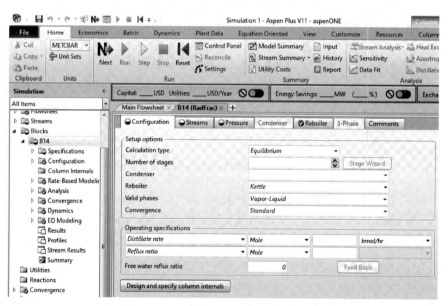

图 2-20　RadFrac 模型参数示意

（1）配置（Configuration）　配置（Configuration）栏目中的设置选项（Setup options），选择计算类型（Calculation type）中的平衡（Equilibrium）和基于速率（Rate-based），然后输入塔板数（Number of Stages）、冷凝器（Condenser）、再沸器（Reboiler）、有效相态（Valid phases）、收敛方法（Convergence）和操作设定（Operating specifications）等参数。

① 冷凝器（Condenser）。冷凝器（Condenser）配置需根据实际从全凝器（Total）、部分冷凝-气相馏出物（Partial-Vapor）部分冷凝-气相和液相馏出物（Partial-Vapor-Liquid）和无冷

凝器（None）等四个选项中选择一种。

② 再沸器（Reboiler）。再沸器（Reboiler）配置需根据实际从釜式再沸器（Kettle）、热虹吸式再沸器（Thermosyphon）和无再沸器（None）等三个选项中选择一种。

③ 有效相态（Valid phases）。有效相态（Valid phases）配置需根据实际从气-液（Vapor-Liquid）、气-液-液（Vapor-Liquid-Liquid）、气-液-任意塔板游离水（Vapor-Liquid-Free Water Any Stage）和气-液-任意塔板污水（Vapor-Liquid-Dirty Water Any Stage）等四个选项中选择一种。

④ 收敛方法（Convergence）。收敛方法（Convergence）配置需根据实际从标准方法（Standard）、石油/宽沸程（Petroleum/Wide-Boiling）、强非理想液相（Strongly Non-ideal Liquid）、共沸体系（Azeotropic）、深度冷冻体系（Cryogenic）和用户定义（Custom）等六个选项中选择一种。

⑤ 操作设定（Operating Specifications）。操作设定（Operating Specifications）配置需从回流比（Reflux Ratio）、回流速率（Reflux Rate）、馏出物速率（Distillate Rate）、塔底物速率（Bottoms Rate）、上升蒸气速率（Boilup Rate）、上升蒸气比（Boilup Ratio）、上升蒸气/进料比（Boilup to Feed Ratio）、馏出物/进料比（Distillate to Feed Ratio）、冷凝器热负荷（Condenser Duty）和再沸器热负荷（Reboiler Duty）等十个选项中选择两种并输入值。

（2）流股（Streams） 流股（Streams）栏目需对进料流股（Feed Streams）指定每一股进料的加料板位置，以及产品流股（Product Streams）指定每一股侧线产品的出料板位置及产量。

（3）压强（Pressure） 压强（Pressure）栏目中需对方式（View）、第一块塔板/冷凝器的压力（Top Stage/Condenser Pressure）、第二块塔板的压力（Stage 2 Pressure）和塔的压降（Pressure Drop for rest of column）参数进行设置。

① 方式（View）。方式（View）配置需从塔顶/塔底（Top/Bottom）、压力剖型（Pressure Profile）和塔段压降（Section Pressure Drop）三个选项中选择一种。

② 压力或压降数值。需从第一块塔板/冷凝器的压力（Top Stage/Condenser Pressure）、第二块塔板的压力（Stage 2 Pressure）和冷凝器的压降（Condenser Pressure Drop）、塔的压降（Pressure Drop for rest of column）中的塔板压降（Stage Pressure Drop）和全塔压降（Column Pressure Drop）选项中规定相应塔板的压力值或压降值。

（4）冷凝器（Condenser） 冷凝器（Condenser）栏目中有冷凝器指标（Condenser Specification）和过冷态（Subcooling）两个参数设定。

① 冷凝器指标（Condenser Specification）。冷凝器指标（Condenser Specification）仅仅应用于部分冷凝器。只需指定冷凝温度（Temperature）和馏出物蒸气分率（Distillate Vapor Fraction）两个参数之一。

② 过冷态（Subcooling）。过冷态（Subcooling）有过冷选项（Subcooling option）和过冷指标（Subcooling specification）两个选项。过冷选项（Subcooling option）需从回流物和馏出物都过冷（Both reflux and liquid distillate are subcooled）和仅仅回流物过冷（Only reflux is subcooled）两个选项中选择一种。过冷指标（Subcooling specification）需从过冷物温度（Subcooled temperature）和过冷度（Degrees of subcooled）两个选项中选择一种。

（5）再沸器（Reboiler） 如选用了热虹吸再沸器，则需要进行设置指定再沸器流量

（Specify reboiler flow rate）、指定再沸器出口条件（Specify reboiler outlet condition）和同时指定流量和出口条件（Specify both flow and outlet condition）。

（6）结果查看（Results）　RadFrac 的计算结果可从结果（Results）中查看，表单包括结果简汇（Results summary）、分布剖形（Profiles）和流股结果（Stream results）。

结果简汇（Results summary）给出塔顶（冷凝器）和塔底（再沸器）的温度、热负荷、流量、回流比和上升蒸气比等参数，以及每一组分在各出塔物流中的分配比率。

分布剖形（Profiles）给出塔内各塔板上的温度、压力、热负荷、相平衡参数，以及每一相态的流量、组成和物性。据此可确定最佳加料板和侧线出料板位置。

（7）设计规定（Design Specs）和变化（Vary）　RadFrac 模型带有内部的设计规定功能，通过设计规定（Design Specs）和变化（Vary）两组对象进行设定，如图 2-21 所示。可以设置多个设计规定对象和多个变化对象，但要注意两者间的依赖关系和自由度必须吻合，否则不能收敛。

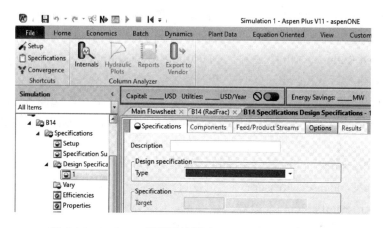

图 2-21　RadFrac 模型设计规定（Design Specs）示意

① 设计规定（Design Specs）。设计规定（Design Specs）对象通过规定（Specifications）、组分（Components）和进料/产物流股（Feed/Product Streams）三张表单设置规定指标。

在规定（Specifications）表单中输入类型（Type）和目标（Target）指标。在类型（Type）表单中有 36 种变量类型供选用；目标（Target）表单中需设定规定变量的目标值。

在组分（Components）表单中输入定义目标值的组分（Components）（分子）和基准组分（Base Components）（分母）。从左侧可用组分（Available components）框中选择需用组分到右侧的选用组分（Selected components）框中。

在进料/产物流股（Feed/Product Streams）表单中选择定义设计规定目标值的流股名称。

② 变化（Vary）。在变化（Vary）对象的设定（Specifications）表单中选择调节变量（Adjusted variable）的类型（Type），共 29 中类型可选，输入调节变量及其调节范围的上、下限值（Lower bound，Upper bound），如图 2-22 所示。

（8）板效率（Efficiencies）　RadFrac 模型可以设定实际塔板的板效率（Efficiencies）。用户可选用蒸发效率（Vaporization Efficiencies）或默弗里效率（Murphree Efficiencies），并选择指定单块板的效率、单个组分的效率或塔段的效率。

（9）报告（Report）　报告（Report）中有一项对塔板设计非常重要，即性质选项（Property

options）里的包括水力学参数（Include hydraulic parameters）选项。选择了该选项后，剖形结果中将给出指定塔板上的气、液两相的体积流量、密度、黏度和表面张力等塔板设计所需的参数。

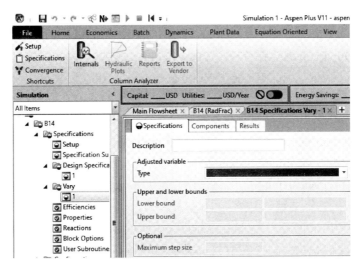

图 2-22　RadFrac 模型设计变化（Vary）示意

另外剖形选项（Profile options）里包括哪些塔板（Stages to be included in report）也很有用。

（10）塔板设计（Tray sizing）　塔板设计（Tray sizing）计算给定板间距下的塔径，可将塔分成多个塔段，分别设计合适的塔板，包括设定（Specifications）、设计（Design）、结果（Results）和剖形（Profiles）参数输入。

① 设定（Specifications）。在设定（Specifications）表单中输入该塔段（Trayed section）的起始塔板（Starting stage）和结束塔板（Ending stage）序号、塔板类型（Tray type）、塔板流型程数（Number of passes）以及板间距（Tray spacing）等几何结构（Geometry）参数。

塔板类型（Tray type）提供了泡罩塔板（Bubble Cap）、筛板（Sieve）、浮阀塔板（Glistch Ballast）、弹性浮阀塔板（Koch Flexitray）和条形浮阀塔板（Nutter Float Valve）五种塔板供选用。

② 结果（Results）。结果（Results）表单中给出计算得到的塔内径（Column diameter）、对应最大塔内径的塔板序号（Stage with maximum diameter）、降液管截面积/塔截面积（Downcomer area / Column area）、侧降液管流速（Side downcomer velocity）和侧堰长（Side weir length）。

③ 剖形（Profiles）。剖形（Profiles）表单中给出每一块塔板对应的塔内径（Diameter）、塔板总面积（Total area）、塔板有效区面积（Active area）和侧降液管截面积（Side downcomer area）。

（11）塔板核算（Tray rating）　塔板核算（Tray rating）计算给定结构参数的塔板的负荷情况，可供选用的塔板类型与塔板设计（Tray sizing）中相同。塔板设计（Tray sizing）与塔板核算（Tray rating）配合使用，可以完成塔板选型和工艺参数设计。

① 设定（Specifications）。塔板核算（Tray rating）的输入参数除了从塔板设计（Tray sizing）

带来的之外，还应补充塔盘厚度（Deck thickness）和溢流堰高度（Weir heights），多流型塔板应对每一种塔盘都输入堰高。

② 塔板布置（Layout）。在塔板布置（Layout）表单中输入浮阀的类型（Valve type）、材质（Material）、厚度（Thickness）、有效区浮阀数目（Number of valves to active area）、筛孔直径（Hole diameter）和开孔率（Sieve hole area to active area fraction）。

③ 降液管（Downcomer）。在降液管（Downcomer）表单中输入降液管底隙（Clearance）、顶部宽度（Width at top）、底部宽度（Width at bottom）和直段高度（Straight height）等参数。

④ 结果（Results）。塔板核算结果在结果（Results）表单中列出，有三个重要参数。最大液泛因子（Maximum flooding factor）应该小于 0.8；塔段压降（Section pressure drop）；最大降液管液位/板间距（Maximum backup / Tray spacing），应该在 0.25～0.5 之间。

(12) 填料设计（Pack sizing） 填料设计（Pack sizing）模块用来计算选用某种填料时的塔内径。

① 设定（Specifications）。在设定（Specifications）表单中输入填料类型（Type）、生产厂商（Vendor）、材料（Material）、板材厚度（Sheet thickness）、尺寸（Size）、等板高度（Height equivalent to a theoritical plate）等参数。

填料类型共有 40 种填料供选用。以下是 5 种典型的散堆填料：拉西环（RASCHIG）、鲍尔环（PALL）、阶梯环（CMR）、矩鞍环（INTX）和超级环（SUPER RING）；以下是 5 种典型的规整填料：带孔板波填料（MELLAPAK）、带孔网波填料（CY）、带缝板波填料（RALU-PAK）、陶瓷板波填料（KERAPAK）和格栅规整填料（FLEXIGRID）。

② 结果（Results）。结果（Results）表单中给出计算塔内径（Column diameter）、最大负荷分率（Maximum fractional capacity）、最大负荷因子（Maximum capacity factor）、塔段压降（Section pressure drop）、比表面积（Surface area）等参数。

(13) 填料核算（Pack rating） 填料核算（Pack rating）计算给定结构参数的填料的负荷情况，可供选用的填料类型与填料设计（Pack sizing）中相同。填料设计（Pack sizing）与填料核算（Pack rating）配合使用，可以完成填料选型和工艺参数设计。

(14) RadFrac 模型用于吸收单元 RadFrac 模型可用于吸收计算，需在配置（Configuration）表单中将冷凝器和再沸器类型选为"None"，以及在物流（Streams）表单中将塔底气体进料板位置设为塔板总数加 1，并将加料规则（Convention）设为"Above-Stage"；在收敛（Convergence）项目中将基本（Basic）表单里的算法（algorithm）设置为"Standard"，并将最大迭代次数（maximum iterations）设置为 200，并将高级（Advance）表单里的第一栏吸收器（Absorber）设置为"yes"。

脱吸是吸收的逆过程，脱吸计算与吸收计算的模型参数设置相同，只是物料初始组成不同。

2.5.5 Extract 模型

抽提（Extract）是模拟液-液抽提塔的一个严格模型，可以有多个进料、加热器/冷却器和侧线物流。

Extract 模型的物料连接图如图 2-23 所示。

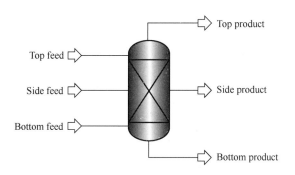

图 2-23　Extract 模型物料连接示意

2.5.5.1　Extract 模型的设定

Extract 模型有塔设定（Specs）、关键组分（Key components）、物流（Streams）和压强（Pressure）四组基本模型参数，如图 2-24 所示。

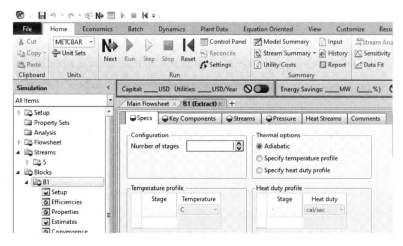

图 2-24　Extract 单元模型示意

（1）塔设定（Specs）　塔设定（Specs）表单中需在结构（Configuration）中输入塔板数（Number of stages），并在热状态选项（Thermal options）表单中从绝热（Adiabatic）、指定温度剖形（Specify temperature profile）和指定热负荷剖形（Specify heat duty profile）三个选项中选择一个。

（2）关键组分（Key components）　关键组分（Key components）表单中从第一液相（1st liquid phase）栏目中指定关键组分，第一液相是指相对密度较大的液相，从塔底出料；从第二液相（2nd liquid phase）栏目中指定关键组分，第二液相是指相对密度较小的液相，从塔顶出料。

（3）物流（Streams）　物流（Streams）表单中规定进料、出料、侧线物流的加料板位置和侧线出料物流的出料板位置和流量。

（4）压强（Pressure）　压强（Pressure）表单中需设置塔内的压强剖形。至少指定一块板的压强。未指定板的压强通过内插或外推决定。

2.5.5.2　级效率（Efficiencies）

Extract 模型采用级效率（Efficiencies）来处理两液相组成未达到平衡的真实过程，缺省的级效率为 1（平衡级）。需要在选项（Options）、级（Stages）和组分（Components）中选择或输入相应数值，如图 2-25 所示。

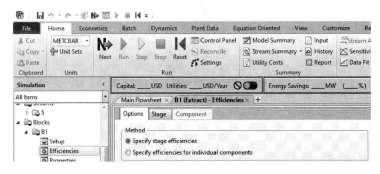

图 2-25　Extract 模型级效率（Efficiencies）示意

（1）选项（Options）　选项（Options）表单需从通用级效率（Specify stage efficiencies）和为每一个组分分别指定级效率（Specify efficiencies for individual components）两个选项中选择一个。

（2）级（Stage）　级（Stage）表单中需输入每一块板上的通用板效率。

（3）组分（Component）　组分（Component）表单中需输入每一个组分在每一块板上的组分板效率。

2.5.5.3　物性方法（Properties）

物性方法（Properties）需要在选项（Options）和 KLL 关联式（KLL correlation）中选择或输入相应数值。

（1）选项（Options）　求取液-液平衡分配系数（Calculate liquid-liquid coefficients from）有三类方法：用给定的物性方法（Property method，活度系数法或状态方程法）、KLL 温度关联式（KLL correlation）和用户子程序（User KLL subroutine），如图 2-26 所示。

图 2-26　Extract 模型中物性方法（Properties）示意

（2）KLL 关联式（KLL correlation）　如果选择 KLL 温度关联式方法，则需输入各关联式中的系数。

2.5.6　MultiFrac 模型

MultiFrac 模型是一个用于模拟一般的相互连接的多级分馏单元系统的严格模型。可用于模拟包括任意多个塔，每个塔有任意多个平衡级，在塔之间或塔内部可以有任意多个连接，任意的连接物流的分流和混合的一个复杂结构。

MultiFrac 模型能够处理侧线汽提、中段回流、旁路、外部换热器、单级闪蒸和进料炉等单元操作，典型应用包括热整合塔、空气分离塔、吸收/汽提组合和乙烯装置主分馏器，还能够模拟炼油分馏单元，但没有 PetroFrac 模型方便。利用 MultiFrac 模型能够检测冷凝器中或塔中任意位置的游离水相，以及可以设计和核算塔板及填料。

2.5.7 PetroFrac 模型

PetroFrac 模型是一个用于模拟炼油工业中复杂的气液分馏操作的严格模型。典型应用包括预闪蒸塔、常压原油单元、减压单元、FCC 主分馏器、延迟焦化主分馏器和减压润滑油分馏器。

PetroFrac 模型可以用于模拟乙烯装置急冷工段的主分馏塔，以一个整体的方式来模拟进料炉和分馏塔以及汽提塔，检测冷凝器中或塔中任意位置的游离水相，以及用于设计和核算有塔板和/或填料的塔。

2.5.8 RateFrac 模型

RateFrac 模型是一个基于流率的用于非平衡分离的模块，把分离看作是一个传热和传质过程，而不是一个平衡过程。分离程度取决于相与相之间的传热和传质程度，相与相之间的不平衡程度对传热和传质速度有着极大的影响。RateFrac 模型可以明确地计算相与相之间的传热和传质过程，模拟实际的单个或相互连接的板式塔和填料塔，而不是理想状态的塔。适用于有一个气相和一个液相的系统、非反应系统、反应系统和电解质系统。

2.5.9 BatchFrac 模型

BatchFrac 是一个严格用于模拟间歇蒸馏的单元操作模型。BatchFrac 用一种十分有效的算法来求解非稳态的描述间歇蒸馏过程的热平衡方程和物料平衡方程，在每个平衡级上，都提供了严格的热平衡、物料平衡和相平衡关系。

BatchFrac 模型能够处理包括窄沸程、宽沸程、高度非理想系统、三相系统和反应系统的各种间歇蒸馏，检测冷凝器中游离水的存在，或者检测塔中任意位置的第二液相的存在，还可以模拟带有平衡或速度控制的反应的间歇蒸馏塔。

2.6 Aspen Plus 中反应器单元模型

反应器（Reactors）模型包括：生产能力类反应器、热力学平衡类反应器和化学动力学类反应器。

生产能力类反应器是由用户指定生产能力，不考虑热力学可能性和动力学可行性。包括已知化学计量数的化学计量反应器（RStoic）和已知产品收率的产率反应器（RYield）。

热力学平衡类反应器是根据热力学平衡条件计算体系发生化学反应的结果，不考虑动力学可行性。包括两相化学平衡反应器（要给出化学计量关系，REquil）和多相化学平衡反应器（不需要化学计量关系，RGibbs）。

化学动力学类反应器是根据化学动力学计算反应结果。包括反应动力学已知时的连续搅拌罐式反应器（RCSTR）、反应动力学已知时的活塞流反应器（RPlug）和反应动力学已知时的间歇和半间歇反应器（RBatch）。如图 2-27 所示。

图 2-27　反应器模型示意

2.6.1　化学计量反应器（RStoic）

化学计量反应器（RStoic）是按照化学反应方程式中的计量关系进行反应，反应有并行反应和串联反应两种方式，分别指定每一反应的转化率或产量。在进行反应器模拟时，需要已知化学反应方程式和每一反应的转化率或产量，并不需要化学动力学关系。

RStoic 模型有模型设定（Specifications）、化学反应（Reactions）、燃烧（Combustion）、反应热（Heat of Reaction）、选择性（Selectivity）、粒度分布（PSD）和组分属性（Component Attr.）等七组参数，如图 2-28 所示。

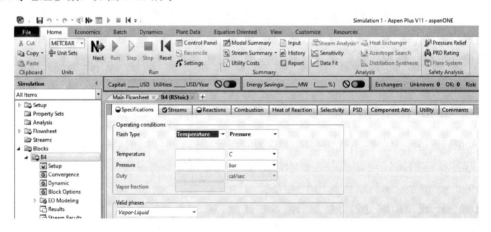

图 2-28　RStoic 单元模型示意

（1）模型设定（Specifications）　模型设定（Specifications）表单包括操作条件（Operation Conditions）和有效相态（Valid Phases）参数设定。

① 操作条件（Operation Conditions）。在操作条件（Operation Conditions）表单中选择闪蒸类型（Flash Type）中一种，然后输入压力（Pressure）、温度（Temperature）、热负荷（Duty）和气相分率（Vapor Fraction）的数值。

② 有效相态（Valid Phases）。在有效相态（Valid Phases）表单中选择气相（Vapor-only）、液相（Liquid-only）、固相（Solid-only）、气-液相（Vapor-Liquid）、气-液-液相（Vapor-Liquid-Liquid）、液-游离水（Liquid-FreeWater）、气-液-游离水（Vapor-Liquid-FreeWater）、液-污水（Liquid-DirtyWater）和气-液-污水（Vapor-Liquid-DirtyWater）中的一种。

（2）化学反应（Reactions）　在化学反应（Reactions）表单中定义 RStoic 中进行的每一

个化学反应,需要在新建(New)或编辑(Edit)输入化学计量式(Stoichiometry)。在编辑化学计量式(Edit Stoichiometry)的表单中需输入以下参数。

① 编号(Reaction No.)。

② 反应物(Reactants)。在反应物(Reactants)表单中输入组分(Component)和计量系数(Coefficient)。

③ 产物(Products)。在产物(Products)表单中输入组分(Component)和计量系数(Coefficient)。

④ 产品生成(Products generation)。在产品生成(Products generation)表单中定义相应物质的生成速率或反应物转化率。

(3) 反应热(Heat of Reaction) 在反应热(Heat of Reaction)表单中设定反应热的计算类型(Calculation type)和参照条件(Reference condition)。计算类型共有不计算反应热(Do not report calculated heat of reaction)、计算反应热(Report calculated heat of reaction)和用户指定反应热(Specify heat of reaction)三种选择。

(4) 选择性(Selectivity) 在选择性(Selectivity)表单的选择/参照组分(Selected/Reference components)项中确定计算选择性的对象。

2.6.2 产率反应器(RYield)

产率反应器(RYield)根据每一种产品与输入物流间的产率关系进行反应,只考虑总质量平衡,不考虑元素平衡。在进行反应器模拟时,需要已知收率数据或关系式,并不需要化学计量关系和动力学数据。

RYield 模型有模型设定(Specifications)、产率(Yield)、闪蒸选项(Flash Options)、粒度分布(PSD)、组分属性(Comp. Attr.)和组分映射(Comp. Mapping)等六组参数,如图 2-29 所示。

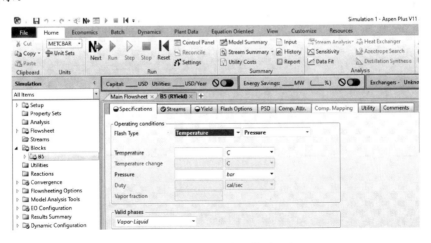

图 2-29 RYield 单元模型示意

(1) 模型设定(Specifications) 模型设定(Specifications)表单包括操作条件(Operating Conditions)和有效相态(Valid Phases)参数设定。

① 操作条件(Operating Conditions)。在操作条件(Operating Conditions)表单中选择闪

蒸类型（Flash Type）中一种，输入压力（Pressure）和温度/热负荷/温度改变/气相分率（Temperature/Duty/Temperature Vary/Vapor Fraction）的数值。

② 有效相态（Valid Phases）。在有效相态（Valid Phases）表单中选择气相（Vapor-only）、液相（Liquid-only）、固相（Solid-only）、气-液相（Vapor-Liquid）、气-液-液相（Vapor-Liquid-Liquid）、液-游离水（Liquid-FreeWater）、气-液-游离水（Vapor-Liquid-FreeWater）、液-污水（Liquid-DirtyWater）和气-液-污水（Vapor-Liquid-DirtyWater）中的一种。

（2）产率（Yield）　在产率（Yield）表单中从组分产率（Component yields）、组分映射（Component mapping）、石油馏分表征（Petro characterization）和用户子程序（User subroutine）四个选项中选择一个。

选择组分产率选项时，需指定相对于每一单位质量非惰性进料而言，各种组分在出口物流中的相对产率。还可以设定进料中的某些组分为不转化为产物的惰性组分（Inert Components）。

（3）组分映射（Comp. Mapping）　选择组分映射选项时，需在组分映射（Comp. Mapping）表单中设置各种结合/分解反应（Lumping/ delumping reaction）所涉及的组分之间的定量关系。

2.6.3　平衡反应器（REquil）

平衡反应器（REquil）是根据化学计量方程进行反应，按照化学平衡关系式达到化学平衡，并同时达到相平衡，模拟那些部分或全部反应都达到平衡的反应器。在进行反应器模拟时，需要已知反应历程和平衡反应的反应方程式，并不需要考虑动力学可行性，计算同时达到化学平衡和相平衡的结果。

REquil 模型有模型设定（Specifications）、化学反应（Reactions）、收敛（Convergence）和液沫夹带（Entrainment）等四组参数，如图 2-30 所示。

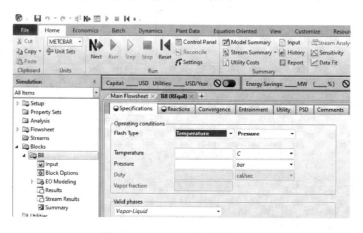

图 2-30　REquil 单元模型示意

（1）模型设定（Specifications）　模型设定（Specifications）表单包括操作条件（Operating Conditions）和有效相态（Valid Phases）参数设定。

① 操作条件（Operating Conditions）。在操作条件（Operating Conditions）表单中选择闪蒸类型（Flash Type）中一种，输入压力（Pressure）和温度/蒸汽分率/热负荷（Temperature/Vapor Fraction/Duty）的数值。

② 有效相态（Valid Phases）。在有效相态（Valid Phases）表单中选择气相（Vapor-only）、液相（Liquid-only）、固相（Solid-only）和气-液相（Vapor-Liquid）。

（2）化学反应（Reactions）　在化学反应（Reactions）表单中定义 REquil 中进行的每一个化学反应，需要在新建（New）或编辑（Edit）输入化学计量式（Stoichiometry）。在编辑化学计量式（Edit Stoichiometry）的表单中需输入以下参数。

① 编号（Reaction No.）。

② 反应物（Reactants）。在反应物（Reactants）表单中输入组分（Component）和计量系数（Coefficient）。

③ 产物（Products）。在产物（Products）表单中输入组分（Component）和计量系数（Coefficient）。

④ 产品生成（Products generation）。在产品生成（Products generation）表单中估算产物生成比速率（Extend estimate）或趋近平衡温度（Temperature approach）。

2.6.4 吉布斯反应器（RGibbs）

吉布斯反应器（RGibbs）是根据系统的 Gibbs 自由能趋于最小值的原则，计算同时达到化学平衡和相平衡时的系统组成和相分布，适用于模拟高温冶金、制陶和合金领域。在进行反应器模拟时，需要已知化学反应式，规定反应器温度和压力或压力和焓值，并不需要知道反应历程和动力学可行性，估算可能达到的化学平衡和相平衡结果。RGibbs 可以由任意产品的固定物质的量、不反应的进料组分的百分数、整个系统的平衡接近温度、单个反应的平衡接近温度和固定的反应程度等接受限制的平衡规定。

吉布斯反应器（RGibbs）模型有模型设定（Specifications）、产物（Products）、指定物流（Assign Streams）、惰性物（Inerts）和限制平衡（Restricted Equilibrium）五组参数，如图 2-31 所示。

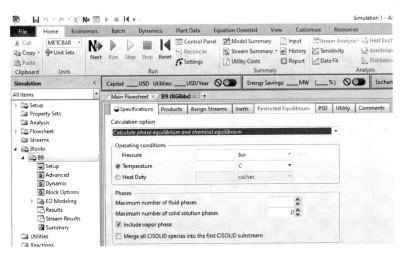

图 2-31　RGibbs 单元模型示意

（1）模型设定（Specifications）　模型设定（Specifications）表单包括计算选项（Calculation Option）、操作条件（Operating Conditions）和相态（Phases）参数设定。

① 计算选项（Calculation Option）。在计算选项（Calculation Option）表单中从仅计算相平衡（Calculate phase equilibrium only）、计算相平衡和化学平衡（Calculate phase equilibrium and chemical equilibrium）、趋近温度或反应是否限制化学平衡（Restrict chemical equilibrium-specify temperature approach or reaction extents）和规定任务和温度、计算趋近温度是否限制化学平衡（Restrict chemical equilibrium-specify duty and temp，cal temp approach）中选择。

② 操作条件（Operating Conditions）。在操作条件（Operating Conditions）表单中输入压力（Pressure）和温度/热负荷（Temperature/Heat duty）的数值。

③ 相态（Phases）。在相态（Phases）表单中输入最大的流体相数（Maximum number of fluid phases）和最大的固体相数（Maximum number of solid solution phases）。

（2）产物（Products）　在产物（Products）表单中需从系统中的所有组分都可以是产物（RGibbs considers all components as products）、指定可能的产物组分（Identify possible products）和定义产物存在的相态（Define phases in which products appear）三个选项中选择一个。

（3）指定物流（Assign Streams）　在指定物流（Assign Streams）表单中需从自动指定出口物流相态（RGibbs assigns phases to outlet streams）和使用关键组分和截尾摩尔分率指定出口物流相态（Use key components & cutoff mole fraction to assigns phases to outlet streams）两个选项中选择一个。

（4）惰性物（Inerts）　在惰性物（Inerts）表单中指定不参加化学反应的进料组分（Non-reacting feed components）及其不参加反应的摩尔流量（Mole flow）或分率（Fraction）。

（5）限制平衡（Restrict Chemical Equilibrium）　在限制平衡（Restrict Chemical Equilibrium）表单中需从设定整个系统的趋近平衡温度（Temperature approach for the entire system）和指定各个化学反应趋近平衡的温度（Temperature approach or molar extent for individual reaction）两个选项中选择一个。

2.6.5　全混釜反应器（RCSTR）

全混釜反应器（RCSTR）能够严格模拟一个釜内达到理想混合的连续搅拌罐式反应器，适用于单一、两相、三相的体系，并可处理固体。在进行反应器模拟时，需要已知反应的动力学、反应器内的物流与出口物流，给出温度计算热负荷或给出热负荷计算温度。

全混釜反应器（RCSTR）模型有模型设定（Specifications）、物流（Streams）、反应（Reactions）、粒度分布（PSD）和组分属性（Component Attr.）等五组参数，如图 2-32 所示。

（1）模型设定（Specifications）　模型设定（Specifications）表单包括操作条件（Operating Conditions）、持料状态（Holdup）、反应器（Reactor）和相（Phase）参数设定。

① 操作条件（Operating Conditions）。在操作条件（Operating Conditions）表单中输入压力（Pressure）和温度/热负荷/气相分率（Temperature/Duty/Vapor Fraction）的数值。

② 持料状态（Holdup）。在持料状态（Holdup）表单中包括有效相态（Valid Phases）和设定方式（Specification Type）参数。

设定方式包括以下七种选项：反应器体积（Reactor Volume），只需输入反应器的体积；停留时间（Residence Time），只需输入物料在反应器中的平均停留时间；反应器体积和相体积（Reactor Volume & Phase Volume），必须输入反应器体积（Reactor Volume）、气相（Vapor phase）或凝聚相（Condensed phase）所占的体积；反应器体积和相体积分率（Reactor Volume & Phase Volume Fraction），必须输入反应器体积和气相/凝聚相所占的体积分率；反应器体积和相停留时间（Reactor Volume & Phase Residence Time），必须输入反应器体积和气相/凝聚相在反应器中的停留时间；停留时间和相体积分率（Residence Time & Phase Volume Fraction），必须输入物料在反应器中的总平均停留时间和气相/凝聚相所占的体积分率；相停留时间和体积分率（Phase Residence Time & Volume Fraction），必须输入气相/凝聚相在反应器中的停留时间和所占的体积分率。

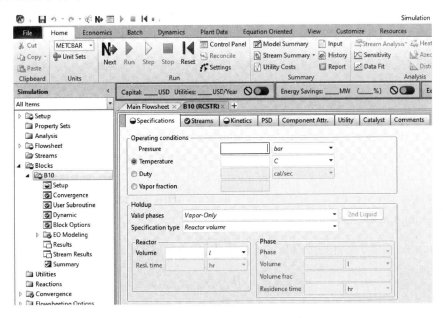

图 2-32　RCSTR 单元模型示意

（2）选择反应（Reactions）　在选择反应（Reactions）表单中对 RCSTR 中的化学反应通过选用预定义的化学反应对象来设定。

全混釜反应器（RCSTR）模块有化学反应对象（Reactions）表单，需要输入相关参数，为三类动力学反应器模块和 RadFrac 模块提供反应的计量关系、平衡关系和动力学关系。

创建化学反应对象（Creat new ID）时，需赋予对象 ID（Enter ID）和选择对象类型（Select type）。对于小分子反应，选择对象类型（Select type）通常有 LHHW 型（Langmuir-Hinshelwood-Hougen-Watson）、幂律型（Power Law）和反应精馏型（Reac-Dist）三种类型。每一个化学反应对象可以包含多个化学反应，每个反应都要设定计量学参数（Stoichiometry）、动力学参数（Kinetic）和平衡参数（Equilibrium）。

① 计量学参数（Stoichiometry）。在计量学（Stoichiometry）表单中为每一个化学反应创建一个对象，并选择对象类型为动力学（Kinetic）或平衡（Equilibrium）型。输入反应方程式中的化学计量系数（Coefficient），对于幂律型反应对象，还要输入动力学方程式中。

在计量学（Stoichiometry）表单中为每一个化学反应创建一个对象，需要在新建（New）或编辑（Edit）输入化学计量式（Stoichiometry）。在编辑化学反应（Edit Reaction）的表单中需输入编号（Reaction No.）、反应类型（Reaction type）、反应物（Reactants）和产物（Products）等参数。

反应类型（Reaction type）：反应类型（Reaction type）表单中选择对象类型为动力学（Kinetic）或平衡（Equilibrium）型。

反应物（Reactants）：表单中输入组分（Component）、计量系数（Coefficient）和每一个浓度因子的幂指数（Exponent）。

产物（Products）：表单中输入组分（Component）、计量系数（Coefficient）和每一个浓度因子的幂指数（Exponent）。

② 动力学参数（Kinetic）。在动力学参数（Kinetic）表单中为每一个化学反应输入发生反应的相态（Reacting phase）、动力学参数（Kinetic expression）以及浓度基准（[Ci] basis）。

对于幂律型和 LHHW 型动力学表达式，反应动力学因子（Kinetic factor）即反应速率常数 k'，它与温度的关系用修正的 Arrhenius 方程表示：

$$k' = k\left(\frac{T}{T_0}\right)^n \exp\left[-\left(\frac{E}{R}\right)\left(\frac{1}{T} - \frac{1}{T_0}\right)\right] \tag{2-1}$$

浓度基准（[Ci] basis）需从摩尔浓度（Molarity，$kmol \cdot m^{-3}$）、质量摩尔浓度（Molality，mol/kg water）、分压（Partial pressure，Pa）、质量浓度（Mass Concentration，$kg \cdot m^{-3}$）、摩尔分率（Mole fraction）和质量分率（Mass fraction）中选择。

③ 推动力（Driving force）。点击右侧的推动力（Driving force）按钮，即可弹出推动力表达式（Driving force expression）输入界面。

$$[推动力表达式] = K_1 \prod_i C_i^{p_i} - K_2 \prod_j C_j^{q_j} \tag{2-2}$$

其中

$$\ln K_1 = A_1 + \frac{B_1}{T} + C_1 \ln T + D_1 T \tag{2-3}$$

在推动力表达式（Driving force expression）输入界面中，推动力表达式包括两项：Term 1 和 Term 2，分别代表正反应和逆反应的推动力，分别表达为体系中各组分浓度的幂乘积。在输入界面中，还必须完整输入这两项的全部参数，包括推动力常数表达式的系数（Coefficients for driving force constant）。

④ 吸附（Adsorption）。点击右侧的吸附（Adsorption）按钮，即可弹出吸附表达式（Adsorption expression）输入界面。吸附表达式代表反应物在催化剂表面吸附过程的传质阻力对宏观反应速率的影响，用下述函数式描述：

$$[吸附表达式] = \left[\sum_i K_i \left(\prod_j C_j^{v_j}\right)\right]^m \tag{2-4}$$

其中

$$\ln K_i = A_i + \frac{B_i}{T} + C_i \ln T + D_i T \tag{2-5}$$

如果不存在吸附过程的影响，则只需令总指数 $m=0$ 即可。

2.6.6 平推流反应器（RPlug）

平推流反应器（RPlug）能够严格模拟活塞流反应器，可带有换热夹套，适用于单一、两相、三相的体系。在进行反应器模拟时，需要已知化学反应式和动力学方程，计算所能达到的转化率或所需的反应器体积，以及反应器热负荷。

平推流反应器（RPlug）模型有模型设定（Specifications）、反应器构型（Configuration）、化学反应（Reactions）和压力（Pressure）等四组参数，如图 2-33 所示。

图 2-33　RPlug 单元模型示意

（1）模型设定（Specifications）　模型设定（Specifications）表单包括反应器类型（Reactor type）和操作条件（Operating condition）参数设定。

① 反应器类型（Reactor type）。在反应器类型（Reactor type）表单中共有七种类型，包括需设定操作温度的指定温度反应器（Reactor with specified temperature）、恒定热流体温度的反应器（Reactor with constant thermal fluid temperature）、指定热流体温度剖形的反应器（Reactor with specified thermal fluid temperature profile），以及在操作条件栏中设定传热系数（U coolant-process stream）和冷却剂温度（Coolant temperature）的绝热反应器（Adiabatic Reactor）、热流体并流的反应器（Reactor with co-current thermal fluid）、热流体逆流的反应器（Reactor with counter-current thermal fluid）、指定外部换热剖形的反应器（Reactor with specified external heat flux profile）。

② 操作条件（Operating Conditions）。当选用恒定热流体温度的反应器（Reactor with constant thermal fluid temperature）时，在操作条件栏中设定传热系数（U coolant-process stream）和冷却剂温度（Coolant temperature）；当选用热流体并流的反应器（Reactor with co-current thermal fluid），热流体逆流的反应器（Reactor with counter-current thermal fluid）时，在操作条件栏中输入传热系数 U 和冷却剂出口温度（Coolant outlet temperature）或蒸汽分率（Coolant outlet vapor fraction）。

（2）反应器构型（Configuration）　在反应器构型（Configuration）表单中需输入的项目有：单管或多管反应器（Multitube reactor）、反应管的根数（Number of tubes）、反应管的长度（Tube length）和直径（Tube diameter）、反应物料（Process stream）有效相态（Valid phases）、热流体（Thermal fluid stream）有效相态。

（3）压力（Pressure）　在压力（Pressure）表单中需要输入的项目有：反应器进口压强（Pressure at reactor inlet）和反应器压降（Pressure drop through reactor）。

① 反应器进口压强（Pressure at reactor inlet）。在反应器进口压强（Pressure at reactor inlet）表单中需输入反应物料（Process stream）压强和热流体（Thermal fluid stream）压强。

② 反应器压降（Pressure drop through reactor）。在反应器压降（Pressure drop through reactor）表单中需输入反应物料（Process stream）压降和热流体（Thermal fluid stream）压降。

2.6.7 间歇釜反应器（RBatch）

间歇釜反应器（RBatch）能够严格模拟间歇或半间歇反应器，釜内物质达到理想混合。自动根据加料和辅助时间提供缓冲罐，实现与连续过程的连接。进行反应器模拟时，需要化学反应式、动力学方程和平衡关系，计算所需的反应器体积和反应时间，以及反应器热负荷。

间歇釜反应器（RBatch）模型有模型设定（Specifications）、化学反应（Reactions）、停止判据（Stop Criteria）、操作时间（Operation Time）、连续加料（Continuous Feeds）和控制器（Controllers）六组参数，如图 2-34 所示。

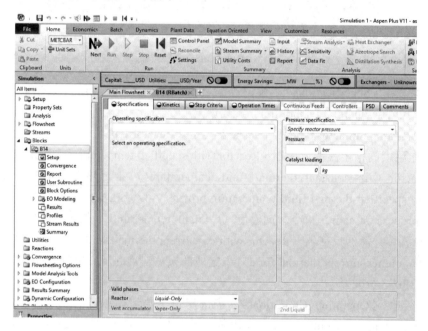

图 2-34　RBatch 单元模型示意

（1）模型设定（Specifications）　模型设定（Specifications）表单包括反应器操作设定（Operating specification）、压力设定（Pressure specification）和有效相态（Valid phases）。

① 反应器操作设定（Operating specification）。在反应器操作设定（Operating specification）表单中从恒温（Constant Temperature）、温度剖形（Temperature Profiles）、恒定热负荷（Constant Heat Duty）、热负荷剖形（Heat Duty Profile）、恒定冷却剂温度（Constant Coolant Temperature）和传热用户子程序（Heat Transfer User Subroutine）六个选项中选择一个。

选用温度剖形（Temperature Profiles）或热负荷剖形（Heat Duty Profile）时，需输入不同时刻的温度值或热负荷值；选用恒定冷却剂温度（Constant Coolant Temperature）时，需输入冷却剂温度、传热系数和传热面积的值。

② 压力设定（Pressure specification）。在压力设定（Pressure specification）表单中从指定反应器压强（Specify Reactor Pressure）、指定压强剖形（Specify Reactor Pressure Profile）和计算反应器压强（Calculate Reactor Pressure）三个选项中选择一个。

选用压强剖形（Specify Reactor Pressure Profile）时，需输入不同时刻的压强值；选用计算反应器压强（Calculate Reactor Pressure）时，需输入反应器体积。如有排气，则还需设定排气口压强（Vent opening pressure）。

（2）停止判据（Stop Criteria）　停止判据（Stop criterion）给定间歇釜在一个操作周期中结束反应阶段的条件。可以为间歇釜操作设定多个停止判据。计算过程中任何一个判据达到设定值后，反应即中止。

在停止判据（Stop criterion）表单中需输入序号（Criterion number）、位置（Location）、变量类型（Variable type）、停止值（Stop value）、组分（Component）、子流股类别（Substream）、物性集 ID（Property set ID）和趋近方向（Approach from）参数设定。

① 位置（Location）。在位置（Location）表单中从反应器（Reactor）、排气收集器（Vent accumulator）和排气管（Vent）选项中选择。

② 变量类型（Variable type）。在变量类型（Variable type）表单中从转化率（Conversion）、摩尔分率（Mole fraction）、质量分率（Mass fraction）等 10 余种变量中选择。

③ 停止值（Stop value）。停止值给定反应停止时判据变量的数值。

④ 趋近方向（Approach from）。趋近方向表明变量是从大或小的方向接近停止值。

（3）操作时间（Operation Time）　操作时间（Operation Time）表单包括间歇周期时间（Batch Cycle Time）和剖形结果时间（Profile Result Time）。

① 间歇周期时间（Batch Cycle Time）。间歇周期时间（Batch Cycle Time）为间歇釜操作周期设定时间指标，有两种设定方式：一个操作周期的总时间（Total cycle time）；批次加料时间（Batch feed time），即一次加料量除以连续来料流量；辅助操作时间（Down time），即一个操作周期减去反应时间。

② 剖形结果时间（Profile Result Time）。设定仿真计算的时间参数，包括最大计算时间（Maximum calculation time）、输出剖形结果的时刻之间的时间区间（Time interval between profile points），以及最大时刻点数（Maximum number of profile points）。

（4）连续加料（Continuous Feeds）　当存在连续加料流股时，在连续加料（Continuous Feeds）表单中设置各个连续加料流股的流量随时间的变化情况。有两种设置方式：基于加料流股的恒定流量（Flow is constant at inlet value）和指定不同时刻的流量剖形（Specify flow vs. time profile）。

（5）控制器（Controllers）　当设置反应器温度为恒温或指定温度剖形时，可以通过控制器（Controllers）对反应釜温度进行 PID 控制。包括：比例增益因子（Proportional gain）、积分时间常数（Integral time constant）和微分时间常数（Derivative time constant）。

第3章

管壳式换热器设计

本章符号说明

英文字母

A	传热面积,m^2	N	程数
B	折流挡板间距,m	p	压强,Pa
b	厚度,m	P	因数
c	常数;	q	热通量,$W \cdot m^{-2}$
c_p	定压比热容,$kJ \cdot kg^{-1} \cdot ℃^{-1}$	Q	传热速率或热负荷,W
d	管径,m	r	半径,m
D	换热器外壳内径,m		汽化热或冷凝热,$kJ \cdot kg^{-1}$
f	摩擦因数	R	热阻,$m^2 \cdot ℃ \cdot W^{-1}$
F	系数		因数
g	重力加速度,$m \cdot s^{-2}$	t	冷流体温度,℃
h	圆缺高度,m		管心距
K	总传热系数,$W \cdot m^{-2} \cdot ℃^{-1}$	T	热流体温度,℃
L	长度,m	u	流速,$m \cdot s^{-1}$
m	指数	W	质量流量,$kg \cdot s^{-1}$ 或 $kg \cdot h^{-1}$
M	冷凝负荷,$kg \cdot m^{-1} \cdot s^{-1}$	x, y, z	空间坐标
	组分的摩尔质量,$kg \cdot kmol^{-1}$	Z	参数
n	指数;管数		

希腊字母

α	对流传热系数,$W \cdot m^{-2} \cdot ℃^{-1}$	μ	黏度,$Pa \cdot s$
β	体积膨胀系数,$℃^{-1}$	ρ	密度,$kg \cdot m^{-2}$
ε	系数	φ	系数
Δ	有限差值		校正系数
θ	时间,s		

下标

c	冷流体	o	管外
	临界	s	污垢
e	当量	w	壁面
h	热流体	Δt	温度差
i	管内	min	最小
m	平均	max	最大

3.1 概述

在工业生产中，为了满足生产工艺的需要，常涉及低温流体加热、高温流体冷却、液体汽化及蒸汽冷凝等单元操作，这些在不同温度流体间进行热能传递的装置称为热交换器，简称换热器。换热器被广泛应用在石油、化工、食品、动力、冶金、电力等行业中，属于通用设备，并占有十分重要的地位。据统计，在炼油厂中换热器的费用占总投资的 35%～40%，在化工厂中换热器的费用占总投资的 10%～20%。随着我国工业的发展，对能源的合理开发、利用和节约的要求日益提高，因而在换热器的设计、制造、结构改进等方面的研究也不断深入，一些新型高效的换热器也相继出现，并在工业生产中取得了令人瞩目的成果。

目前，换热器的类型多种多样，各有优缺点，性能各异，在工业生产中也展现出了不同的作用。换热器按用途不同可分为加热器、冷却器、冷凝器、蒸发器、再沸器、深冷器和过冷器等；按传热方式的不同可分为直接接触式（混合式）、蓄热式和间壁式，其中由于物流之间无混合的特点，间壁式换热器的应用最广；按传热的形式和结构特点可分为管壳式、板式和扩展表面式换热器（板式、管翅式等）。

在换热器中，管壳式换热器由于其易于加工制造、成本低、可靠性高、适于高温高压等特点，以及新型高效传热管的不断出现，使用量和应用范围不断扩大。而板式换热器具有传热效率高、结构紧凑、占地面积小、操作灵活、热损失小、安装拆卸方便、使用寿命长等特点，且传热系数、占地面积、金属消耗量较管壳式换热器都有一定的优势，因此板式换热器也是一种高效、节能、应用较为广泛的换热器。

换热器在设计或选型时应满足以下各项基本要求：

（1）合理地实现规定的工艺条件　为了完成相应的换热要求，工艺过程会对传热量、流体的热力学参数（温度、压力、相态等）与物理化学性质（密度、黏度等）等条件进行规定。设计者应根据这些条件进行热力学和流体力学的计算，并经过反复计算，使所设计的换热器具有尽可能小的传热面积，以及尽可能大的传热速率。具体做法如下：

① 增大传热系数。在综合考虑流体流动阻力及不发生流体诱发振动的前提下，尽量选择高流速。

② 提高平均温差。在允许的条件下，可提高热流体的进口温度或降低冷流体的出口温度；或在无相变情况下，尽量采用逆流的传热方式来提高平均温差，以及减少结构中的温差应力。

③ 合理布置传热面。在管壳式换热器中，采用合适的管间距或排列方式，不仅可以加大单位空间内的传热面积，还可以改善流体的流动特性。如错列管束比并列管束好。如果换热器一侧有相变，另一侧流体为气相，可在气相一侧的传热面上加翅片以增大传热面，利于热量传递。

（2）安全可靠　换热器属于压力容器，应遵照《压力容器》（GB 150—2011）与《热交换器》（GB/T 151—2014）等有关规定，进行强度、刚度、温差应力以及疲劳寿命的计算，以保证设备的安全。

（3）便于安装、操作与维修　设备与部件应便于运输与拆装，不应受到楼梯、梁、柱的妨碍，可根据需要设置气、液排放口，检查孔与敷设保温层。

（4）经济合理　在换热器的设计与选型时，不仅要满足生产任务的需要，还应考虑固定费用（设备的购置费、安装费等）与操作费（动力费、清洗费和维修费等），力求使换热器在整个使用寿命内总费用最小。

严格地讲，如果孤立地仅从换热器本身进行经济核算，以确定适宜的操作条件与尺寸是不够全面的，应以整个系统中全部设备为对象进行经济核算或设备优化。但要解决这样的问题难度很大，因为各种影响因素之间是相互关联的。例如，动力消耗与流速的平方成正比，流速的提高虽能提高传热，但动力消耗增加，故存在最优流速。但当影响换热器传热的各项因素变化对整个系统的效益关系影响不大时，仍然可以按照各项因素单独对换热器进行经济核算。

3.2 管壳式换热器的设计

3.2.1 概述

管壳式换热器（shell and tube heat exchanger）又称列管式换热器，是以封闭在壳体中管束的壁面作为传热面的间壁式换热器，其应用具有悠久的历史。这种换热器具有结构简单、成本低、选材广、易清洗、适应性强等优势，且能在高温、高压下使用，但在结构紧凑性、传热强度和单位金属消耗量方面无法与板式或板翅式换热器相比。综合考虑其特点，管壳式换热器作为一种传统的标准换热设备，在化工、石油、能源等行业的应用中仍处于主导地位。且随着新型高效传热管的不断出现，管壳式换热器的应用领域将进一步扩大。

管壳式换热器的设计资料完善，早先有系列化标准《管壳式换热器》（GB 151），现已被《热交换器》（GB/T 151—2014）替代。详细规定了管壳式热交换器的材料、设计、制造、检验、验收及其安装、使用的要求。

管壳式换热器的设计和分析包括热力设计、流动设计、结构设计和强度设计，其中热力设计最为重要。

热力设计指的是根据使用单位提出的基本要求，合理地选择运行参数，并根据传热学的知识进行传热计算。在设计一台新的换热器，以及检验已生产出来的换热器是否满足使用要求时，均要进行热力设计工作。

流动设计主要是计算压降，其目的是为换热器的动力辅助设备的选择做准备。热力设计和流动设计两者是密切关联的，热力设计计算所需的某些参数常需要从流动设计中获得。

结构设计指的是根据传热面积的大小计算其主要零部件的尺寸，例如管子的直径、长度、根数、壳体的直径、折流挡板的长度和数目、隔板的数目及布置以及连接管的尺寸等。

强度设计指的是在某些情况下对换热器的主要零部件特别是受压部件作应力计算，并校核其强度，特别是高温高压下工作的换热器。在做强度计算时，应尽量采用国产的标准材料和部件，并按照《压力容器》（GB 150—2011）的规定进行计算或校核。

管壳式换热器的工艺设计主要包括以下内容：
① 根据换热任务和有关要求确定设计方案；
② 初步确定换热器的结构和尺寸；
③ 核算换热器的传热面积和流体阻力；

④ 确定换热器的工艺结构。

3.2.2 设计方案的确定

设计方案选择的原则是要保证达到工艺要求的热流量，操作上要安全可靠，结构上要简单，便于维护，并尽可能节省操作费用和设备投资费用。只有熟悉和掌握换热器的结构特点和工作特性，才能根据生产工艺的具体情况，进行合理的选型和正确的设计，设计方案主要考虑以下几个问题。

3.2.2.1 管壳式换热器类型的选择

管壳式换热器由壳体、传热管束、管板、折流板（挡板）和管箱等部件组成。壳体多为圆筒形，内部装有管束，管束两端固定在管板上。冷热流体分别走管内与管间，如果冷热流体温度相差很大，换热器内将产生很大热应力，导致管子弯曲、断裂或从管板上拉脱。为了消除或减少热应力，可采用相应的补偿措施。根据补偿措施的不同，管壳式换热器可分为固定管板式、浮头式、填料函式和U形管式。

在进行管壳式换热器类型确定时，需要考虑流体的性质、压力和温度等操作条件、养护的要求、材料价格、动力消耗费和使用寿命等因素来确定换热器的类型，力求换热器在整个使用寿命周期内最经济地运行。

（1）固定管板式换热器　固定管板式换热器的结构如图 3-1 所示。管束两端的管板与壳体联成一体，管束焊接或胀接在两块管板上，管板分别焊接在壳体两端并在其上与封头连接，封头和壳体上装有流体进出口管，结构简单、紧凑。这种结构使得壳程不易清洗、检查困难，所以壳程宜用不易结垢和清洁的流体。当管程和壳程壁温差较大（>50℃）时，产生的温差应力会导致管子扭弯或从管板上松脱，甚至损坏整个换热器，故应考虑在壳体外侧上设置热补偿——膨胀节。它仅能减小而不能完全消除由于温差而产生的热应力。当管程和壳程壁温差大于 70℃和壳程压力超过 0.6MPa 时，补偿圈过厚难以伸缩，将失去温差的补偿作用。由此可见，这种换热器比较适合用于温差不大或温差较大但壳程压力不高的场合。

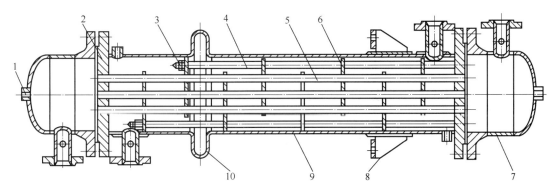

图 3-1　固定管板式换热器

1—排液孔；2—固定管板；3—拉杆；4—定距管；5—换热管；
6—折流板；7—封头管箱；8—悬挂式支座；9—壳体；10—膨胀节

（2）浮头式换热器　浮头式换热器的结构如图 3-2 所示。两端管板中只有一端与壳体完全固定连接，另一端可相对壳体自由移动，该端称为浮头。浮头由浮头管板、钩圈和浮头端盖组成,是可拆连接,管束可从壳体内抽出,易于清洗和检修。管束膨胀不受壳体约束,所以壳体与管束之间不会由于膨胀量的不同而产生热应力。但浮头式换热器结构复杂、设备笨重、材料消耗量大,造价比固定管板式换热器高 20%,且浮头的端盖在操作中无法检查,制造时对密封要求较高。另外,在设计时要避免管束与壳体间隙较大引起的短路。由此可见,这种换热器比较适合用于管程和壳程间壁温差较大或壳程介质有腐蚀性和易结垢的场合。

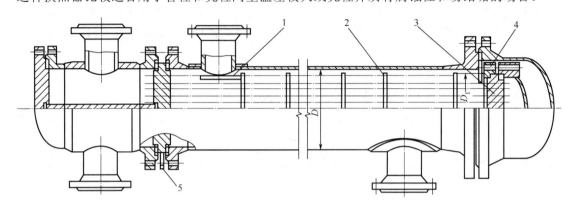

图 3-2 浮头式换热器

1—防冲板;2—挡板;3—浮头管板;4—钩圈;5—支耳

(3) U 形管式换热器 U 形管式换热器的结构如图 3-3 所示。这种换热器的内部管束被弯成 U 形,管子两端固定在同一块管板上。由于管束可以自由伸缩,所以不必考虑管程与壳程间壁温差产生的温差应力,热补偿性能较好。管程为双管程,流程较长,流速较高,传热性能较好。另外,管束可从壳体内抽出,便于清洗和检修,且结构简单,造价低廉。但这种换热器的不足之处在于管内不易清洗,管束内部的管子大部分难以维修、更换。由于管子弯曲程度限制,中心部分管子数较少,且中心处存在空隙,壳程流体易短路影响传热效果。此外,为了弥补弯管后管壁的减薄,直管部分必须用管壁较厚的管子。由此可见,这种换热器比较适合用于管程和壳程间壁温差较大或壳程介质易结垢而管程介质不易结垢,高温、高压、腐蚀性强的场合。

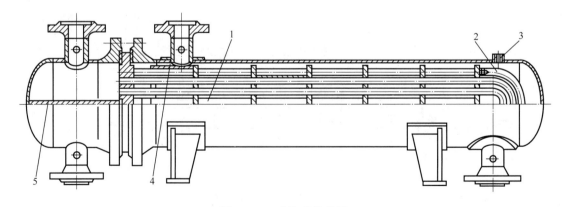

图 3-3 U 形管式换热器

1—中间挡板;2—U 形换热管;3—排气口;4—防冲板;5—分程隔板

(4) 填料函式换热器 填料函式换热器的结构如图 3-4 所示。这种换热器的管板只有一端与壳体固定连接,另一端采用填料函密封。由于管束可以自由伸缩,不会因管程和壳程间壁温差而产生温差应力。且管程和壳程都能清洗，结构比浮头式换热器简单，加工制作方便，材料消耗少。这种结构特别适用于介质腐蚀性较严重、温差较大且要经常更换管束的冷却器。但这种换热器由于填料函密封性能较差易于泄漏，不宜用于壳程内具有易挥发、易燃、易爆及剧毒介质的场合，且在操作压力及温度较高的工况及大直径壳体（DN＞700mm）场合下也很少使用。由此可见，这种换热器比较适合用于管程和壳程间壁温差较大或介质易结垢、壳程压力不高的场合。

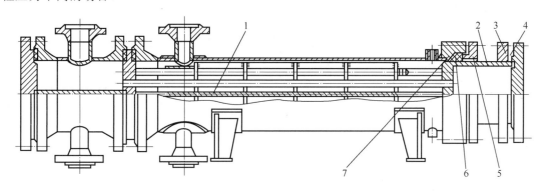

图 3-4　填料函式换热器

1—纵向隔板；2—浮动管板；3—活套法兰；4—部分剪切环；5—填料压盖；6—填料；7—填料函

3.2.2.2　流体通道的选择

在管壳式换热器的设计中，需合理安排冷、热流体在换热器内的流动通道，通常可遵循以下基本原则：

① 应尽量提高传热面两侧传热系数较小的一个，使两侧的传热系数接近。

② 在运行温度较高或较低的换热器中，应尽量减少热量或冷量损失。

③ 管程、壳程流体通道的设计应做到便于清洗除垢和修理，以保证运行的可靠性。

④ 应减小管程和壳程壁温差不同而产生的热应力。从这个角度来说，顺流式就优于逆流式，因为顺流式进出口段的温度比较平均，不像逆流式那样，热、冷流体的高温部分均集中于一端，低温部分集中于另一端，易于因两端膨胀不同而产生热应力。

⑤ 对于有毒的介质或气相介质，应特别注意其密封，避免泄漏。密封不仅要可靠，而且还应要求方便及简单。

⑥ 应尽量避免采用贵金属，以降低设备成本。

以上原则有些是相互矛盾的，所以在具体确定哪种流体走哪个通道时应综合考虑。

宜于走管程的流体有：

① 不清洁的流体。因为管内空间可以得到较高的流速，而流速高不易造成悬浮物的沉积。

② 体积小的流体。因为管内空间的流动截面往往比管外空间的小，流体易于获得必要的理想流速，也便于做成多程流动。

③ 有压力的流体。因为管子直径小，耐压能力高，且能简化壳体和密封的要求。

④ 腐蚀性强的流体。因为只需对管子和管箱采用耐腐蚀材料，所以能降低换热器成本。此外，在管内空间装设保护用的衬里或覆盖层也比较方便，且容易检查。

⑤ 与外界环境温差大的流体。因为可以减少流体向外界的热量逸散，同时可以降低管程

与壳程壁温差引起的热应力。

⑥ 泄漏后危险性大的流体。因为通入管内空间的流体可以减少泄漏的机会，以保安全。

宜于走壳程的流体有：

① 若两流体温差较大时，传热系数大的流体走壳程，这样可降低管壁与壳壁间的温差，减少热应力。

② 若两流体传热性能相差较大时，传热系数小的流体走壳程，此时可以用翅片管来平衡传热面两侧的给热条件，使之相互接近。

③ 饱和蒸汽。因为饱和蒸汽比较清洁，传热系数与流速无关，且易于排出冷凝液。

④ 黏度大的流体。因为在折流扳的作用下，流体的流通截面和流动方向均不断变化，在低雷诺数下（$Re<100$）就可达到湍流状态，有利于提高传热系数。

此外，易析出结晶、沉渣、淤泥以及其他沉淀物的流体，最好通入比较容易进行机械清洗的空间。在管壳式换热器中，一般易清洗的是管程空间。但在U形管式、浮头式换热器中易清洗的都是壳程空间。

3.2.2.3 加热剂和冷却剂的选择

在工业生产过程中，除采用工艺流体之间的热量交换外，常需外来的加热介质（加热剂）和冷却介质（冷却剂）加热（或冷却）工艺流体，加热介质和冷却介质统称为载热体。载热体的选择涉及投资总费用的问题，所以选择哪种载热体也是换热器设计方案中的一个重要问题。在选择载热体时应遵循以下基本原则：

① 应能满足工艺上的传热温度要求。

② 载热体的温度调节应方便。

③ 载热体的饱和蒸气压要小，减少蒸发损失。

④ 载热体的热稳定性要好，避免加热分解。

⑤ 载热体应不易燃、不易爆、不污染环境，具有较高的使用安全性。

⑥ 来源充分，价格低廉。

对具体的换热任务，往往要综合考虑以上各种因素。工业上常用的加热剂有饱和水蒸气、烟道气和导热油等，常用的冷却剂有水和空气等，对于低温情况，可采用冷冻盐水、氨等。

工业上常用的载热体及适用范围见表3-1。

表3-1 工业上常用的载热体及适用范围

	载热体		使用温度/℃	适用范围
加热剂	热水		40～100	可利用水蒸气冷凝水或废热水的余热。但只能用于低温场合，传热效果不好，且本身易冷却，温度不易调节
	饱和水蒸气	低压（<2MPa）	100～200	温度易调节，冷凝潜热大，热利用率高。但温度越高，压力越高，对设备的要求也高
		中压（2～4MPa）	200～250	
		高压（>4MPa）	250～350	
	联苯混合物		液体：15～255 蒸气：255～380	加热均匀，热稳定性好，温度范围宽，易于调节，高温时的蒸气压很低，热焓值与水蒸气接近。但其价格昂贵，易渗透软性石棉填料，蒸气易燃烧，会刺激人的鼻黏膜
	氯化铝-溴化铝共熔混合物蒸气		200～300	500℃以下热稳定性好，不含空气时对黑色金属无腐蚀，不易燃、不易爆、无毒、价廉、来源广。但蒸气压较大

续表

	载热体	使用温度/℃	适用范围
加热剂	矿物油	≤250	不需高压加热,温度较高。但黏度大,传热系数小,在250℃时易分解,易燃
	甘油	200~250	加热均匀,不易爆炸、无毒、价廉、来源广。但极易吸水,且吸水后沸点急剧下降
	四氯联苯	100~300	400℃以下热稳定性好,蒸气压低,不腐蚀金属材料。但其蒸气可使人体肝脏受到伤害
	熔盐	142~530	常压下能达到很高温度。但比热容较小
	烟道气	200~1000	温度高。但传热差,比热容小,对流传热系数小
	电热法	可达3000	温度范围大,易调节,能够达到很高温度要求。但成本过高
冷却剂	水	0~80	价廉,来源广。但温度受季节和气候影响,用未经处理过的水作冷却剂时,其出口温度一般不应超过50℃,否则会加快污垢的生成,大大增加传热阻力
	空气	>30	价廉,来源广,适用于缺乏水资源地区。但温度受季节、气候影响
	冷冻盐水(氯化钙溶液)	-15~0	用于低温冷却,成本高
	氨	<-15	用于冷冻工业,成本高

3.2.2.4 流速的选择

当流体不发生相变时,流速的增加使得对流传热系数增大,传热强度增大,从而减少换热面积、降低成本。流速的增加还可抑制管子表面沉积污垢的产生。但随着流速的增加,流体阻力也相应增加,动力消耗增大,增加了操作费用,且加剧了对传热面的冲刷。

列管式换热器常用的流速范围见表3-2~表3-3。

表3-2 列管式换热器中常用的流速范围

流体种类	循环水	新鲜水	一般液体	易结垢液体	低黏度油	高黏度油	气体
管程流速/m·s^{-1}	1.0~2.0	0.8~1.5	0.5~3.0	>1.0	0.8~1.8	0.5~1.5	5.0~30.0
壳程流速/m·s^{-1}	0.5~1.5	0.5~1.5	0.2~1.5	>0.5	0.4~1.0	0.3~0.8	2.0~15.0

表3-3 列管式换热器中易燃、易爆液体和气体的安全流速

液体名称	乙醚、二硫化碳、苯	甲醇、乙醇、汽油	丙酮	氢气
安全流速/m·s^{-1}	<1.0	<2.0~3.0	<1.0	≤8.0

3.2.2.5 流体出口端温度的确定

若换热器中流体的出口温度是由工艺条件规定的,就不存在确定出口温度的问题。当流体出口温度可以选择时,需要根据换热器的经济衡算来决定,因为温度影响传热强度和换热效率。在决定流体出口温度时,一般不希望冷流体的出口温度高于热流体的出口温度,否则会出现反传热现象,此时,可采用几个换热器串联的方法解决。为了合理确定流体出口温度,

可参照以下原则：

① 热端的温差应≤20℃。

② 冷端的温差分三种情况考虑：两种工艺流体换热时，在一般情况下冷端温差应≥20℃；若流体尚需进一步加热，冷端温差应≥15℃；采用水或其他冷却剂冷却时，冷端温差应≥5℃。如果超出上述数据，应通过技术经济比较来决定出口温度。

③ 冷却水的出口温度不宜太高，一般小于 50℃，过高会加快产生水垢。对于净化较差的冷却水，出口温度建议不超过 40℃。

3.2.2.6 材质的选择

在进行换热器设计时，应根据设备的操作压力、操作温度、流体的腐蚀性能、材料的制造工艺性能以及经济合理性等要求确定换热器各种零部件的材料。一般为了满足设备的操作压力和操作温度，即从设备的强度或刚度的角度来考虑，是比较容易达到的，但材料的耐腐蚀性能有时往往成为一个复杂的问题。在这方面考虑不周，选材不妥，不仅会影响换热器的使用寿命，而且也会大大提高设备的成本。至于材料的制造工艺性能，与换热器的具体结构有着密切关系。

一般换热器常用的材料，有碳钢和不锈钢。

（1）碳钢　价格低，强度较高，耐碱性介质的化学腐蚀，很容易被酸腐蚀，在无耐腐蚀性要求的环境中应用是合理的。如一般换热器用的普通无缝钢管，其常用的材料为 10 号和 20 号碳钢。

（2）不锈钢　奥氏体系不锈钢以 1Cr18Ni9Ti 为代表，它是标准的 18-8 奥氏体不锈钢，有稳定的奥氏体组织，具有良好的耐腐蚀性和冷加工性能。其常用的材料为 201、304、316 等不锈钢。

3.2.3 管壳式换热器的结构

3.2.3.1 管程结构

介质流经换热管内部通道的部分称为管程。管程结构主要由换热管、管板、管箱和封头等部分组成。

（1）换热管的布置及尺寸　为了强化传热过程，换热管除光滑管外，还有翅片管、螺旋槽管、螺纹管等强化传热管。换热管常用的规格有 $\phi19mm\times2mm$、$\phi25mm\times2.5mm$ 和 $\phi38mm\times2.5mm$ 的无缝钢管，以及 $\phi25mm\times2mm$ 和 $\phi38mm\times2.5mm$ 的不锈钢管。如果采用小管径的换热管，对于相同的壳径，可排列较多的管子。因此，单位体积的传热面积增大、金属消耗量减少。据估算，将具有同直径壳程的换热器换热管由 $\phi25mm\times2mm$ 改为 $\phi19mm\times2mm$，其传热面积可增加 40%左右，节约金属材料 20%以上。但采用小管径换热管的流体阻力大，不便清洗、易结垢堵塞。所以，如果管程走的是易结垢或黏度较大的流体，则应采用较大直径的管子。

换热管的标准管长有 1500mm、2000mm、3000mm、6000mm 和 9000mm 等。当选用其他管长时，应根据实际要求合理裁用，避免材料浪费。

换热管常用材料有碳素钢、低合金钢、不锈钢、铜、铜镍合金、铝合金、钛等，此外还有一些非金属材料，如石墨、陶瓷、聚四氟乙烯等。在设计换热器时，应根据工作压力、温度和介质腐蚀性等选用合适的材料，来满足工艺条件的要求，也要注意其经济性。同时，还应考虑不同种类的金属接触可能产生的电化学腐蚀作用。

换热管在管板上的排列有正三角形（直列和错列）、正方形（直列和错列）和同心圆排列三种方式，如图3-5所示。

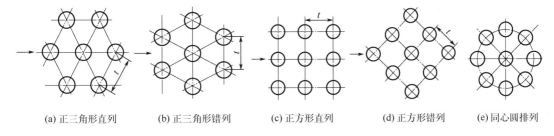

(a) 正三角形直列　(b) 正三角形错列　(c) 正方形直列　(d) 正方形错列　(e) 同心圆排列

图3-5　管子的排列方式

正三角形排列在一定的管板面积上可配置较多的管子，且管外表面传热系数较大，但壳程机械清洗较为困难，管外流体的流动阻力也较大。正方形排列在同样的管板面积上可排列的管子数量最少，但管外易于机械清洗。同心圆排列方式优点在于靠近壳体的地方管子分布较均匀，在壳体直径较小的换热器中可排列的换热管数比正三角形排列还多，适用于小壳径换热器。换热管的排列应尽量均匀分布，使其结构更为紧凑。同时其排列方式还要考虑流体的性质、管箱结构及加工制造等方面的问题。在我国换热器系列中，固定管板式多采用正三角形排列，浮头式和填料函式换热器以正方形排列居多。

对于多管程换热器，常采用组合排列法。即每程采用正三角形排列，而为了便于安排隔板，在各程之间则采用正方形排列，如图3-6所示。一般情况下，隔板中心至其最近一排管中心的距离s为$1/2d_0+6mm$。

管板上两管子中心距离t称为管心距（或管间距）。管心距取决于管板的强度、清洗管子外表面时所需的空隙、管子在管板上的固定方法等。换热管和管板的连接方法有胀接和焊接两种。当采用焊接方法固定时，相邻两根管的焊缝太近，会相互受到影响，使焊接质量不易保证，因此管心距应有一定的数值范围。而当采用胀接固定时，过小管心距会造成管板在胀接时由于挤压力的作用发生变形，失去管子与管板之间的连接力。

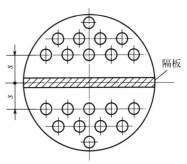

图3-6　组合排列法

根据换热器设计的实际经验，当管外径为d_0时，管心距t的计算如表3-4所示。最外层管中心全壳体内表面的距离应$\geqslant 1/2d_0+10mm$。

表3-4　管壳式换热器的管心距

连接方式	焊接法	胀接法	小直径管子
管心距t	$1.25d_0$	$(1.30\sim1.50)d_0$	$\geqslant d_0+10mm$

在选定了管子的规格后，可由下式先求出单管程所需的管子数目：

$$n = \frac{V_s}{\frac{\pi}{4}d_i^2 u_i} \tag{3-1}$$

式中　n——单程管子数目；
　　　V_s——管程流体的体积流量，$m^3 \cdot s^{-1}$；
　　　u_i——管程流体的适宜流速，$m \cdot s^{-1}$；
　　　d_i——管子内径，m。

由估算出的传热面积，结合管外表面积可计算出单程管束长度：

$$L' = \frac{A_o'}{\pi n d_o} \tag{3-2}$$

式中　L'——按单程计算的管束长度，m；
　　　A_o'——估算的传热面积，m^2；
　　　d_o——管子外径，m。

若计算出的单程管束长度 L' 过长，可以根据实际情况选择每程管子的长度 L 对管束分程，管程数为：

$$N_P = \frac{L'}{L} \tag{3-3}$$

式中　L——选定的每程管子长度，m；
　　　N_P——管程数。

换热器的总换热管子数为：

$$N = n N_P \tag{3-4}$$

此外还要验算管长 L 与壳体直径 D 的长径比是否适当。管壳式换热器的长径比 L/D 可在 4～25 范围内，一般情况下为 6～10，竖直放置的换热器的长径比为 4～6。

（2）管板　管板是管壳式换热器最重要的零部件之一，用来排布换热管，并将管程和壳程的流体分隔开，同时受管程、壳程压力和温度的作用。但当换热器承受高温、高压时，对管板的要求是矛盾的。增大管板厚度虽然可以提高承压能力，但当管板两侧流体温差很大时，管板内部沿厚度方向的热应力将增大，且开停车时的较大温度变化会使换热管和管板连接处产生较大的热应力，往往会导致管板和换热管的连接处发生破坏；减小管板厚度虽然可以降低热应力，但承压能力降低。

管板与管子的连接可焊接或胀接。焊接法在高温、高压条件下更能保证接头的严密性。胀接法一般用在设计压力不超过 4MPa、设计温度不超过 350℃ 的场合。对于胀接的管板，考虑胀接刚度的要求，其最小厚度可按表 3-5 选用。但考虑到腐蚀裕量，以及有足够的厚度才能防止接头的松脱、泄漏和引起振动等原因，建议最小厚度应大于 20mm。

表 3-5　胀接管板的最小厚度

换热器外径 d_o/mm	≤25	32	38	57
管板厚度/mm	$3d_o/4$	22	25	32

管板与壳体的连接有可拆和不可拆两种。固定管板常采用不可拆连接，两端管板直接焊在外壳上并兼作法兰，拆下顶盖可检修胀口或清洗管内。浮头式、U 形管式等为使壳体清洗方便，常将管板夹在壳体法兰和顶盖法兰之间构成可拆连接。

在选择管板材料时,既要考虑力学性能,还应考虑管程和壳程流体的腐蚀性,以及管板和换热管之间的电位差对腐蚀的影响。当流体无腐蚀性或有轻微腐蚀性时,管板一般采用压力容器用的碳素钢、低合金钢或锻件制造;当流体腐蚀性较强时,管板应采用不锈钢、铜、铝、钛等耐腐蚀材料,为了节约耐腐蚀材料,工程上常采用不锈钢+钢、钛+钢、铜+钢等复合板,或堆焊衬里。

(3) 管箱与封头 换热器管内流体进出口的空间称为管箱,位于管壳式换热器的两端,壳体直径较大的换热器大多采用管箱结构。管箱的结构复杂,主要是以换热器是否需要清洗或管束是否需要分程等因素来综合决定,其结构如图 3-7 所示。图 3-7(a)的管箱结构适用于较清洁的介质情况,因为在检查及清洗管子时,必须将连接管道一起拆下,很不方便;图 3-7(b)是在管箱上装箱盖,将盖拆除后(不需拆除连接管),就可检查及清洗管子,其缺点是用材较多;图 3-7(c)形式是将管箱与管板焊成一体,从结构上看,可以完全避免在管板密封处的泄漏,但管箱不能单独拆下,检修、清理不方便,所以在实际使用中很少采用;图 3-7(d)为一种多程隔板的安置形式。

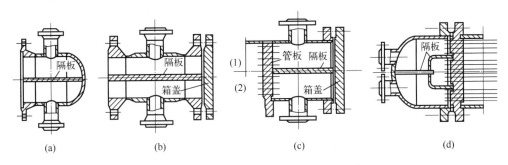

图 3-7 管箱的结构

当换热器壳体直径较小时常采用封头。封头的类型有很多,常用的封头形式有椭圆封头、平板形封头和蝶形封头。封头的计算复杂,在设计中有关封头的尺寸可从有关标准中直接查取。

(4) 管束分程 当需要的换热面积很大时,常设置隔板将管束分程。分程可采用不同的组合方法,但每程中的管数应该大致相同,应尽量简单。管程数一般为偶数,对制造、检修或是操作都比较方便,所以用得最多。除单程外,奇数管程一般少用。

管束分程方法常采用平行和 T 型方式。当管程流体进、出口温度变化很大时,应避免流体温差较大的两部分管束紧邻,否则在管束与管板中将产生很大的温差应力。根据经验,跨程温差最大不得超过 28℃,故程数小于 4 时,采用平行的隔板更为有利。管程的部分分程布置形式见表 3-6。

表 3-6 管程的部分分程布置形式

程数	1	2	4		6	
流动顺序	○	① / ②	①②/③④	①②/③④	①②/③④/⑤⑥	②①/③④/⑤⑥

续表

程数	1	2	4		6	
管箱隔板	○	⊖	⊖	⊕	⊖	⊕
介质返回侧隔板	○	○	⊖	⊖	⊖	⊖

3.2.3.2 壳程

介质流经换热管外面的通道部分称为壳程。壳程的结构主要由折流板、支承板、纵向隔板、旁路挡板及缓冲板等部分组成，主要根据使用场合的不同而设置，按照作用的不同主要分为两类：一是改善壳侧介质的流动来提高传热效果而设置的挡板等；二是为了管束的安装及保护列管而设置的支承板和缓冲板等。

（1）壳体　壳体一般为圆筒形，在壳壁上焊有接管，供壳程流体进入和排出用。壳体的内径应等于或稍大于管板的直径（在浮头式换热器中），通常根据计算出的实际管径、管数、管心距及管子的排列方式确定壳体内径。

对于单管程换热器，壳体的内径可以用下式估算：

$$D_i = t(n_c - 1) + (2 \sim 3)d_o \tag{3-5}$$

式中　D_i——壳体内径，mm；

　　　t——管心距，mm；

　　　n_c——横过管束中心线的管数，按正三角形排列时，$n_c = 1.1\sqrt{N}$；按正方形排列时，$n_c = 1.19\sqrt{N}$，N 为换热器的总管数。

对于多管程换热器，壳体的内径可以用下式估算：

$$D_i = 1.05t\sqrt{N/\eta} \tag{3-6}$$

式中　N——排列管子的数目；

　　　η——管板利用率。

管板利用率 η 值根据换热管的排列方式不同而不同，如表 3-7 所示。

表 3-7　管板利用率 η 值

换热管排列方式	正三角形		正方形	
	2 管程	4 管程以上	2 管程	4 管程以上
管板利用率 η	0.70～0.85	0.60～0.80	0.55～0.70	0.45～0.65

估算出壳体内径 D_i 后，应按照壳体直径标准系列尺寸进行最终圆整。

（2）折流板　在壳程中一般需设置折流板，其作用是改变壳程介质的流向，增加管间流速，以达到提高传热效果的目的，同时起到支撑管束、防止管束振动和管子弯曲的作用。常见的折流板形式有弓形、环盘形和孔流形等。

弓形折流板又称为圆缺形折流板，是最为常用的一种形式，有水平圆缺和垂直圆缺两种，如图 3-8 所示。垂直圆缺用于水平冷凝器、水平再沸器和含有悬浮固体离子的水平换热器等，因为采用垂直圆缺时，不凝气不能在折流板顶部积存，而在冷凝器中，排水也不能在折流板底部积存；水平圆缺可造成流体的强烈扰动，传热效果好，一般无相变传热均采用这种排列方法。圆缺切口大小和板间距的大小是影响传热和压降的两个重要因素，其中圆缺切口大小用切掉圆弧的高度与壳内径之比——切缺率来表示。切缺率一般为 0.1～0.45，对于无相变流体为 0.2～0.25。

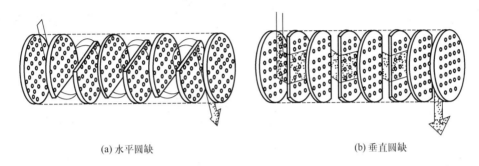

(a) 水平圆缺　　　　　　　　　　　　(b) 垂直圆缺

图 3-8　弓形折流板的排列及流向

弓形折流板有单弓形和双弓形，如图 3-9 所示。双弓形折流板多用于大直径的换热器中。

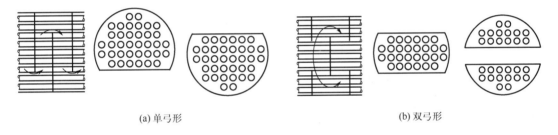

(a) 单弓形　　　　　　　　　　　　(b) 双弓形

图 3-9　弓形折流板形式

环盘形折流板是由圆板和环形板组成的，压降较小，但传热较差。且在环形板背后有堆积不凝气或污垢，所以不多用。

孔流形折流板使流体穿过折流板孔和管子之间的缝隙流动，压降大，仅适用于清洁流体，其应用更少。

折流板通常等距布置在换热管有效长度内，其间距则取决于换热管的用途、壳程介质流量等，但在压力损失范围内应尽可能小。折流板的间距一般为壳体内径的 0.2～1.0 倍，最小间距一般不小于壳体内径的 1/5 且不小于 50mm，最大间距取决于支承管所必要的最大间隔。我国固定管板式换热器设计标准中采用的间距有 100mm、150mm、200mm、300mm、450mm、600mm 和 700mm。

（3）缓冲板　为防止进口流体直接冲击管束而造成管子的侵蚀和振动，在壳程进口接管处常装有防冲挡板，或称缓冲板。缓冲板一般都焊在拉杆上，进口直径较小时也可焊在折流板上。缓冲板与壳体内侧的距离 H_1 应大于接管内径的 1/4，结构如图 3-10 所示。图 3-10（a）、(b) 均为拉杆位于换热管上侧的结构。当拉杆间距较大时，可用图 3-10 (b) 中的结构，以保证流体分布均匀及有充足的流通面积。图 3-10（c）是拉杆位于换热管两侧的结构。图 3-10

(d)为带孔的弓形缓冲板,该板可焊在壳体上。图 3-10(e)和图 3-10(f)为带开孔及带开槽的缓冲板。一般缓冲板可不开孔,若开孔则需要计算确定相应的开孔截面积。

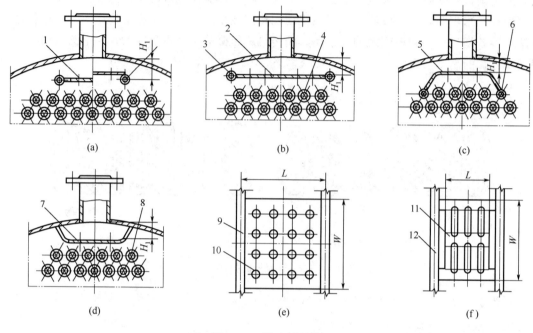

图 3-10 缓冲板结构

1,7,11—弓形缓冲板;2,5,10—矩形缓冲板;3,6,9,12—拉杆;4,8—加热管

(4)波形膨胀节 对于管程与壳程壁温度差大于 50℃的固定管板式换热器,应考虑消除温差应力的温度补偿装置。最常用的补偿装置是波形膨胀节,它是装在固定管板式换热器壳体上的挠性元件,其结构如图 3-11 所示。基本参数和尺寸可从有关手册所列的标准中查取。

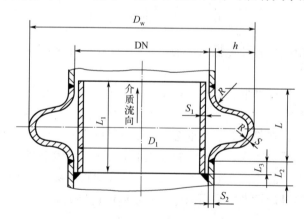

图 3-11 波形膨胀节

(5)折流杆 装有折流板的管壳式换热器存在着影响传热的死区,流体阻力大,且易发生换热管振动与破坏。为了解决这种问题,并且提高传热效率,可以使用折流杆支承结构,结构如图 3-12 所示。该支承结构由折流圈和焊在折流圈上的支承杆(杆可以水平、垂直或其他角度)所组成。折流圈可由棒材或板材加工而成,支承杆可由圆钢或扁钢制成。支承杆的

直径等于或小于管子之间的间隙。因而能牢固地将换热管支承住,提高管束的刚性。

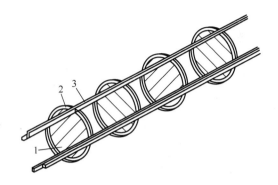

图 3-12　折流杆结构

1—支承杆；2—折流圈；3—滑轨

（6）导流筒　导流筒安装于壳程的流体入口处,结构如图 3-13 所示。导流筒可将加热蒸汽或流体导至靠近管板处再进入管束间,使得更充分地利用换热器的换热面积,目前常用这种结构来提高换热器的换热能力。

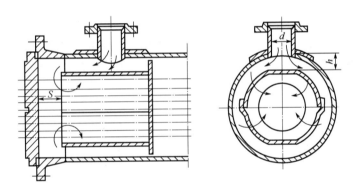

图 3-13　卧式换热器中导流筒结构

（7）拉杆与定距管　折流板的安装固定是通过拉杆和定距管来实现的。拉杆是一根两端皆带有螺纹的长杆,一端拧入管板,折流板就穿在拉杆上,各板之间则以套在拉杆上的定距管来保持板间距离,最后一块折流板可用螺母拧在拉杆上予以紧固。拉杆直径及数量可依换热器壳体内径选定,各种尺寸换热器的拉杆直径和最小拉杆数,可参考表 3-8 选取。

表 3-8　拉杆直径与最小拉杆数

壳体直径/mm	拉杆直径/mm	最小拉杆数
200～250	10	4
325，400，500，600	12	4
800，1000	12	6
1200	12	8
>1250	12	10

（8）壳程的纵向隔板　在换热器中，一般将管程分程，而壳程则是设置纵向隔板来增大平均温度差，提高传热效率。壳程的几种形式如图 3-14 所示。图 3-14（a）为 E 型，是最普通的一种。图 3-14（b）为 F 型，流体按逆流方式进行热交换。图 3-14（c）为 G 型，纵向隔板从管板的一端移开使壳程流体得以分流。壳体上的进、出口接管对称地分置于两侧中央部位。壳程中流体压力降与 E 型的相同，但在传热面积与流量相同的情况下，G 型具有更高的效率。G 型壳体也称为对称分流壳体，壳体中可通入单相流体，也可通入有相变的流体。如热虹吸式再沸器壳程中的隔板起着防止轻组分的闪蒸与增强混合的作用。图 3-14（d）为 H 型，与 G 型相似，但进、出口接管与纵向隔板均比 G 型多 1 倍，故又称双分流壳体。G 型与 H 型都可用于压力降作为控制因素的换热器中，且有利于降低壳程流体的压力降。

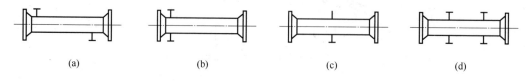

图 3-14　换热器的壳程形式

（9）排气孔与排液孔　在管壳式换热器的管程与壳程中，为了排放或回收介质残气（残液），可在管板上或靠近管板的壳体上设置排气孔或排液孔。它们的尺寸一般不小于 $\phi 15 \mathrm{mm}$。

卧式换热器的壳程排气、排液孔多采用图 3-15（a）所示的结构，孔位于壳体的上部或者底部。在立式换热设备中，在管板上或壳体上开设不小于 $\phi 16 \mathrm{mm}$ 的小孔，孔端采用螺塞或焊上接管法兰，如图 3-15（b）、（e）所示，该结构适宜用清洁的介质，不易堵塞。图 3-15（c）、（d）的结构也可用作排气或排液孔，并能将液体排尽。

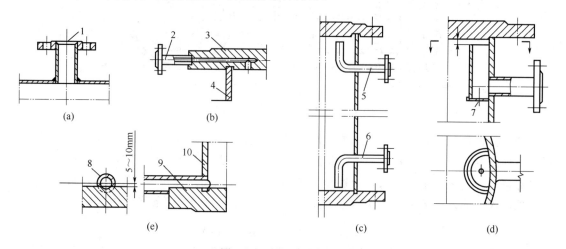

图 3-15　排气、排液口

1，2，8—排气口（排液口）；3，9—管板；4，10—筒体；5—排气管；6—排液管；7—泪孔

3.2.3.3　流体进、出口接管

换热器流体进、出口接管对换热器性能也有一定影响。管程流体进出口接管不宜采用轴向接管。如必须采用轴向接管时，应考虑设置管程缓冲板，以防流体分布不良或对管端的侵蚀。接管直径取决于处理量和适宜的流速，同时还应考虑结构的协调性及强度要求。流体进、出口接管的大小，可先利用下列公式计算出接管内径 d_i，即：

$$d_\mathrm{i} = \sqrt{\frac{4V_\mathrm{s}}{\pi u}} \tag{3-7}$$

式中 d_i——接管内径，m；

V_s——管内流体的体积流量，$m^3 \cdot s^{-1}$；

u——管内流体的适宜流速，$m \cdot s^{-1}$。

计算出 d_i 后，需按标准管径进行尺寸圆整。另外，依圆整确定的管内径校核实际流速是否仍在适宜的流速范围。

3.2.4 管壳式换热器的设计计算

3.2.4.1 设计步骤

我国已制订了管壳式换热器系列技术标准，标准里规定了各类换热器的基本参数和结构形式等内容。因此，为了简化设计和加工，应尽量选用系列化的标准换热器。但当系列化标准换热器不能满足生产的实际需求时，可根据生产的具体要求自行设计非标准换热器。

非标准换热器的一般设计步骤为：

① 了解和掌握换热流体的物理化学性质和腐蚀性能。

② 由热平衡计算传热量 Q 的大小，并确定另一种换热流体的用量。

③ 决定冷热流体的通道。

④ 计算流体的定性温度，以确定流体的物性数据。

⑤ 初步计算有效平均温差。一般先按逆流计算，然后再校核。

⑥ 根据流体性质选取管径和适当的管内流速。

⑦ 计算传热系数 K 值，包括管程和壳程对流传热系数的计算。壳程对流传热系数与壳径、管束等结构有关，因此一般先假定一个壳程对流传热系数值，以计算 K 值，然后再作校核。

⑧ 初步估算传热面积。考虑安全裕度，实际传热面积常常是计算值的 1.15~1.25 倍。

⑨ 选择换热管长 L。

⑩ 计算换热管数 N。

⑪ 校核流体在管内流速，确定管程数。

⑫ 估算壳径 D，并画出排管图，确定壳径 D 和壳程挡板形式及数量等。

⑬ 校核壳程对流传热系数。

⑭ 校核有效平均温差。

⑮ 校核传热面积 A，应保留一定的安全系数，否则需重新计算。

⑯ 计算管程和壳程流体流动阻力，验算是否满足要求。

标准换热器的选用步骤为：

①~⑤步与非标准换热器的①~⑤步相同。

⑥ 选取经验的传热系数 K 值。

⑦ 计算传热面积 A。

⑧ 根据换热器标准系列选取换热器的基本参数。

⑨ 校核传热系数 K 值，包括管程和壳程对流传热系数的计算。假如核算的 K 值与选取的经验值相差不大，就不再校核。如果相差较大，则需要重新假设 K 值并重复上述⑥以下

步骤。

⑩ 校核有效平均温差。

⑪ 校核传热面积 A，应保留一定的安全系数，其值一般为 1.15～1.25，否则需重新计算。

⑫ 计算管程和壳程流体流动阻力，验算是否满足要求。若满足要求，即可确定换热器的型号，否则，需重选换热器的基本参数。

3.2.4.2 传热计算的主要公式

换热器的热负荷又称为传热速率，是指在确定的物流进口条件下，使其达到规定的出口状态，冷流体和热流体之间所交换的热量，或是通过冷、热流体的间壁所传递的热量。传热速率方程式：

$$Q = KS\Delta t_m \quad (3-8)$$

式中 Q——传热速率（热负荷），W；

K——总传热系数，$W \cdot m^{-2} \cdot ℃^{-1}$；

S——与 K 值对应的传热面积，m^2；

Δt_m——平均温差，℃。

（1）传热速率（热负荷）Q 在热损失很小可以忽略不计的条件下，对于无相变的工艺流体，换热器的热负荷由下式计算：

$$Q = W_h c_{ph}(T_1 - T_2) = W_c c_{pc}(t_2 - t_1) \quad (3-9)$$

式中 W——流体的质量流量，$kg \cdot s^{-1}$ 或 $kg \cdot h^{-1}$；

c_p——流体的平均定压比热容，$kJ \cdot kg^{-1} \cdot ℃^{-1}$；

T——热流体的温度，℃；

t——冷流体的温度，℃。

下标 h 和 c 分别表示热流体和冷流体，下标 1 和 2 表示换热器的进口和出口。

若热流体有相变，例如饱和蒸汽冷凝且冷凝液在饱和温度下流出时，则：

$$Q = W_h r = W_c c_{pc}(t_2 - t_1) \quad (3-10)$$

式中 r——饱和蒸汽的汽化热，$kJ \cdot kg^{-1}$。

若冷凝液低于饱和温度下流出换热器时，则：

$$Q = W_h[r + c_{ph}(T_s - T_2)] = W_c c_{pc}(t_2 - t_1) \quad (3-11)$$

式中 T_s——冷凝液的饱和温度，℃。

在计算冷、热流体的物性数据时，如比热容 c_p、密度 ρ、动力黏度 μ 及导热系数 λ 等的查取，应根据流体的定性温度 t_m 或 T_m 进行。

对于黏度较小的流体，定性温度 t_m 或 T_m（$\mu < 2\mu_水$）：

$$t_m = \frac{t_1 + t_2}{2} \text{ 或 } T_m = \frac{T_1 + T_2}{2} \quad (3-12)$$

对于黏度较大的流体，定性温度 t_m 或 T_m（$\mu \geq 2\mu_水$）：

$$t_m = 0.4t_2 + 0.6t_1 \text{ 或 } T_m = 0.4T_1 + 0.6T_2 \quad (3-13)$$

（2）平均温度差 Δt_m 平均温度差是换热器的传热推动力，其值不仅与流体的进、出口温度有关，而且还与换热器内两种流体的流型有关。管壳式换热器常见的流型有并流、逆流、错流和折流四种。

对于恒温传热的平均温度差：
$$\Delta t_m = T - t \tag{3-14}$$

对于并流和逆流操作，平均温度差：

$\dfrac{t_2}{t_1} > 2$ 时，$\Delta t_m = \dfrac{\Delta t_2 - \Delta t_1}{\ln \dfrac{\Delta t_2}{\Delta t_1}}$ (3-15)

$\dfrac{t_2}{t_1} \leqslant 2$ 时，$\Delta t_m = \dfrac{\Delta t_2 + \Delta t_1}{2}$ (3-16)

式中 Δt_1、Δt_2——换热器两端冷、热流体的温差，℃。

对于错流和折流操作，平均温度差可先按逆流情况计算，然后加以校正：
$$\Delta t_m = \varphi_{\Delta t} \Delta t'_m \tag{3-17}$$

式中 $\Delta t'_m$——按逆流计算的平均温差，℃；
$\varphi_{\Delta t}$——平均温度差校正系数，无量纲。

平均温度差校正系数 $\varphi_{\Delta t}$ 与冷、热流体的温度变化有关，是 P 和 R 两因数的函数：

$$P = \dfrac{\text{冷流体的温升}}{\text{两流体的最初温差}} = \dfrac{t_2 - t_1}{T_1 - t_1} \tag{3-18}$$

$$R = \dfrac{\text{热流体的温降}}{\text{冷流体的温升}} = \dfrac{T_1 - T_2}{t_2 - t_1} \tag{3-19}$$

根据确定的管程数和 P、R 的数值，利用温度校正系数换算图（图 3-16）查出 $\varphi_{\Delta t}$ 值。该值实际上表示特定流动形式在给定工况下接近逆流的程度。平均温度差校正系数 $\varphi_{\Delta t}<1$，这是由于在列管换热器内增设了折流挡板及采用多管程，使参与换热的冷、热流体在换热器内呈错流或折流，导致实际平均传热温度差小于纯逆流时的平均传热温度差。但 $\varphi_{\Delta t}$ 值也不宜小于 0.8，因为 Δt_m 太小使经济上不合理，同时设备操作时的稳定性较差。如果达不到上述要求，则应该选其他流动形式。

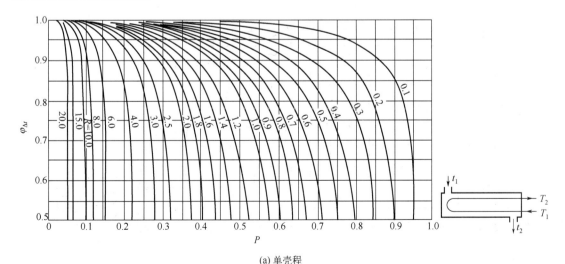

(a) 单壳程

图 3-16

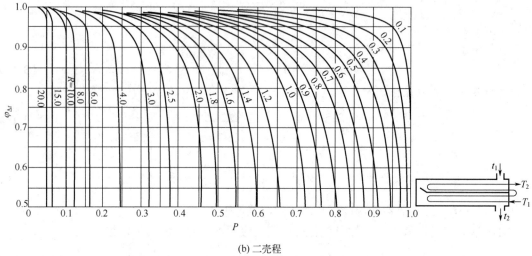

(b) 二壳程

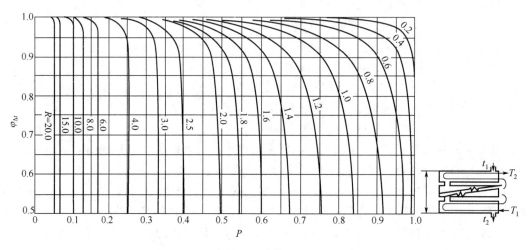

(c) 三壳程

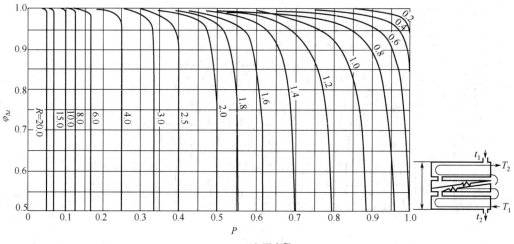

(d) 四壳程

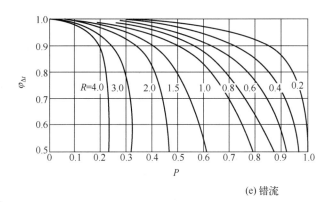
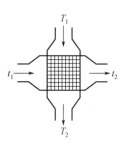

(e) 错流

图 3-16 对数平均温度差校正系数 $\varphi_{\Delta t}$

（3）总传热系数 K　总传热系数 K 的计算通常以换热外表面积为基准，K 是个变量，由于污垢热阻是变化的，因此设计中选择污垢热阻时，应结合清洗周期来考虑。若污垢热阻选得太小，清洗周期会很短，所需传热面积会较小；反之，所需传热面积较大，所以应综合考虑做出选择。总传热系数 K 的计算公式为：

$$\frac{1}{K} = \frac{1}{\alpha_o} + R_{so} + \frac{b d_o}{\lambda d_m} + R_{si}\frac{d_o}{d_i} + \frac{d_o}{\alpha_i d_i} \tag{3-20}$$

式中　　K——总传热系数，$W \cdot m^{-2} \cdot ℃^{-1}$；

α_i，α_o——管程和壳程流体的对流传热系数，$W \cdot m^{-2} \cdot ℃^{-1}$；

R_{si}，R_{so}——管程和壳程的污垢热阻，$m^2 \cdot ℃ \cdot W^{-1}$；

d_i，d_o，d_m——传热管内径、外径和平均直径，m；

λ——传热管壁的导热系数，$W \cdot m^{-1} \cdot ℃^{-1}$；

b——管壁的厚度，m。

总传热系数的经验值见表 3-9，可供设计时参考。在选择时，既要考虑流体物性和操作条件，还要考虑换热器的类型。

表 3-9　总传热系数 K 值的大致范围

管程	壳程	总传热系数 $K/W \cdot m^{-2} \cdot ℃^{-1}$
水（0.9～1.5m·s^{-1}）	净水（0.3～0.6m·s^{-1}）	582～698
水	水（流速较高时）	814～1163
冷水	轻有机物 $\mu<0.5\times10^{-3}$Pa·s	467～814
冷水	中有机物 $\mu=(0.5\sim1)\times10^{-3}$Pa·s	290～698
冷水	重有机物 $\mu>1\times10^{-3}$Pa·s	116～467
盐水	轻有机物 $\mu<0.5\times10^{-3}$Pa·s	233～582
有机溶剂	有机溶剂（0.3～0.55m·s^{-1}）	198～233
轻有机物 $\mu<0.5\times10^{-3}$Pa·s	轻有机物 $\mu<0.5\times10^{-3}$Pa·s	233～465
中有机物 $\mu=(0.5\sim1)\times10^{-3}$Pa·s	中有机物 $\mu=(0.5\sim1)\times10^{-3}$Pa·s	116～349
重有机物 $\mu>1\times10^{-3}$Pa·s	重有机物 $\mu>1\times10^{-3}$Pa·s	58～233

续表

管程	壳程	总传热系数 $K/W \cdot m^{-2} \cdot °C^{-1}$
水（$1m \cdot s^{-1}$）	水蒸气（有压力）冷凝	2326～4652
水	水蒸气（常压或负压）冷凝	1745～3489
水溶液 $\mu<2.0\times10^{-3}Pa \cdot s$	水蒸气冷凝	1163～4071
水溶液 $\mu>2.0\times10^{-3}Pa \cdot s$	水蒸气冷凝	582～2908
有机物 $\mu<0.5\times10^{-3}Pa \cdot s$	水蒸气冷凝	582～1193
有机物 $\mu=(0.5\sim1)\times10^{-3}Pa \cdot s$	水蒸气冷凝	291～582
有机物 $\mu>1\times10^{-3}Pa \cdot s$	水蒸气冷凝	116～349
水	有机物蒸气及蒸汽冷凝	582～1163
水	重有机物蒸气（常压）冷凝	116～349
水	重有机物蒸气（负压）冷凝	58～174
水	饱和有机溶剂蒸气（常压）冷凝	582～1163
水	含饱和水蒸气和氯气（20～50℃）	174～349
水	SO_2（冷凝）	814～1163
水	NH_3（冷凝）	698～930
水	氟利昂（冷凝）	756

（4）对流传热系数　对流传热系数的关联式与传热过程是否存在相变、换热器的结构及流动状态等因素有关，在选用时，要注意其适用范围。具体形式见表3-10和表3-11。

表3-10　流体无相变时的对流传热系数

流动状态		关联式	适用条件
管内强制对流	圆直管内湍流	$Nu=0.023Re^{0.8}Pr^n$ $\alpha=0.023\dfrac{\lambda}{d_i}\left(\dfrac{d_i u\rho}{\mu}\right)^{0.8}\left(\dfrac{c_p\mu}{\lambda}\right)^n$	低黏度流体； 流体被加热 $n=0.4$，被冷却 $n=0.3$； $Re>10000$，$0.7<Pr<120$，$L/d_i>60$； 若 $L/d_i<60$ 时，则 $\alpha\times(1+d_i/L)^{0.7}$； 若为弯管、蛇管时，则 $\alpha\times(1+1.77d_i/R)$
	圆直管内湍流	$Nu=0.027Re^{0.8}Pr^{1/3}\left(\dfrac{\mu}{\mu_w}\right)^{0.14}$ $\alpha=0.027\dfrac{\lambda}{d_i}\left(\dfrac{d_i u\rho}{\mu}\right)^{0.8}\left(\dfrac{c_p\mu}{\lambda}\right)^{1/3}\left(\dfrac{\mu}{\mu_w}\right)^{0.14}$	高黏度流体； $Re>10000$，$0.7<Pr<120$，$L/d_i>60$； 定性温度：流体进出口温度的算术平均值（μ_w 取壁温）
	圆直管内滞流	$Nu=1.86Re^{1/3}Pr^{1/3}\left(\dfrac{d_i}{L}\right)^{1/3}\left(\dfrac{\mu}{\mu_w}\right)^{0.14}$ $\alpha=01.86\dfrac{\lambda}{d_i}\left(\dfrac{d_i u\rho}{\mu}\right)^{1/3}\left(\dfrac{c_p\mu}{\lambda}\right)^{1/3}\left(\dfrac{d_i}{L}\right)^{1/3}\left(\dfrac{\mu}{\mu_w}\right)^{0.14}$	管径较小，液体与壁面温差较小，μ/ρ 较大； $Re<2300$，$0.6<Pr<6700$，$RePrL/d_i>100$； 特征尺寸：d_i； 定性温度：流体进出口温度的算术平均值（μ_w 取壁温）
	圆直管内过渡流	$Nu=0.023Re^{1/3}Pr^n$ $\alpha'=0.023\dfrac{\lambda}{d_i}\left(\dfrac{d_i u\rho}{\mu}\right)^{0.8}\left(\dfrac{c_p\mu}{\lambda}\right)^n$ $\alpha=\alpha'\left(1-\dfrac{6\times10^5}{Re^{1.8}}\right)$	$2300<Re<10000$； 流体被加热 $n=0.4$，被冷却 $n=0.3$

续表

流动状态		关联式	适用条件
管外强制对流	管束外垂直	$Nu = 0.26Re^{0.6}Pr^{0.33}$ $\alpha = 0.26\dfrac{\lambda}{d_o}\left(\dfrac{d_o u\rho}{\mu}\right)^{0.6}\left(\dfrac{c_p\mu}{\lambda}\right)^{0.33}$	直列、错列管束，管束排数=10，$Re>3000$； 特征尺寸：管外径 d_o； 流速取通道最狭窄处
	管间流动	$Nu = 0.36Re^{0.55}Pr^{1/3}\left(\dfrac{\mu}{\mu_w}\right)^{0.14}$ $\alpha = 0.36\dfrac{\lambda}{d_e}\left(\dfrac{d_e u\rho}{\mu}\right)^{0.55}\left(\dfrac{c_p\mu}{\lambda}\right)^{1/3}\left(\dfrac{\mu}{\mu_w}\right)^{0.14}$	壳方流体圆缺挡板（25%）； $Re=2\times10^3\sim1\times10^6$； 特征尺寸：当量直径 d_e； 定性温度：流体进出口温度的算术平均值（μ_w取壁温）
		用前面的管内强制湍流或层流公式计算，但要用当量直径 d_e 代替 d_i	无折流挡板
		$\alpha = 1.72\dfrac{\lambda}{d_e^{0.4}}\left(\dfrac{d_e u\rho}{\mu}\right)^{0.6}\left(\dfrac{c_p\mu}{\lambda}\right)^{1/3}\left(\dfrac{\mu}{\mu_w}\right)^{0.14}$	圆缺挡板； $Re=2\times10^3\sim1\times10^6$； 特征尺寸：当量直径 d_e； 定性温度：流体进出口温度的算术平均值（μ_w取壁温）
		$\alpha = 2.08\dfrac{\lambda}{d_e^{0.4}}\left(\dfrac{d_e u\rho}{\mu}\right)^{0.6}\left(\dfrac{c_p\mu}{\lambda}\right)^{1/3}\left(\dfrac{\mu}{\mu_w}\right)^{0.14}$	盘环形挡板； $Re=3\times10^2\sim2\times10^4$； 特征尺寸：当量直径 d_e； 定性温度：流体进出口温度的算术平均值（μ_w取壁温）

当量直径的值与换热管布置方式有关，换热管正方形排列时：

$$d_e = \frac{4[t^2-(\pi d_o^2)/4]}{\pi d_o} \quad (3-21)$$

换热管正三角形排列时：

$$d_e = \frac{4[\sqrt{3}t^2/2-(\pi d_o^2)/4]}{\pi d_o} \quad (3-22)$$

式中　t——管间距，m；
　　　d_o——传热管外径，m。

表 3-11　流体有相变时的对流传热系数

流动状态	关联式	适用条件
蒸汽冷凝	$\alpha = 1.13\left[\dfrac{\rho(\rho-\rho_v)gr\lambda^3}{\mu L(t_s-t_w)}\right]^{1/4}$	垂直管外膜状滞流； 特征尺寸：垂直管的高度； 定性温度：$t_m=(t_w+t_s)/2$
	$\alpha = 0.725\left[\dfrac{\rho(\rho-\rho_v)gr\lambda^3}{nd_o u(t_s-t_w)}\right]^{1/4}$	水平管束外膜状冷凝； n：水平管束在垂直列上的管数，膜滞流； 特征尺寸：管外径 d_o

（5）污垢热阻和管壁的导热系数　在进行换热器的设计时，必须采用正确的污垢系数，否则换热器的设计误差会很大。污垢热阻因流体种类、操作温度和流速等不同而各异，一些常见流体的污垢热阻见表 3-12 和表 3-13。

表 3-12　水流体的污垢热阻

名称	数值			
加热流体温度/℃	小于 115		115～205	
水的温度/℃	小于 25		大于 25	
水的流速/m·s^{-1}	小于 1.0	大于 1.0	小于 1.0	大于 1.0
海水的污垢热阻/m²·℃·W^{-1}	0.8598×10^{-4}		1.7197×10^{-4}	
自来水、井水、锅炉软水的污垢热阻/m²·℃·W^{-1}	1.7197×10^{-4}		3.4394×10^{-4}	
蒸馏水的污垢热阻/m²·℃·W^{-1}	0.8598×10^{-4}		0.8598×10^{-4}	
硬水的污垢热阻/m²·℃·W^{-1}	5.1590×10^{-4}		8.5980×10^{-4}	
河水的污垢热阻/m²·℃·W^{-1}	5.1590×10^{-4}	3.4394×10^{-4}	6.8788×10^{-4}	5.1590×10^{-4}

表 3-13　常见流体的污垢热阻　　　　　　　　　　　　单位：m²·℃·W^{-1}

名称	污垢热阻	名称	污垢热阻	名称	污垢热阻
有机化合物蒸气	0.8598×10^{-4}	有机化合物	1.7197×10^{-4}	石脑油	1.7197×10^{-4}
溶剂蒸气	1.7197×10^{-4}	盐水	1.7197×10^{-4}	煤油	1.7197×10^{-4}
天然气	1.7197×10^{-4}	熔盐	0.8598×10^{-4}	汽油	1.7197×10^{-4}
焦炉气	1.7197×10^{-4}	植物油	5.1590×10^{-4}	重油	8.5980×10^{-4}
水蒸气	0.8598×10^{-4}	原油	(3.4394～12.098)×10^{-4}	沥青油	1.7197×10^{-4}
空气	3.4394×10^{-4}	柴油	(3.4394～5.1590)×10^{-4}		

换热管壁的导热系数 λ 与管壁材料和温度有关，常用金属材料的导热系数见表 3-14。

表 3-14　常见金属的导热系数　　　　　　　　　　　　单位：W·m^{-1}·℃$^{-1}$

材料名称	导热系数 λ				
	0℃	100℃	200℃	300℃	400℃
铝	227.95	227.95	227.95	227.95	227.95
钢	383.79	379.14	372.16	367.51	362.86
铁	73.27	67.45	61.64	54.66	48.85
铅	35.12	33.38	31.40	29.77	—
镁	172.12	167.47	162.82	158.17	—
镍	93.04	82.57	73.27	63.97	59.31
银	414.03	409.38	373.32	361.69	359.37
锌	112.81	109.90	105.83	101.18	93.04
碳钢	52.34	48.85	44.19	41.87	34.89
不锈钢	16.28	17.45	17.45	18.49	—

3.2.4.3　流体流动阻力（压力降）Δp 的计算公式

计算流体流动阻力（压力降）的目的是校验流体通过所设计换热器的压力降是否满足工艺要求。若不满足要求时，需调整流速，再确定管、壳程数或折流板间距等设计参数。一般情况下，流体流动阻力与换热器的操作压力有关，其常见允许范围见表 3-15。

表 3-15　合理压力降的允许范围

操作情况	操作压力 p/Pa（绝压）	合理压力降 Δp/Pa	操作情况	操作压力 p/Pa（绝压）	合理压力降 Δp/Pa
减压	$0\sim 1\times 10^5$	$0.1p$	中压	$11\times 10^5\sim 31\times 10^5$	$0.35\times 10^5\sim 1.8\times 10^5$
低压	$1.0\times 10^5\sim 1.7\times 10^5$	$0.5p$	较高压	$31\times 10^5\sim 81\times 10^5$	$0.70\times 10^5\sim 2.5\times 10^5$
	$1.7\times 10^5\sim 11\times 10^5$	0.35×10^5			

（1）管程压力降 Δp_i　对于多管程换热器，管程总压力降等于各程直管阻力与局部阻力之和，其计算式为：

$$\Delta p_i = (\Delta p_1 + \Delta p_2)F_t N_s N_P \tag{3-23}$$

式中　Δp——管程总压力降，Pa；

Δp_1、Δp_2——直管及回弯管中因摩擦阻力引起的压力降，Pa；

F_t——结垢校正系数，无量纲，对于 $\phi 25mm\times 2.5mm$ 的管子为 1.4；对于 $\phi 19mm\times 2mm$ 的管子为 1.5；

N_s——串联的壳程数；

N_P——管程数。

流体流过直管段由于摩擦所引起的压力降：

$$\Delta p_1 = \lambda \frac{L}{d_i} \times \frac{\rho u_i^2}{2} \tag{3-24}$$

式中　λ——摩擦阻力系数，无量纲；

L——传热管长度，m；

d_i——传热管内径，m；

u_i——管内流速，m·s^{-1}；

ρ——流体密度，kg·m^{-3}。

流体流过回弯管由摩擦所引起的压力降：

$$\Delta p_2 = \zeta \frac{\rho u_i^2}{2} \tag{3-25}$$

式中　ζ——局部阻力系数，一般情况下取 3。

（2）壳程压力降 Δp_o　当壳程无折流挡板时，流体顺着管束流动，此时壳程压力降可按直管压力降的方法进行计算，但需用当量直径 d_e 代替公式中的管内径 d_i。

当壳程装有折流挡板时，壳程总压力降等于流体横过管束与流体通过折流板缺口的流动阻力之和。工程中常用埃索法（Esso）计算：

$$\Delta p_o = (\Delta p_1' + \Delta p_2')F_t N_s \tag{3-26}$$

式中　Δp_o——壳程总压力降，Pa；

$\Delta p_1'$——流体横过管束的压力降，Pa；

$\Delta p_2'$——流体通过折流板缺口的压力降，Pa；

F_t——结垢校正系数，无量纲，对于液体为 1.15，气体或可凝蒸汽为 1.0。

流体横过管束的压力降：

$$\Delta p_1' = F f_o n_c (N_B + 1) \frac{\rho u_o^2}{2} \tag{3-27}$$

流体通过折流板缺口的压力降：

$$\Delta p_2' = N_B \left(3.5 - \frac{2B}{D}\right) \frac{\rho u_o^2}{2} \tag{3-28}$$

式中　F——换热管的排列方式对压力降的校正系数，对于正三角形排列为 0.5，正方形错列为 0.4，正方形直列为 0.3；

　　　f_o——壳程流体的摩擦系数，当 $Re_o > 500$ 时，$f_o = 5.0 Re_o^{-0.228}$；

　　　n_c——横过管束中心线的管子数，管子按正三角形排列时，$n_c = 1.1\sqrt{N}$，按正方形排列时，$n_c = 1.19\sqrt{N}$，其中 N 为每一壳程的管子总数；

　　　N_B——折流挡板数目；

　　　B——折流板间距，m；

　　　D——壳体直径，m；

　　　u_o——按壳程流通面积 $S_o = h(D_i - n_c d_o)$ 计算的流速，m·s^{-1}。

3.2.4.4　壳体直径及壁厚的计算公式

（1）壳体直径　对于单管程换热器，壳体的内径可以用下式估算：

$$D_i = t(n_c - 1) + (2 \sim 3) d_o \tag{3-29}$$

式中　D_i——壳体内径，mm；

　　　t——管心距，mm；

　　　n_c——横过管束中心线的管数，按正三角形排列时，$n_c = 1.1\sqrt{N}$；按正方形排列时，$n_c = 1.19\sqrt{N}$，N 为换热器的总管数。

对于多管程换热器，壳体的内径可以用下式估算：

$$D_i = 1.05 t \sqrt{N/\eta} \tag{3-30}$$

式中　N——排列管子的数目；

　　　η——管板利用率。

估算出壳体内径 D_i 后，应按照壳体直径标准系列尺寸进行最终圆整。

（2）壳体壁厚　壳体壁厚可按下式计算：

$$\delta = \frac{p D_i}{2[\sigma]\varphi - p} + C \tag{3-31}$$

式中　δ——壳体壁厚，mm；

　　　D_i——壳体内直径，mm；

　　　$[\sigma]$——材料在设计温度下的许用应力，MPa；

　　　p——设计压力，MPa；

　　　φ——焊缝系数，单面 φ 为 0.65，双面 φ 为 0.85；

　　　C——腐蚀裕度，可在 1～8mm 范围内根据流体的腐蚀性而定。

计算出壳体壁厚后，还应适当考虑安全系数、开孔补强等措施，对于不同壳体直径要求有不同的最小壳体壁厚，如表 3-16 所示。

表 3-16 壳体的最小壁厚

壳体内径 D_i/mm	325	400	500	600	700	800	900	1000	1100	1200
最小壁厚 δ/mm	8	10				12			14	

3.2.5 管壳式换热器类型的确定

经过多年的发展，我国制定了换热器系列技术标准，标准里规定了各类换热器的基本参数和结构形式等内容。通过换热器的设计计算，可根据结果进行换热器类型的确定。

列管式换热器型号由七部分组成，各部分的含义如下：

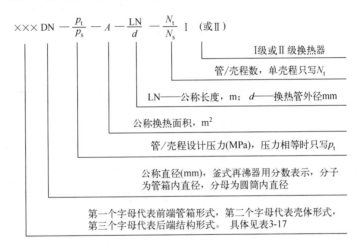

例如，封头管箱，单壳程的固定管板式，公称直径 800mm，管程设计压力 1.6MPa，壳程设计压力 0.6MPa，公称换热面积 160m²，公称管长 6m，换热管外径 25mm，4 管程，I 级换热器，其型号为：

$$BEM800-\frac{1.6}{0.6}-160-\frac{6}{25}-4I$$

管壳式换热器的管箱、壳体的结构及代号见表 3-17。

管壳式换热器形式不同，其基本参数也有所不同。

（1）固定管板式换热器的基本参数

① 公称换热面积 A：1~370m²；

② 公称直径 DN：159、273、400、500、600、800、1000mm，前两种一般采用无缝钢管制造，后几种则采用钢板卷焊；

③ 公称压力 PN：0.6、1、1.6、2.5MPa；

④ 设计温度 t：≤200℃；

⑤ 换热管长 LN：1500、2000、3000、4500、6000、9000mm 六种；

⑥ 换热管规格：ϕ25mm×2.5mm（10 号钢），ϕ25mm×2mm（不锈耐酸钢）；

⑦ 管间距和排列方式：管间距 32mm，采用正三角形排列。

表 3-17　管壳式换热器的管箱、壳体的结构及代号

前端管箱型式		壳体型式		后端结构型式	
A	平盖管箱	E	单程壳体	L	与A相似的固定管板结构
		F	具有纵向隔板的双程壳体	M	与B相似的固定管板结构
B	封头管箱	G	分流壳体	N	与C相似的固定管板结构
		H	双分流壳体	P	外填料函式浮头
C	可拆管束与管板制成一体的管箱	J	无隔板分流壳体	S	钩圈式浮头
				T	可抽式浮头
N	与管板制成一体的固定管板管箱	K	釜式重沸器壳体	U	U形管束
D	特殊高压管箱	X	穿流壳体	W	带套环填料函式浮头

（2）浮头式、填料函式换热器的基本参数

① 公称直径 DN：325、400、500、600、700、800、900、1000、1100、1200、（1300）、1400、(1500)、1600、(1700)、1800mm；

② 公称压力 PN：1.0、1.6、2.5、4MPa；

③ 设计温度 t：$-20℃<t≤400℃$；

④ 换热管长度 LN：3000、6000、9000mm；

⑤ 换热管规格：A 型——$\phi 19mm×2mm$，B 型——$\phi 25mm×2.5mm$；

⑥ 管间距和排列方式：A 型——管间距 25mm，采用正方形错列，B 型——管间距 32mm，采用正方形错列；

⑦ 管程数：当 DN=325～1200mm 时为 2；当 DN=325～1800mm 时为 4；当 DN=600～1800mm 时为 6。

（3）U 形管式换热器的基本参数

① 公称直径 DN：325、400、500、600、700、800、900、1000、1100、1200mm；

② 公称压力 PN：1.6、2.5、4、6.4MPa；

③ 设计温度 t：$-20℃<t≤200℃$；

④ 换热管规格：A 型——$\phi 19mm×2mm$，B 型——$\phi 25mm×2.5mm$；

⑤ 管间距与排列方式：A 型——正三角形排列，B 型——正方形错列；

⑥ 管程数：2 程、4 程。

3.3 管壳式换热器的设计示例

在某生产过程中，用循环冷却水将 22780kg·h^{-1} 空气从 110℃ 冷却至 60℃，压力为 0.7MPa，循环冷却水的压力 0.3MPa，入口温度为 29℃，出口温度为 39℃。试设计一台列管式换热器，完成该生产任务。

3.3.1 确定设计方案

（1）选择换热器的类型　两流体的温度变化情况：热流体进口温度 110℃，出口温度 60℃；冷流体进口温度 29℃，出口温度 39℃。该换热器用循环冷却水冷却，在冬季操作时其进口温度会降低，考虑到这一因素，估计该换热器的管壁温和壳体壁温之差较大。因此，初步确定选用浮头式换热器。

（2）流动通道及流速的确定　从两流体的操作压力看，应使空气走管程，循环冷却水走壳程。但由于循环冷却水易结垢，若其流速太低，将会加快污垢增长速度，使换热器的传热速率下降。所以综合考虑，应使循环水走管程，空气走壳程。选用 $\phi 25mm×2.5mm$ 的碳钢管，初步确定管内流速 $u_i=0.5m·s^{-1}$。

3.3.2 确定物性数据

定性温度：空气和水属于低黏度流体，其定性温度可取流体进、出口温度的平均值。

壳程空气和管程循环冷却水的定性温度分别为：

$$T = \frac{110+60}{2} = 85°C$$

$$t = \frac{39+29}{2} = 34°C$$

根据定性温度，分别查取壳程和管程流体的有关物性数据。

混合气体在85℃下的有关物性数据如下：
密度　　　　　ρ_h=5.263kg·m^{-3}
定压比热容　　c_{ph}=3.297kJ·kg^{-1}·℃$^{-1}$
导热系数　　　λ_h=0.0387W·m^{-1}·℃$^{-1}$
黏度　　　　　μ_h=2.13×10^{-5}Pa·s

循环冷却水在34℃下的物性数据如下：
密度　　　　　ρ_c=994kg·m^{-3}
定压比热容　　c_{pc}=4.174kJ·kg^{-1}·℃$^{-1}$
导热系数　　　λ_c=0.624W·m^{-1}·℃$^{-1}$
黏度　　　　　μ_c=0.742×10^{-3}Pa·s

3.3.3　计算总传热系数

（1）热负荷 Q

$$Q = W_h c_{ph}(T_1 - T_2) = 22780 \times 3.297 \times (110-60) = 3.75 \times 10^6 \text{kJ·h}^{-1} \approx 1041\text{kW}$$

（2）平均传热温差

$$\Delta t_m = \frac{\Delta t_1 - \Delta t_2}{\ln\frac{\Delta t_1}{\Delta t_2}} = \frac{(110-39)-(60-29)}{\ln\frac{110-39}{60-29}} = 48.3°C$$

（3）冷却水用量

$$W_c = \frac{Q}{c_{pc}(t_2-t_1)} = \frac{1041 \times 10^3}{4.174 \times 10^3 \times (39-29)} = 24.95\text{kg·s}^{-1} = 89804\text{kg·h}^{-1}$$

（4）总传热系数 K

① 管程对流传热系数。管程内走循环冷却水，则雷诺数为：

$$Re = \frac{d_i u_i \rho_c}{\mu_c} = \frac{0.02 \times 0.5 \times 994}{0.000742} = 13396$$

$$\alpha_i = 0.023 \frac{\lambda_i}{d_i}\left(\frac{d_i u_i \rho_i}{\mu_i}\right)^{0.8}\left(\frac{c_{pi}\mu_i}{\lambda_i}\right)^{0.4}$$

$$= 0.023 \times \frac{0.624}{0.02} \times 13396^{0.8} \times \left(\frac{4.174 \times 10^3 \times 0.000742}{0.624}\right)^{0.4}$$

$$= 2727.5\text{W·m}^{-2}·°C^{-1}$$

② 壳程对流传热系数。先假设壳程对流传热系数 α_o=300W·m^{-2}·℃$^{-1}$

③ 污垢热阻和管壁热阻。取管内侧污垢热阻 R_{si}=0.000344m^2·℃·W^{-1}，管外侧污垢热阻

$R_{so}=0.000172\text{m}^2\cdot{}^\circ\text{C}\cdot\text{W}^{-1}$

管壁的导热系数 $\lambda=45\text{W}\cdot\text{m}^{-1}\cdot{}^\circ\text{C}^{-1}$

④ 总传热系数 K

$$K = \frac{1}{\frac{1}{\alpha_o}+R_{so}+\frac{bd_o}{\lambda d_m}+R_{si}\frac{d_o}{d_i}+\frac{d_o}{\alpha_i d_i}}$$

$$= \frac{1}{\frac{1}{300}+0.000172+\frac{0.0025\times0.025}{45\times0.0225}+0.000344\times\frac{0.025}{0.02}+\frac{0.025}{2727.5\times0.02}}$$

$$= 224.4\text{W}\cdot\text{m}^{-2}\cdot{}^\circ\text{C}^{-1}$$

3.3.4 计算传热面积

$$A' = \frac{Q}{K\Delta t_m} = \frac{1041\times10^3}{224.4\times48.3} = 96\text{m}^2$$

根据前述提供的经验范围，取实际传热面积为计算值的 1.15 倍，则实际传热面积 A 为：

$$A=1.15\times96=110.4\text{m}^2$$

3.3.5 工艺结构尺寸

（1）管径和管内流速　选用 $\phi25\text{mm}\times2.5\text{mm}$ 的碳钢管作为传热管，取管内流速 $u_i=0.5\text{m}\cdot\text{s}^{-1}$。

（2）管程数和传热管数　根据传热管内径和流速确定单程传热管数，

$$n = \frac{V_s}{\frac{\pi}{4}d_i^2 u_i} = \frac{89804/(994\times3600)}{0.785\times0.02^2\times0.5} = 159.8 \approx 160 \text{ 根}$$

按单管程计算，所需的传热管长度为：

$$L = \frac{A}{\pi d_o n} = \frac{110.4}{3.14\times0.025\times160} = 8.79\text{m}$$

按单管程设计，传热管过长，宜采用多管程结构。根据本设计实际情况，现取传热管长 $L'=6\text{m}$，则该换热器的管程数为：

$$N_P = \frac{L}{L'} = \frac{8.79}{6} \approx 2 \text{ 管程}$$

则传热管总根数为：

$$N=160\times2=320 \text{ 根}$$

（3）平均传热温差校正系数及壳程数　平均传热温差校正系数：

$$P = \frac{t_2-t_1}{T_1-t_1} = \frac{39-29}{110-29} = 0.124$$

$$R = \frac{T_1-T_2}{t_2-t_1} = \frac{110-60}{39-29} = 5$$

按单壳程、双管程结构查温差校正系数图[图 3-16（b）]得：$\varphi_{\Delta t}=0.96$

平均传热温差：$\Delta t'_m=\varphi_{\Delta t}\Delta t'_m=0.96\times48.3=46.4{}^\circ\text{C}$

由于平均传热温差校正系数大于 0.8，同时壳程流体流量较大，故取单壳程合适。

（4）传热管排列和分程方法　采用组合排列法，即每程内均按正三角形排列，隔板两侧采用正方形排列。取管心距 $t=1.25d_o$，则：

$$t=1.25\times25=31.25\approx32\text{mm}$$

横过管束中心线的管数为：

$$n_c = 1.19\sqrt{320} = 21.28 \approx 22 \text{根}$$

（5）壳体内径　采用多管程结构，取管板利用率 $\eta=0.7$，则壳体内径为：

$$D_i = 1.05t\sqrt{N/\eta} = 1.05\times32\sqrt{320/0.7} = 718.4\text{mm}$$

圆整取 $D_i=800\text{mm}$。

（6）折流挡板　采用弓形折流板，取弓形折流板圆缺高度为壳体内径的 25%，则切去的圆缺高度 h 为：

$$h=0.25\times800=200\text{mm}$$

取折流板间距 $B=0.8D_i$，则：

$$B=0.8\times800=640\text{mm}$$

则折流挡板数 N_B：

$$N_B = \frac{\text{传热管长}}{\text{折流板间距}} - 1 = \frac{6000}{640} - 1 = 8 \text{ 块}$$

折流挡板圆缺面水平装配。

（7）接管

① 管程流体进、出口接管。取管程接管内流体流速 $u_1=2.0\text{m}\cdot\text{s}^{-1}$，则接管内径为：

$$d_i = \sqrt{\frac{4\times89804/(3600\times994)}{3.14\times2.0}} = 0.126\text{m}$$

圆整后可取管内径 125mm。

② 壳程流体进出口接管。取壳程接管内流体流速为 $u_2=20\text{m}\cdot\text{s}^{-1}$，则接管内径为：

$$d_i = \sqrt{\frac{4V_s}{\pi u_1}} = \sqrt{\frac{4\times22780\times29}{22.4\times3600\times5.263\times3.14\times20}} = 0.315\text{m}$$

圆整后可取管内径 325mm。

3.3.6　换热器核算

（1）热量核算

① 管程对流传热系数

$$\alpha_i = 0.023\frac{\lambda}{d_i}Re^{0.8}Pr^{0.4}$$

管程流体流通截面积为：

$$A_i = 0.785\times0.02^2\times\frac{320-22}{2} = 0.0468\text{m}^2$$

管程流体流速为：

$$u_i = \frac{89804/(3600\times994)}{0.0468} = 0.537\text{m}\cdot\text{s}^{-1}$$

雷诺数为：
$$Re_i = \frac{0.02 \times 0.537 \times 994}{0.742 \times 10^{-3}} = 14387$$

普兰特准数为：
$$Pr = \frac{4.174 \times 10^3 \times 0.000742}{0.624} = 4.963$$

$$\alpha_i = 0.023 \times \frac{0.624}{0.020} \times 14387^{0.8} \times 4.963^{0.4} = 2887.7 \text{W} \cdot \text{m}^{-2} \cdot {}^\circ\text{C}^{-1}$$

② 壳程对流体传热系数

对于圆缺形挡板，采用克恩公式：
$$\alpha_o = 0.36 \frac{\lambda}{d_e} Re_o^{0.55} Pr^{1/3} \left(\frac{\mu}{\mu_w}\right)^{0.14}$$

采用正三角形排列，得当量直径为：
$$d_e = \frac{4\left[\frac{\sqrt{3}}{2}t^2 - \frac{\pi}{4}d_o^2\right]}{\pi d_o} = \frac{4\left[\frac{\sqrt{3}}{2} \times 0.032^2 - 0.785 \times 0.025^2\right]}{3.14 \times 0.025} = 0.02 \text{m}$$

壳程流体流通截面积为：
$$A_o = BD\left(1 - \frac{d_o}{t}\right) = 0.64 \times 0.8 \times \left(1 - \frac{0.025}{0.032}\right) = 0.112 \text{m}^2$$

壳程流体流速为：
$$u_o = \frac{22780 \times 29 / (22.4 \times 3600 \times 5.263)}{0.112} = 13.9 \text{m} \cdot \text{s}^{-1}$$

雷诺数为：
$$Re_o = \frac{0.020 \times 13.9 \times 5.263}{2.13 \times 10^{-5}} = 68690$$

普兰特准数为：
$$Pr = \frac{3.297 \times 10^3 \times 2.13 \times 10^{-5}}{0.0387} = 1.815$$

黏度校正
$$\left(\frac{\mu}{\mu_w}\right)^{0.14} \approx 1$$

$$\alpha_o = 0.36 \times \frac{0.0387}{0.02} \times 68690^{0.55} \times 1.815^{1/3} = 388.6 \text{W} \cdot \text{m}^{-2} \cdot {}^\circ\text{C}^{-1}$$

③ 总传热系数 K

$$K = \frac{1}{\frac{1}{\alpha_o} + R_{so} + \frac{b d_o}{\lambda d_m} + R_{si}\frac{d_o}{d_i} + \frac{d_o}{\alpha_i d_i}}$$

$$= \frac{1}{\frac{1}{388.7} + 0.000172 + \frac{0.0025 \times 0.025}{45 \times 0.0225} + 0.000344 \times \frac{0.025}{0.02} + \frac{0.025}{2887.7 \times 0.02}}$$

$$= 272.5 \text{W} \cdot \text{m}^{-2} \cdot {}^\circ\text{C}^{-1}$$

④ 传热面积

$$A = \frac{Q}{K\Delta t_m} = \frac{1041 \times 10^3}{272.5 \times 46.4} = 82.3 \text{m}^2$$

该换热器的实际传热面积为：

$$A_o = \pi d_o L N = 3.14 \times 0.025 \times (6-0.06) \times (320-22) = 139.0 \text{m}^2$$

该换热器的面积裕度为：

$$F = \frac{A_o - A}{A} \times 100\% = \frac{139.0 - 82.3}{82.3} \times 100\% = 68.9\%$$

传热面积裕度合适，该换热器能够完成生产任务。
（2）换热器内流体的流动阻力
① 管程流体流动阻力

$$\Delta p_i = (\Delta p_1 + \Delta p_2) F_t N_s N_p$$

$$N_s = 1, \quad N_p = 2, \quad F_t = 1.4$$

$$\Delta p_1 = \lambda \frac{L}{d_i} \times \frac{\rho u_i^2}{2}$$

由 $Re=14387$，传热管相对粗糙度为 $\frac{0.01}{20} = 0.0005$，查莫狄图得 $\lambda=0.027$，则：

$$\Delta p_1 = 0.027 \times \frac{6}{0.02} \times \frac{994 \times 0.537^2}{2} = 1160.9 \text{Pa}$$

$\Delta p_2 = \zeta \frac{\rho u_i^2}{2}$，$\zeta=3$，则：

$$\Delta p_2 = \zeta \frac{\rho u_i^2}{2} = 3 \times \frac{994 \times 0.537^2}{2} = 430.0 \text{Pa}$$

$$\Delta p_i = (1160.9 + 430.0) \times 1.4 \times 1 \times 2 = 4454.5 \text{Pa} < 10 \text{kPa}$$

管程流体阻力在允许范围之内。
② 壳程流体流动阻力

$$\Delta p_o = (\Delta p_1' + \Delta p_2') F_t N_s$$

$$N_s = 1, \quad F_t = 1.15$$

流体横过管束的阻力：

$$\Delta p_1' = F f_o n_c (N_B + 1) \frac{\rho u_o^2}{2}$$

$F=0.5$，$f_o = 5 \times 68690^{-0.228} = 0.3946$，$n_c = 22$，$N_B = 8$，$u_o = 13.9 \text{m·s}^{-1}$

$$\Delta p_1' = 0.5 \times 0.3946 \times 22 \times (8+1) \times \frac{5.263 \times 13.9^2}{2} = 1.98 \times 10^4 \text{Pa}$$

流体通过折流板缺口的阻力：

$$\Delta p_2' = N_B \left(3.5 - \frac{2B}{D}\right) \frac{\rho u_o^2}{2}$$

$B=0.64\text{m}$，$D_i=0.8\text{m}$

$$\Delta p_2' = 8 \times \left(3.5 - \frac{2 \times 0.64}{0.8}\right) \times \frac{13.9^2 \times 5.263}{2} = 0.77 \times 10^4 \text{ Pa}$$

总阻力为

$$\Delta p_o = (1.98 \times 10^4 + 0.77 \times 10^4) \times 1.15 \times 1 = 3.16 \times 10^4 \text{ Pa}$$

由于该换热器壳程流体操作压力较高,所以壳程流体的阻力损失也比较适宜。

3.3.7 换热器的主要结构尺寸和计算结果

换热器主要结构尺寸和计算结果见表3-18。

表3-18 换热器的主要结构尺寸和计算结果

换热器型式:浮头式换热器			管口表			
换热面积/m² : 139			符号	尺寸/mm	用途	连接形式
工艺参数			a	125	循环水入口	平面
名称	管程	壳程	b	125	循环水出口	平面
物料名称	循环水	空气	c	325	空气入口	凹凸面
操作压力/MPa	0.3	0.6	d	325	空气出口	凹凸面
操作温度/℃	39/29	110/60	e	20	排气口	凹凸面
流量/kg·h⁻¹	89804	22780	f	20	放净口	凹凸面
流体密度/kg·m⁻³	994	5.263	附图			
流速/m·s⁻¹	0.537	13.9				
热负荷/kW	1041					
总传热系数/W·m⁻²·℃⁻¹	272.5					
对流传热系数/W·m⁻²·℃⁻¹	2887.7	388.6				
污垢系数/m²·℃·W⁻¹	0.000344	0.000172				
压力降/Pa	4.45×10³	3.16×10⁴				
程数	2	1				
推荐使用材料	碳钢	碳钢				
管子规格/mm	ϕ25×2.5	管数	320			
管长/mm	6000	管间距/mm	32			
排列方式	正三角形	折流板形式	上下			
折流板间距/mm	640	折流板切口高度	25%			
壳体内径/mm	800					

第4章 塔设备设计

本章符号说明

英文字母

A_a	塔板开孔（鼓泡）面积，m^2	H_B	塔底空间高度，m
A_f	降液管面积，m^2	H_D	塔顶空间高度，m
A_0	筛孔面积，m^2	H_1	封头高度，m
A_T	塔截面积，m^2	H_2	裙座高度，m
a_t	填料的总比表面积，$m^2 \cdot m^{-3}$	H_{OG}	气相总传质单元高度，m
a_w	填料层的润湿表面积 $m^2 \cdot m^{-3}$	h_c	与干板压降相当的液柱高度，m
C	负荷系数，无因次	h_d	液相流过降液管内压强降，m
C_0	流量系数，无因次	h_f	板上鼓泡层高度，m
D	塔顶流出液流量，$kmol \cdot h^{-1}$	h_l	与气流穿过板上液层的压降相当的液柱，m
	塔径，m		
D_{AB}	扩散系数，$m^2 \cdot s^{-1}$	h_L	板上液层高度，m
d_o	筛孔直径，mm	h_o	降液管底隙高度，m
E	液流收缩系数，无因次	h_{ow}	堰上液层高度，m
	亨利系数，kPa	h_p	与单板压降相当的液层高度，m
E_T	全塔效率（总板效率），无因次	h_σ	与克服液体表面张力压降相当的液柱高度，m
e_V	雾沫夹带量，kg（液）/kg（气）		
F	进料流量，$kmol \cdot h^{-1}$	h_w	溢流堰高度，m
F_0	气相动能因数，$kg^{1/2} \cdot s^{-1} \cdot m^{-1/2}$	K	筛板的稳定性系数，无因次
G	进塔惰性气体流量，$kmol \cdot h^{-1}$		
g	重力加速度，$m \cdot s^{-2}$	k_G	气膜吸收系数
H	塔高，m	L	塔内下降液体的流量，$kmol \cdot h^{-1}$
	溶解度系数		
H_T	塔板间距，m	L_h	塔内液体流量，$m^3 \cdot h^{-1}$
H_F	进料板处板间距，m	l_w	溢流堰长度，m
H_P	人孔处板间距，m		

M	相平衡常数	u_σ	开孔区流通面积计算的气速，$m \cdot s^{-1}$
	摩尔质量，$g \cdot mol^{-1}$	u_F	液泛气速，$m \cdot s^{-1}$
N_{OG}	气相传质单元数	u_0	筛孔气速，$m \cdot s^{-1}$
N_T	理论塔板数	u'_0	降液管底隙处液体流速，$m \cdot s^{-1}$
n	实际塔板数	u_{ow}	漏液点气速，$m \cdot s^{-1}$
n_p	人孔数	V	塔内上升蒸汽流量，$kmol \cdot h^{-1}$
n_F	进料塔板数	V_s	塔内上升蒸汽体积流量，$m^3 \cdot s^{-1}$
n	筛孔数	W	釜残液（塔底产品）流量，$kmol \cdot h^{-1}$
Δp	压强降，Pa 或 kPa	W_c	无效区宽度，m
p	操作压强，Pa 或 kPa	W_d	弓形降液管宽度，m
q	进料热状态参数	W_L	液相质量流量，$kg \cdot h^{-1}$
R	回流比	W_s	安定区宽度，m
	通用气体常数	W_V	质量流量，kg/h
S	直接蒸汽量，$kmol \cdot h^{-1}$	x	液相中易挥发组分的摩尔分率
	脱吸因数		开孔区宽度的 1/2 宽度，m
t	孔中心距，mm	Y_1	气相摩尔比
U_{min}	最小喷淋密度，$m^3 \cdot m^{-2} \cdot h^{-1}$	y	气相中易挥发组分的摩尔分率
U_V	气体质量通量，$kg \cdot m^{-2} \cdot s^{-1}$	Z	塔的有效高度，m
u	空塔气速，$m \cdot s^{-1}$		

希腊字母

α	相对挥发度，无因次	σ	表面张力，$N \cdot m^{-1}$ 或 $mN \cdot m^{-1}$
β	干筛孔流量系数的修正系数，无因次	σ_c	临界表面张力，$N \cdot m^{-1}$
δ	筛板厚度，mm	Φ	填料因子，m^{-1}
ε_0	板上液层充气系数，无因次	φ	开孔率
μ	黏度，$mPa \cdot s$	φ_A	回收率
ρ	密度，$kg \cdot m^{-3}$	Ψ	液体密度校正系数
			流动系数
			填料形状系数

下标

A	易挥发组分	V	气相（气体）

B	难挥发组分	G	气体
D	馏出液	m	平均
F	原料液	max	最大
L	液相	min	最小

4.1 概述

塔设备是化工、炼油、制药等生产过程中广泛采用的气、液传质设备。在塔设备中能够完成精馏、吸收、解吸、萃取等常见的化工单元操作，此外，还可用于气体的净化和干燥、气体的冷却和回收以及增减湿等过程。其性能对于整套生产工艺的产品产量、产品质量、生产能力、三废处理和环境保护等各个方面都有着重大影响。因此，塔设备的设计对化工及其相关行业的生产是至关重要的。

4.1.1 塔设备的类型

塔设备在发展过程中为了满足各行业的生产需求，形成了不同类型。塔设备按操作压力分为加压塔、常压塔和减压塔；按单元操作分为精馏塔、吸收塔、解吸塔、萃取塔、反应塔和干燥塔；按塔内气、液接触构件的结构形式，可分为板式塔（图4-1）和填料塔（图4-2）两大类。

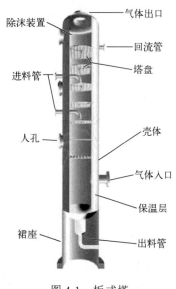

图4-1 板式塔

图4-2 填料塔

板式塔内装有一定数量的塔盘，气体以鼓泡或喷射的形式穿过塔盘上的液层，进行传质和传热。在正常操作下，气相为分散相，液相为连续相，两相的组分浓度沿塔高呈阶梯式变化，属逐级接触逆流操作过程。

填料塔内装填一定高度的填料层，液体自塔顶沿填料表面呈膜状向下流动，气体在填料的空隙中逆流向上（或并流向下）流动，气、液两相充分接触进行传质和传热。在正常操作下，气相为连续相，液相为分散相，两相的组分浓度沿塔高呈连续变化，属微分接触逆流操作过程。塔内组分是连续变化还是阶梯式变化是两类塔的根本区别。

塔设备种类繁多，有各种内部构件，主要包括：

① 塔体。塔体是塔设备的外壳，常见的塔体由等直径、等壁厚的圆筒和作为顶盖、底盖的椭圆形封头所组成。当有特殊要求时，也可采用不等直径、不等壁厚的塔体。

② 接管。用以连接工艺管路，包括进料管、出料管、进气管、出气管、回流管、侧线抽出管和仪表接管等。

③ 除沫器。用于捕集夹带在气流中的液滴。

④ 人孔和手孔。用于塔设备内部构件的安装、检修和检查。

⑤ 裙座。塔体安放到地面基础上的连接部分，用以保证塔体坐落在确定的位置上。

⑥ 吊耳。用于塔设备的起吊，便于运输和安装。

⑦ 吊柱。在安装和检修时方便塔内件的运送。

4.1.2 塔设备设计的性能要求

工业上，塔设备是通过气液两相之间的传质过程实现均相混合物的分离。因此，在进行塔设备设计时应满足以下基本要求：

① 应使塔内气液两相分布均匀，充分接触以获得较高的传质效率。

② 生产能力大。单位体积设备的处理量大，即在较大的气液流速下，仍不致发生大量的雾沫夹带或液泛等破坏正常操作的现象。

③ 流体的流动阻力小。流体通过塔设备内部构件时的压力降小、动力消耗低。

④ 操作弹性大。当气液负荷量有较大的波动时，仍能在较高的传质效率下进行稳定操作。

⑤ 操作性能稳定。安全稳定的运行时间长。

⑥ 结构简单。制造和安装容易、检修方便，制造成本低。

⑦ 对物料的适应性强。能够适用于多种分离成分复杂的物料体系。

⑧ 耐腐蚀和不易堵塞，方便操作和调节。

4.1.3 板式塔与填料塔的比较及选型

4.1.3.1 板式塔与填料塔的比较

工业上，常从生产能力、分离效率、塔压降、操作弹性和结构、制造及造价等几个方面评价塔设备的性能。现将板式塔与填料塔的主要性能比较如下：

（1）生产能力　板式塔与填料塔的液体流动和传质机理不同。板式塔的传质是通过上升气体穿过板上的液层来实现，塔板的开孔面积一般占塔截面积的7%~10%；而填料塔的传质是通过上升（或下降）气体和靠重力沿填料表面下降的液流接触实现。填料塔内件的开孔率通常在50%以上，而填料层的空隙率则超过90%，一般液泛点较高，故单位塔截面积上填料塔的生产能力一般均高于板式塔。

（2）分离效率　工业上，常用填料塔的每米理论级为2~8级，而常用板式塔每米理论级最多不超过2级。因此，一般情况下填料塔具有较高的分离效率。研究表明，在减压、常压和低压（压力小于0.3MPa）操作下，填料塔的分离效率明显优于板式塔；在高压操作下，板式塔的分离效率略优于填料塔。

（3）塔压降　较低的塔压降不仅能降低操作费用，节约能耗，对于精馏过程，还可使塔釜温度降低，有利于热敏性物系的分离。一般情况下，填料塔空隙率高，故其压降远远小于板式塔，通常板式塔的压降高于填料塔 5 倍左右。板式塔的每个理论级压降为 $0.4\sim1.1\text{kPa}$，填料塔为 $0.01\sim0.27\text{kPa}$。

（4）操作弹性　一般来说，填料本身对气液负荷变化的适应性很强，故填料塔的操作弹性取决于塔内件的设计，特别是液体分布器的设计，因而可根据实际需要确定填料塔的操作弹性。而板式塔的操作弹性则受到塔板液泛、液沫夹带及降液管能力的限制，操作弹性较小。

（5）结构、制造及造价　一般来说，填料塔的结构较板式塔简单，故制造、维修也较为方便，但填料塔的造价通常高于板式塔。

（6）其他性能　较大的持液量可使塔的操作平稳，不易引起产品的迅速变化。填料塔的持液量小于板式塔，故板式塔较填料塔更易于操作。对于有侧向进料和出料的情况，板式塔很容易实现，而填料塔只能采用分层设置，故不太适合。对于比表面积较大的高性能填料，填料层容易堵塞，故填料塔不宜直接处理有悬浮物或容易聚合的物料。

4.1.3.2　塔设备的选型

塔设备主要用于工业上的蒸馏和吸收传质单元操作过程。在传统的设计中，板式塔多用于蒸馏过程，而填料塔多用于吸收过程。但随着塔设备设计水平的提高及新型塔构件的出现，上述传统已逐渐被打破。

对于一个具体的分离设计过程，应根据生产能力、分离效率、塔压降、操作弹性等要求并结合制造、维修、造价等因素综合考虑选择塔的类型。例如，对于热敏性物系的分离，要求塔压降尽可能低，选用填料塔较为适宜；对于侧向进料和出料的工艺过程，选用板式塔较为适宜；对于有悬浮物或容易聚合物系的分离，为防止堵塞，宜选用板式塔；对于液体喷淋密度极小的工艺过程，填料塔内的填料层得不到充分润湿，使分离效率明显下降，故选用板式塔；对于易发泡物系的分离，因填料层具有使泡沫破碎的作用，宜选用填料塔。

4.2　板式塔的设计

板式塔的类型较多，但其设计原则基本相同。板式塔的设计步骤如下：

① 根据待分离混合物的物性、流量、组成及分离等设计任务要求，以及操作温度、压力等工艺参数，确定适宜的工艺流程方案，并对选择依据进行论述。

② 塔板类型众多，适用于不同分离场合，根据设计任务和工艺参数确定塔板类型。

③ 根据待分离混合物的流量、状态、物性及工艺分离要求，完成塔高、塔径等工艺尺寸的计算。

④ 对塔板的溢流装置、位置、升气道（泡罩、筛孔或浮阀等）进行设计及排列。

⑤ 进行流体力学校核、验算。

⑥ 绘制塔板的负荷性能图。

⑦ 根据负荷性能图，对设计进行分析，如不理想，可重复上述设计步骤调整相应参数。

⑧ 辅助设备　包括再沸器、冷凝器、储罐及泵等的计算及类型的选择，以及接管尺寸的计算。

4.2.1 设计方案的确定

（1）工艺流程的确定　蒸馏是通过物料在塔内的多次部分汽化和多次部分冷凝来实现混合物分离的。按照操作方式的不同，分为连续蒸馏和间歇蒸馏两种流程。连续蒸馏具有生产能力大、产品质量稳定等优点，在工业生产中以连续蒸馏为主。间歇蒸馏具有操作灵活、适应性强等优点，适合于小规模、多品种或多组分物系的分离。

蒸馏工艺由多个设备构成，包括精馏塔、原料预热器、蒸馏釜（再沸器）、冷凝器、釜液冷却器、产品冷却器、回流罐和泵等设备。在操作过程中，为了合理利用塔设备热量和冷量，需要对塔设备进行换热网络综合设计。例如，用原料作为塔顶产品（或釜液产品）冷却器的冷却介质，既可将原料预热，又可节约冷却介质。另外，为了保持塔的操作稳定性，流程中常采用高位槽的设计代替泵直接将原料送入塔内，防止进料波动的影响。

总之，确定工艺流程时要较全面、合理地兼顾设备费用、操作费用、操作控制、安全因素及与上、下游装置衔接等因素。

（2）操作压力的选择　蒸馏操作可以在常压、加压或减压下进行，在生产运行时主要是根据处理物料性质、技术可行性和经济合理性来确定操作压力。常压蒸馏最为简单和经济，因此，除热敏性物系外，能通过常压蒸馏达到分离要求，且能用江河水或循环水将塔顶馏出物冷凝下来的物系，应尽可能采用常压蒸馏；若混合物料的沸点很高，且具有一定的热敏性，则应选择减压蒸馏；如果待分离混合物为气相，只有在较高压力下或采用深井水、冷冻盐水等作为冷却剂在很低温度下才能液化，则应选择加压蒸馏。例如，苯乙烯常压沸点为145.2℃，而将其加热到102℃以上就会发生聚合反应，故对其应采用减压蒸馏；丙烷的常压沸点为-42.1℃，如将脱丙烷塔增压至1765kPa时，其冷凝温度约为50℃，便可用江河水或循环水作为塔顶冷却剂，无需采用低温冷却剂，则可大幅降低操作费用。

（3）进料热状况的选择　蒸馏过程的进料包括过冷液体、饱和液体、饱和蒸汽、气液混合物和过热蒸汽等5种热状况，不同的进料热状况对各层塔板的气液相负荷、热流量、塔径和所需的塔板数都有一定的影响。在工业上通常采用接近泡点的液体进料或饱和液体（泡点）进料，如果来料为过冷液体，则可考虑加设原料预热器，用釜残液将原料液预热至泡点。若工艺要求减少塔釜的加热量，以避免塔釜温度过高导致料液产生聚合或结焦，应采用气态进料。

（4）加热方式的选择　蒸馏大多设置再沸器以间接水蒸气作为热源进行加热。如果再沸器热源要求温度过高，也可选导热油等其他加热剂。如果系统内某些工艺热物流的温度及热流量可以满足再沸器的需要，也可选作加热剂，回收系统的热量，实现过程能量集成，降低系统的能耗。但若釜液为水溶液，且该系统中水为难挥发组分时，可采用水蒸气直接加热。直接蒸汽加热不仅具有较高的传热效率，而且只需在塔釜内安装鼓泡管，减少设备投资，并且可以利用压力较低的蒸汽来进行加热，操作费用也可降低。但在塔顶轻组分回收率一定时，由于蒸汽冷凝水的稀释作用，使残液的轻组分浓度降低，应增加塔板数以达到生产要求。

（5）冷却方式的选择　塔顶冷凝装置根据需要可采用全凝器和分凝器两种不同的冷凝设置。工业上常采用全凝器，以便于准确控制回流比。如后续装置需要物料为气相，可采用分凝器对上升蒸气进行增浓。冷却剂一般为江河水、循环冷却水，随生产厂所在地全年气象条件以及凉水塔能力而定。在设计中通常按夏天出凉水塔的水温而定，使装置在最恶劣条件下也能正常运行。冷却水换热后温升一般在 5～10℃或稍高一些,但出口温度一般不超过 50℃。温度稍低情况下可采用深井水、冷冻盐水,甚至是氨、低碳烃等。

(6)回流比的选择 回流比是精馏操作的重要工艺条件,其选择的原则是使设备费用和操作费用之和最低,并应考虑到操作时的调节弹性。设计时,应根据实际需要选定回流比,也可参考同类生产的经验值选定。必要时可选用若干个回流比 R,利用吉利兰图求出对应的理论板数 N,做出 N-R 曲线,从中找出适宜操作回流比 R,也可以作出 R 对精馏操作费用的关系线,从中确定适宜回流比 R。

4.2.2 塔板的类型与选择

塔板是板式塔的主要构件,分为错流式塔板和逆流式塔板两类,工业上常以错流式塔板为主。错流式塔板型式多种多样,均有各自的特点及一定的应用场合,主要有筛孔塔板、浮阀塔板、泡罩塔板、舌形塔板、浮动舌形塔板、斜孔筛板、立体传质塔板等。

(1)泡罩塔板 泡罩塔板是工业上应用最早的塔板,主要由升气管和泡罩组成。在泡罩塔板上开有若干个孔,孔上焊有短管作为上升气体的通道,称为升气管。泡罩安装在升气管顶部,分为圆形和条形两种,国内应用较多的是圆形泡罩。泡罩分为 $\phi 80mm$、$\phi 100mm$ 和 $\phi 150mm$ 等 3 种尺寸,依据塔径的大小进行选择。通常情况下,塔径小于 1000mm 时选用 $\phi 80mm$ 的泡罩,塔径大于 2000mm 时选用 $\phi 150mm$ 的泡罩。泡罩上部周边开有许多齿缝,齿缝一般有矩形、三角形及梯形三种,常用的是矩形。泡罩在塔板上依等边三角形排列。

泡罩塔板的主要特点是:操作弹性大,液气比范围大,不易堵塞,适宜处理各种物料,操作稳定;结构复杂,造价高;板上持液量大,塔板压降大;生产能力及板效率较低。近年来,除了在分离黏度大、易结焦物系等的特殊场合采用泡罩塔板外,其逐渐被筛板、浮阀塔板等取代。

(2)筛孔塔板 筛孔塔板是在塔板上开有许多均匀的小孔,也简称筛板。根据开孔孔径的大小,分为小孔径筛板(孔径为 3～8mm)和大孔径筛板(孔径为 10～25mm)两类。工业上以使用小孔径筛板为主,只有分离黏度大、易结焦物系等的某些特殊场合才使用大孔径筛板。

筛板的主要特点是:结构简单,易于制造,造价低,约为泡罩塔的 60%,浮阀塔的 80%;生产能力大,比同直径泡罩塔增加 20%～40%;气体分散均匀,塔板效率高,比泡罩塔高 15%左右;板上液面落差小,气体压降低,比泡罩塔低 30%左右;易安装、清理和检修;筛孔易堵塞,不宜处理黏度大、易结焦的物料。

尽管筛板传质效率高,但设计和操作不当,易产生漏液,使得其在过去一段时间应用受到了限制。但随着设计和控制水平的不断提高,弥补了筛板的不足,成为了目前应用最为广泛的一种塔板。

(3)浮阀塔板 浮阀塔板是在泡罩塔板和筛孔塔板的基础上发展起来的,兼具了两种塔板的优点。在塔板上开有若干个阀孔,每个阀孔上装有一个可以上下浮动的阀片。气流在浮阀的作用下水平地与塔板液层接触,浮阀的开启程度可根据气流流量的大小而上下浮动自行调节。

浮阀塔板的主要特点是:结构简单,制造、安装方便,制造费用为泡罩塔的 60%～80%,为筛板塔的 120%～130%;生产能力大,一般比泡罩塔板大,但比筛板略小;由于阀片可随气量变化自由调节,故操作弹性大;气体为水平方向吹出,气液接触时间长,雾沫夹带量小,故塔板效率高,一般比泡罩塔高15%左右;塔板压降适中,一般比泡罩塔板小,但比筛板大;在处理高黏度、易结焦物料时,阀片易与塔板黏结;由于塔板需经常浮动,在操作过程中有时会出现阀片脱落或卡死的现象,降低塔板效率和操作弹性。

浮阀的类型很多,国内最常用的为F1型、V-4型和T型等。近年来,为了加强流体的导向作用和气体的分散作用,使气液两相流动更趋合理,进一步提高操作弹性和塔板效率,又开发出了船形浮阀、管形浮阀、梯形浮阀、双层浮阀、V-V浮阀、混合浮阀等。但是,在工业生产中,多采用F1型浮阀,已有系列化标准(NB/T 10557—2021),其参数见表4-1。

表4-1 F1型浮阀基本参数明细表

序号	型式代号	阀片厚度/mm	阀重/g	适用于塔板厚度 S/mm	H/mm	L/mm
1	F1Q-4A	1.5	24.9			
2	F1Z-4A	2.0	33.1	4	12.5	16.5
3	F1Q-4B	1.5	24.6			
4	F1Z-4B	2.0	32.7			
5	F1Q-3A	1.5	24.7			
6	F1Z-3A	2.0	32.8			
7	F1Q-3B	1.5	24.3			
8	F1Z-3B	2.0	32.4	3	11.5	15.5
9	F1Q-3C	1.5	24.8			
10	F1Z-3C	2.0	33.0			
11	F1Q-2B	1.5	24.6			
12	F1Z-2B	2.0	32.7			
13	F1Q-2C	1.5	24.7			
14	F1Z-2C	2.0	32.9	2	10.5	14.5

F1型浮阀分轻阀(代表符号Q)和重阀(代表符号Z)两种。轻阀采用厚度为1.5mm的薄板冲压制成,重约25g;重阀采用厚度为2mm薄板冲压制成,重约33g。浮阀的最小开度为2.5mm,最大开度为8.5mm。塔板的厚度S=2、3、4mm。

(4)舌形塔板 在舌形塔板上冲出许多舌形孔,舌片与板面成一定角度,向塔板的溢流出口侧张开。舌片与板面形成18°、20°、25°三种角度,通常采用20°。舌片尺寸有50mm×50mm和25mm×25mm两种。舌孔按正三角形排列,塔板上的液流出口侧不设溢流堰,只保留降液管,降液管截面积要比一般塔板设计得大些。

舌形塔板的主要特点是:上升气流穿过舌孔后以较高的速度(20~30m·s^{-1})沿舌片的张角向斜上方喷出,生产能力大;气流与液体能够充分接触,传质效率高;液层较薄,塔板压降低;强烈气流将部分液滴斜向喷射到液层上方,喷射的液流冲至降液管上方的塔壁后流入降液管中,进入下一层塔板,使得塔板效率低;防止漏液现象的发生,需要较高的气速,操作弹性较小。

(5)浮动舌形塔板 浮动舌形塔板是在浮阀塔板和固定舌形塔板的基础上发展出来的,

即将固定舌形板的舌片改成浮动舌片,兼具了两种塔板的优点。舌片可随气流量变化而浮动,其生产理能力大、压降小,且操作弹性远比舌形塔板大,特别适用于热敏物系的减压分离过程。

(6)斜孔塔板 斜孔塔板属于气液并流喷射型塔板,在板上开有斜孔,并与板面成一定角度。斜孔的开口方向与液流方向垂直,同一排孔的开口方向一致,相邻两排开孔方向相反,使相邻两排孔的气体反向喷出。这样,气流不会对喷,既可得到水平方向较大的气速,又阻止了液沫夹带,使板面液层低而均匀,气体和液体不断分散和聚集,其表面不断更新,气液接触良好,传质效率提高。

斜孔塔板的生产能力比浮阀塔板大30%左右,效率与之相当,且结构简单,制造方便。

(7)立体传质塔板 立体传质塔板作为一种新型塔板,在塔板上开有圆孔、方孔和矩形孔等,孔上设置有圆形、方形和矩形等帽罩,并设有降液管。垂直筛板是一种立体传质塔板,是由直径为100~200mm的大筛孔和侧壁开孔的圆形泡罩组成。垂直筛板要求有一定的液层高度,以维持泡罩底部的液封,因此需设置溢流堰。垂直筛板集中了泡罩塔板、筛孔塔板和喷射性塔板的特点,具有液沫夹带量小、生产能力大、传质效率高等优点,其性能优于斜孔塔板。

塔板类型多样,均有自身特点,适用于不同场合。因此,在进行蒸馏塔的设计过程中,应结合分离物系的性质、工艺要求等情况,重点分析几项主要指标,选取一种相对适宜的塔型。表4-2列出了不同塔板的性能供板式塔选型时参考。

表4-2 塔板的性能参考

序号	内容	泡罩塔板	条形泡罩塔板	S形泡罩塔板	溢流式筛板	导向筛板	圆形浮阀塔板	条形浮阀塔板	栅板	穿流式筛板	穿流式筛板塔板	波纹筛板	异孔径筛板	条孔网状塔板	舌形塔板	文丘里式塔板
1	高气、液相流量	D	E	C	B	B	B	B	B	B	B	B	B	B	B	A
2	低气、液相流量	C	C	C	D	C	A	A	D	C	D	C	C	B	C	E
3	操作弹性大	B	E	B	C	A	B	A	E	E	E	D	C	B	C	C
4	压力降小	F	F	F	C	D	C	D	B	B	B	C	C	B	D	B
5	雾沫夹带量小	E	C	C	C	C	C	C	B	C	B	C	B	B	B	A
6	板上持液量小	F	F	F	C	B	C	C	B	C	B	C	D	B	A	A
7	板间距小	C	D	C	B	B	C	C	B	B	B	B	B	A	B	B
8	效率高	B	C	B	B	A	A	B	B	B	C	B	B	B	C	B
9	单位体积生产能力大	D	E	B	B	B	B	B	B	B	B	B	B	B	B	A
10	气、液相流量可变性	C	D	C	B	A	E	E	E	B	F	D	C	C	C	C
11	价格低廉	D	E	C	B	B	B	C	C	A	C	B	B	C	B	B
12	金属消耗量少	D	D	C	B	C	E	A	A	D	B	A	B	A	A	A
13	易于装卸	E	E	C	B	B	B	C	B	A	B	B	B	B	B	B
14	易于检查、清洗和维修	D	E	C	C	D	B	C	A	B	B	B	B	B	C	C

续表

序号	内容	泡罩塔板	条形泡罩塔板	S形泡罩塔板	溢流式筛板	导向筛板	圆形浮阀塔板	条形浮阀塔板	栅板	穿流式筛板	穿流式塔板	波纹筛板	异孔径筛板	条孔网状塔板	舌形塔板	文丘里式塔板
15	固体沉积用液体清洗	E	F	F	E	F	E	B	B	C	A	B	B	B	D	D
16	开停工方便	B	B	B	D	C	B	D	D	D	C	C	C	C	C	C
17	加热和冷却的可能性	E	E	E	F	D	C	C	C	C	A	C	D	D	F	F
18	用于腐蚀介质的可能性	E	E	E	D	C	D	D	B	B	B	C	D	C	C	D	D

注：A—最好，B—很好，C—较好，D—合适，E—尚可，F—不合适。

4.2.3 塔体工艺尺寸的计算

板式塔的塔体工艺尺寸包括塔的有效高度和塔径。

4.2.3.1 塔的有效高度计算

板式塔的有效高度是指安装塔板部分的高度，可按下式计算：

$$Z = \left(\frac{N_T - 1}{E_T}\right) H_T \tag{4-1}$$

式中 Z——塔的有效高度，m；
N_T——塔内所需的理论板层数；
E_T——全塔效率；
H_T——塔板间距，m。

(1) 理论板层数 N_T 的计算 对给定的设计任务，当分离要求和操作条件确定后，所需理论板层数可由图解法或逐板计算法求得，有关内容可参考《化工原理》教材中的蒸馏一章内容。具体计算方法选用的基本原则为：

① 若物系符合恒摩尔流假定，操作线为直线，相平衡关系符合或接近理想物系，可用图解法或逐板计算法求取理论板数及理论加料板位置。如用图解法，为了得到较准确的结果，应采取适当比例的图。当分离要求较高时，应将平衡线的两端局部放大，以减少作图误差。

② 当分离物系的相对挥发度较小或分离要求较高时，操作线和平衡线比较接近，所需的理论板数多。因此用图解法不易得到准确的结果，应采用逐板计算法进行计算，并注意相平衡数据的准确表达及精度。

③ 当分离物系与理想物系偏离较远，难以用相平衡方程和操作线方程表达平衡关系和操作关系时，则最好采用图解法。

近年来，随着计算机模拟技术的发展，可利用常用的 Aspen Plus、PRO II 等模拟软件进行计算，获得所需的理论板层数、进料板位置、各层理论板的气液相负荷、气液相密度、气液相黏度、各层理论板的温度与压力等数据，计算快捷方便。

(2) 塔板间距 H_T 的确定 塔板间距 H_T 的选取与塔高、塔径、物系性质、分离效率、操作弹性以及塔的安装、检修等因素有关。例如，较大的板间距可允许气流速度较高，塔径可小些。反之，所需的塔径就要增大；较大的板间距对提高操作弹性有利，安装检修方便，但会增加塔的造价。通常，根据塔径的大小，可参考表4-3的数据初选板间距。

表 4-3 塔板间距与塔径的关系

塔径 D/m	0.3～0.5	0.5～0.8	0.8～1.6	1.6～2.0	2.0～2.4	>2.4
板间距 H_T/mm	200～300	300～350	350～450	450～600	500～800	≥800

选取塔板间距，还要考虑实际情况。例如，塔板层数很多时，宜选用较小的板间距以降低塔的高度；塔内各段负荷差别较大时，也可采用不同的板间距以保持塔径的一致；对于易发泡的物系，为防止气沫夹带，应取较大的板间距保证塔的分离效率；对于生产负荷波动较大的场合，需增加板间距提高操作弹性。设计时选定板间距，对其他参数都选定后进行流体力学验算，若塔板性能不佳，应对塔板结构参数（包括板间距在内）进行适当调整。

塔板间距的数值应按照系列标准确定。常用的有 300mm、350mm、400mm、450mm、500mm、600mm、800mm 等几种系列标准。但在板间距确定时还要考虑安装、检修等因素，如在人孔处的板间距应适当增加，一般不低于 600mm。

4.2.3.2 塔径的计算

（1）塔径初步计算 板式塔的塔径可依据空塔气速和流量公式计算：

$$D = \sqrt{\frac{4V_s}{\pi u}} \qquad (4-2)$$

式中　D ——塔径，m；
　　　V_s ——塔内气体流量，$m^3 \cdot s^{-1}$；
　　　u ——空塔气速，$m \cdot s^{-1}$。

设计中空塔气速 u 是由最大空塔气速 u_{max} 决定的，一般根据设计经验乘以一定的安全系数，即：

$$u = (0.6 \sim 0.8)u_{max} \qquad (4-3)$$

安全系数的选取与分离物系的发泡程度有关。对于不易发泡物系，可取较高的安全系数，反之，易发泡物系取较低的安全系数。

最大空塔气速 u_{max} 可根据悬浮液滴沉降原理导出：

$$u_{max} = C\sqrt{\frac{\rho_L - \rho_V}{\rho_V}} \qquad (4-4)$$

式中　u_{max} ——允许空塔气速，$m \cdot s^{-1}$；
　　　ρ_V ——气相的密度，$kg \cdot m^{-3}$；
　　　ρ_L ——液相的密度，$kg \cdot m^{-3}$；
　　　C ——气体负荷系数，$m \cdot s^{-1}$。

气体负荷系数 C 值与气液负荷、物性及塔板结构有关，一般由实验确定。史密斯等人将筛板塔、浮阀塔和泡罩塔的数据整理成了气体负荷系数与影响因素的关系趋向，如图 4-3 所示。

图中横坐标 $(L_h/V_h)(\rho_L/\rho_V)^{1/2}$ 为无因次量，称为气液动能参数，反映了气液两相的负荷与密度对负荷系数的影响。图纵坐标 C_{20} 为液体表面张力为 $0.02N \cdot m^{-1}$ 时的气体负荷系数；参数 $H_T - h_L$ 反应液滴沉降空间高度对气体负荷系数的影响。

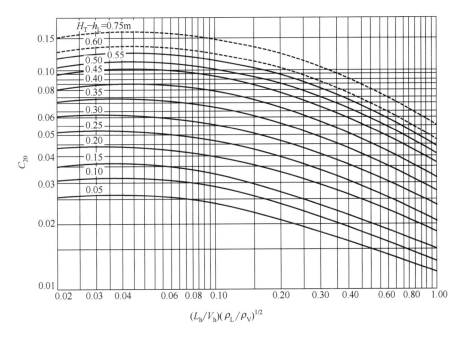

图 4-3 史密斯关联图

当处理的物系表面张力非 $0.02\text{N}\cdot\text{m}^{-1}$ 时,气体负荷系数 C 可用下式求得:

$$C = C_{20}\left(\frac{\sigma}{0.02}\right)^{0.2} \tag{4-5}$$

式中 σ——操作物系的液体表面张力,$\text{N}\cdot\text{m}^{-1}$。

板上液层高度 h_L 由设计者选定。常压塔一般为 $0.05\sim0.08\text{m}$;减压塔一般为 $0.025\sim0.03\text{m}$。

(2)塔径的圆整　初步计算出塔径后,还应按塔径系列标准将其圆整到标准值以利于制造。塔径在 1000mm 以下,按 100mm 增值变化,即 400mm、500mm、600mm、700mm、800mm、900mm;塔径在 1000mm 以上,按 200mm 增值变化,即 1000mm、1200mm、1400mm、1600mm 等。

以上计算的塔径只是初估值,还要通过流体力学进行验算。另外,对于精馏过程,由于精馏段与提馏段的气液负荷及物性是不同的,故应分别计算出两段的塔径。若二者相差不大时,为制造方便,可取较大者作为塔径;若二者相差较大,则应采用变径塔。

4.2.4 塔板工艺尺寸的计算

4.2.4.1 溢流装置的设计

(1)溢流方式　溢流的目的是保证液相横向流过塔板时,不致产生较大的液面落差,以避免产生倾向性漏液及气相的不均匀分布所引起的板效率下降。溢流方式与降液管的布置有关,常见的有单溢流、双溢流、阶梯双溢流及 U 形流等,如图 4-4 所示。

单溢流又称直径流,液体自受液盘横向流过塔板至溢流堰,是最简单、最常用的一种溢流方式。此种溢流方式的塔板结构简单,液体流程较长,塔板效率较高,在直径小于 2200mm 的塔中被广泛采用。但若塔径和液流量都较大时,单溢流会产生过大的液面落差,气流分布不均，使塔板效率降低。

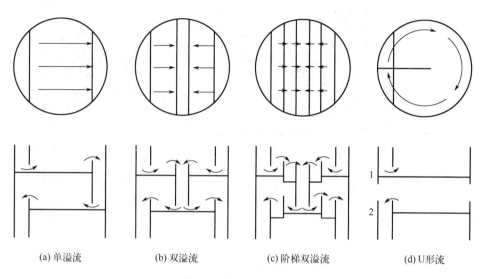

(a) 单溢流　　(b) 双溢流　　(c) 阶梯双溢流　　(d) U形流

图 4-4　塔板溢流方式

双溢流又称半径流，降液管交替设在塔截面的中部和两侧，来自上层塔板的液体分别从两侧的降液管进入塔板，把溢流液分成两部分，横过半块塔板而进入中部降液管，液体到下层塔板后由中央向两侧流动。此种溢流方式使液体在塔板上的流程减半，液面落差小。但塔板结构复杂，板面利用率低，造价要比单溢流高出 10%～15%。这种溢流方式一般用于直径大于 2000mm 的塔中。

阶梯双溢流是在双溢流的基础上，将塔板做成阶梯形式，每一梯均有溢流。此种溢流方式可在不缩短液体流程的情况下减小液面落差。但这种塔板结构最为复杂，只适用于塔径及液流量都特别大的场合。

U 形流又称回转流，是用挡板将弓形降液管分成两半，一半作受液盘，另一半作降液管，降液和受液都置于塔盘的同一侧，塔盘中部设置比液层高的挡板，迫使液流在塔盘上沿一个 U 形的行程流动。此种溢流方式液体流程长，塔板效率较高，但液面落差大，只适用于塔径及液流量较小的场合。

溢流方式与液体负荷和塔径有关，设计时可参考溢流方式与液体负荷及塔径的经验关系，见表 4-4。

表 4-4　溢流方式与液体负荷及塔径的经验关系

塔径 D/m	液体流量 L_s/m³·h⁻¹			
	单溢流	双溢流	阶梯式双溢流	U 形流
600	5～25	—	—	<5
900	7～50	—	—	<7
1000	<45	—	—	<7
1400	<70	—	—	<9

续表

塔径 D/m	液体流量 L_s/m³·h⁻¹			
	单溢流	双溢流	阶梯式双溢流	U形流
2000	<90	90~160	—	<11
3000	<110	110~200	200~300	<11
4000	<110	110~230	230~350	<11
5000	<110	110~250	250~400	<11
6000	<110	110~250	250~450	<11

溢流装置是由降液管、溢流堰和受液盘等几部分组成，其结构和尺寸对塔的性能有着重要影响。

（2）降液管　降液管是塔板间流体流动的通道，也是使溢流液中所夹带的气体得以分离的场所。降液管可分为圆形降液管和弓形降液管两种，见图4-5。当液体负荷很小、塔径较小时可采用一根或数根圆形降液管，一般情况下多采用弓形降液管。

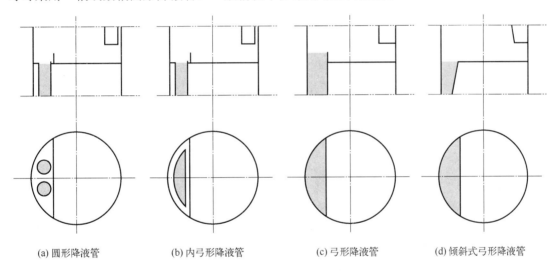

(a) 圆形降液管　　(b) 内弓形降液管　　(c) 弓形降液管　　(d) 倾斜式弓形降液管

图 4-5　降液管的类型

（3）溢流堰　溢流堰设置在塔板的液体出口处，其作用是维持板上有一定高度的液层并使液体在板上均匀流动。其降液管的上端高出塔板板面，高出的距离称为堰高 h_w，弓形溢流管的弦长称为堰长 l_w。溢流堰的形式有平直形和齿形两种，一般工业上使用较多的是平直形。在设计中，为使液流分布均匀，堰上清液层高度 h_{ow} 应大于 6mm，若堰上清液层高度 h_{ow} 小于 6mm，可改用齿形堰。有时也将溢流堰做成活动式的，可以调节塔板上液层高度。

（4）受液盘　受液盘接受降液管流下的液体，有平型和凹型两种型式，如图 4-6 所示。对于较小塔径以及处理易聚合物系时，要求塔板上没有死角存在，此时采用平型受液盘为宜；塔径较大时常采用凹型受液盘，并与倾斜式降液管联合使用。凹型受液盘所增加的费用不高，效果却很明显。因此，对于直径大于 800mm 的塔板，推荐使用凹型受液盘。

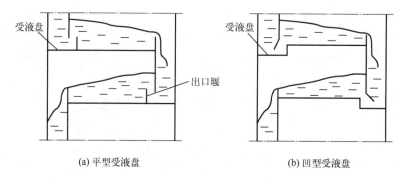

(a) 平型受液盘 (b) 凹型受液盘

图 4-6 受液盘示意图

（5）溢流堰装置的设计计算　溢流堰装置的设计包括堰长 l_w、堰高 h_w、弓形降液管的宽度 W_d、截面积 A_f、降液管底隙高度 h_o、进口堰的高度 h'_w 与降液管的水平距离 h_1 等。如图 4-7 所示。

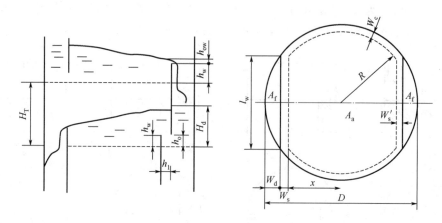

图 4-7 塔板的结构参数

① 溢流堰。堰长即弓形降液管的弦长，以 l_w 表示。其值根据经验一般由塔内径 D 确定，对于常用的弓形降液管：

单溢流：　　　　　　　　　$l_w=（0.6～0.8）D$
双溢流：　　　　　　　　　$l_w=（0.5～0.6）D$

堰高是指降液管上端超出塔板板面的高度，以 h_w 表示。需根据工艺条件与操作要求确定，一般由板上液层高度和堰上液层高度决定，关系如下：

$$h_w=h_L-h_{ow} \tag{4-6}$$

式中　h_L——板上清液层高度，m；
　　　h_{ow}——堰上液层高度，m。

在设计中，一般保持板上清液层高度 h_L 在 50～100mm 之间。堰上液层高度影响液体在堰上的分布，进而影响传质效果，设计时 h_{ow} 一般大于 6mm，若小于此值须采用齿形堰；若 h_{ow} 太大，会增大塔板压降及液沫夹带量。一般设计时 h_{ow} 不宜大于 70mm，超过此值时可采用双溢流方式。

对于平直堰，堰上液层高度 h_{ow} 可用弗朗西斯（Francis）经验公式计算：

$$h_{ow} = \frac{2.84}{1000} E \left(\frac{L_h}{l_w}\right)^{2/3} \quad (4\text{-}7)$$

式中 L_h——塔内液体流量，m³·h⁻¹；

E——液流收缩系数，m。

液流收缩系数 E 可由图 4-8 中查取。但在一般情况下可取 $E=1$，所引起的误差能够满足工程设计要求。当 $E=1$ 时，由公式（4-7）可以看出，h_{ow} 仅与 L_h 和 l_w 有关，可由图 4-9 所示的列线图求出 h_{ow}。求出 h_{ow} 后，可由下式确定 h_w。

$$(0.05-h_{ow}) \leqslant h_w \leqslant (0.1-h_{ow}) \quad (4\text{-}8)$$

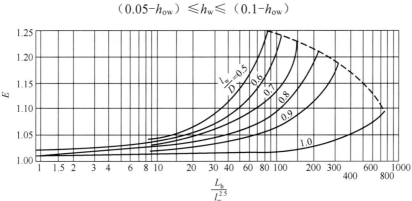

图 4-8 液流收缩系数计算图

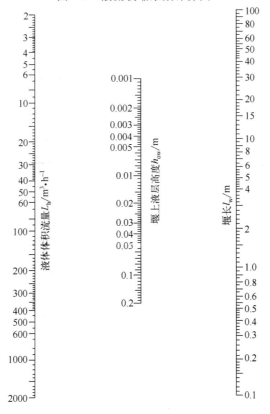

图 4-9 求 h_{ow} 列线图

在工业生产中，一般堰高 h_w 为 0.04～0.05m；对于减压塔，要求压力降小，堰高 h_w 为 0.015～0.025m，加压塔堰高 h_w 为 0.04～0.08m，不宜超过 0.1m。若液流量很大，h_{ow} 本身已经完全足够起到维持液层高度和液封的作用，可以不设堰。

对于齿形堰，其齿深 h_n 一般在 15mm 以下。堰上液流高度 h_{ow}（由齿底算起）可按以下方法计算。

当溢流层不超过齿顶时，如图 4-10（a）所示，用下式计算：

$$h_{ow} = 1.17E\left(\frac{Lh_n}{l_w}\right)^{2/5} \tag{4-9}$$

当溢流层超过齿顶时，如图 4-10（b）所示。可利用图 4-11 求取，也可用下式采用试差法计算：

$$L = 0.735\frac{l_w}{h_n}\left[h_{ow}^{2.5} - (h_{ow} - h_n)^{2.5}\right] \tag{4-10}$$

式中　h_{ow}——堰上液层高度，m；

L——塔内液体流量，$m^3 \cdot h^{-1}$；

h_n——齿深，m；

l_w——堰长，m。

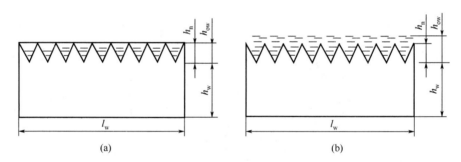

图 4-10　齿形堰 h_{ow} 示意图

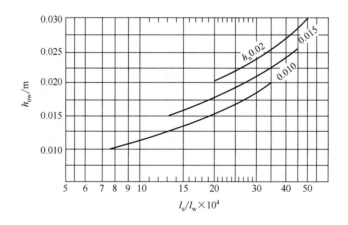

图 4-11　溢流层超过齿时的 h_{ow}

对于没有设溢流堰的圆形溢流管，当 $h_{ow} < 0.2d$ 时，h_{ow} 可按下式计算：

$$h_{ow} = 0.14\left(\frac{L}{d}\right)^{0.704} \tag{4-11}$$

当 $0.2d < h_{ow} < 1.5d$ 时（此条件下易液泛，应尽量避免），h_{ow} 可按下式计算：

$$h_{ow} = 0.000265\left(\frac{L}{d}\right)^2 \tag{4-12}$$

式中 h_{ow}——堰上液层高度，m；
L——塔内液体流量，$m^3 \cdot h^{-1}$；
d——溢流管的直径，m。

考虑到液封的要求，由式（4-11）和式（4-12）计算的 h_{ow} 还应满足 $d \geq 6h_{ow}$。

② 降液管。工业中以弓形降液管为主，故此处仅讨论弓形降液管的设计。

弓形降液管的宽度以 W_d 表示，截面积以 A_f 表示，设计中可根据堰长与塔径之比 l_w/D 由图 4-12 查得。

降液管的目的之一是使液体中夹带的气体得以分离，因此，液体在降液管内要有足够的停留时间。一般情况下，停留时间不小于 3～5s，对于高压操作及处理易气泡物系时，停留时间应更长些。具体应由下式进行验算。

$$\theta = \frac{3600A_f H_T}{L_h} \geq 5s \tag{4-13}$$

如不能满足上式要求，应调整降液管的尺寸直至满足。

降液管底隙高度是指降液管底端与塔板的距离，以 h_o 表示。为了保证液体夹带的悬浮固体在通过底隙时不致沉降下来而堵塞通道，同时又要有良好的液封，防止气体通过降液管造成短路，所以降液管与下层塔板间必须保持一定的高度，h_o 可用下式计算：

$$h_o = \frac{L_h}{3600l_w u_0'} \tag{4-14}$$

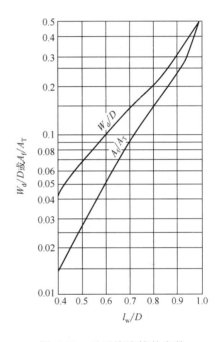

图 4-12 弓形降液管的参数

式中 L_h——塔内液体流量，$m^3 \cdot h^{-1}$；
u_0'——液体通过降液管底隙的流速，$m \cdot s^{-1}$，一般为 0.07～0.25 $m \cdot s^{-1}$。

降液管底隙高度 h_o 一般应低于出口堰高度 h_w，才能保证降液管底端有良好的液封，即：

$$h_o = h_w - 0.006 \tag{4-15}$$

降液管底隙高度 h_o 一般不宜小于 20～25mm，否则易于堵塞，或因安装偏差而使液流不畅，造成液泛。在设计中，对于大塔径 h_o 一般不小于 40mm，最大可达 150mm。同时，液体通过降液管下端出口处的速度不超过 0.3 $m \cdot s^{-1}$，以免液体流过时压降太大。

③ 受液盘。受液盘有平型和凹型两种形式。平型受液盘一般需在塔板上设置进口堰（又称内堰），以保证降液管液封，并使液体在板上分布均匀，减少由于液体冲出而影响板入口处

的操作。进口堰高度 h'_w 可根据以下原则进行设置：当出口堰高度 h_w 大于降液管底隙高度 h_o 时，取 $h'_w = h_w$；若 $h_w < h_o$ 时，则应取 $h'_w > h_o$，以保证液体由降液管流出时不会受到较大阻力。进口堰与降液管间的水平距离 h_1 不应小于 h_o。

受液盘设置进口堰既占用板面，又易使沉淀物淤积此处造成阻塞。但采用凹型受液盘不需设置进口堰。凹型受液盘既可在低液量时形成良好的液封，且有改变液体流向的缓冲作用，并便于液体从侧线抽出。在工业设计中，对于直径 600mm 以上的塔，一般多采用凹型受液盘。凹型受液盘的深度一般在 50mm 以上，有侧线采出时要深些，但不能超过板间距的三分之一。凹型受液盘不适于处理易聚合及有悬浮固体的物料，因为易造成死角而堵塞。

4.2.4.2 塔板设计

塔板具有不同类型，虽然设计原则基本相同，但又有各自不同特点，现对筛板和浮阀塔板的设计方法进行讨论。

（1）塔板布置　塔板板面根据所起作用不同分为开孔区、溢流区、安定区和无效区 4 个区域，如图 4-7 所示。

① 开孔区。图 4-7 中板面上虚线以内的开孔区域为气液接触传质的有效区域，亦称鼓泡区。开孔区面积为 A_a，对于单溢流塔板，A_a 可用下式计算：

$$A_a = 2\left(x\sqrt{R^2 - x^2} + \frac{\pi R^2}{180}\arcsin\frac{x}{R} \right) \quad (4\text{-}16)$$

式中　$x = \dfrac{D}{2} - (W_d + W_s)$，m；

$R = \dfrac{D}{2} - W_c$，m；

$\arcsin\dfrac{x}{R}$ ——以角度表示的反正弦函数。

② 溢流区。溢流区为降液管及受液盘所占的区域，其中降液管所占面积为 A_f，受液盘所占面积 A'_f，一般情况下，二者相等。

③ 安定区。在板上的传质区域与堰之间需要有一个不开孔的区域即为安定区，亦称为破沫区。溢流堰前设置入口安定区，其宽度以 W_s（常取 70~100mm）表示，避免大量泡沫进入降液管；溢流堰与开孔区之间设出口安定区，其宽度以 W'_s（常取 50~100mm）表示，可使降液管底部流出的清液能均匀地分布在整个塔板上，避免液体泄漏。对于小直径塔，因塔板面积较小，应适当减小安定区。

④ 无效区。靠近塔壁部分需留出一圈边缘区域供支持塔板边梁之用，这部分区域称无效区，也称为边缘区。其宽度 W_c 视塔板的支撑需要而定。筛板塔一般取 50~60mm；浮阀分块式塔板一般取 70~90mm，整块式取 55mm。为防止液体流经无效区而产生"短路"现象，可在塔板上沿壁设置挡板，挡板高度可取清液层高度的 2 倍。

应当指出，为了便于设计及加工，塔板的结构参数已逐渐系列化。设计时应参考塔板结构参数的系列化标准。

（2）筛板塔筛孔的计算及其排列

① 筛孔直径 d_o。筛孔直径 d_o 的大小与塔的操作性能、物系性质、塔板厚度、加工要求等因素有关，筛孔直径是影响气相分散和气液接触的重要工艺尺寸。一般根据经验，表面张力为正系统的物系，筛孔直径 d_o 可采用 3~8mm，推荐孔径为 4~5mm；表面张力为负系统

或获易堵塞的物系，筛孔直径 d_o 可采用 10～25mm。对于碳钢塔板，筛孔直径 d_o 应不小于筛板厚度 δ；对于不锈钢塔板，筛孔直径 d_o 应不小于 (1.5～2)δ。随着设计水平的提高和操作经验的积累，只要设计合理，常采用大孔径筛板塔，因为大孔径筛板有加工制造方便、不易堵塞等优点，但大孔径筛板的操作弹性会小一些。

② 筛板厚度 δ。筛孔的加工一般采用冲压法，因此筛板厚度决定筛孔加工的可能性。一般碳钢塔板 δ 取 3～4mm，不锈钢板 δ 取 2～2.5mm。

③ 孔中心距 t。相邻两筛孔中心的距离称为孔中心距，以 t 表示。在设计中，一般 t/d_o 取值为 2.5～5，t/d_o 过小易使气流相互干扰，过大则鼓泡不均匀，都会影响传质效率，推荐值为 3～4。

图 4-13 筛孔的正三角形排列

④ 筛孔的排列。设计时，塔板上的筛孔一般按正三角形排列，如图 4-13 所示。

⑤ 开孔率 φ。筛板上筛孔总面积 A_0 与开孔区面积 A_a 的比值称为开孔率 φ。当筛孔按正三角形排列时，开孔率和孔中心距有如下关系：

$$\varphi = \frac{A_0}{A_a} = 0.907\left(\frac{d_o}{t}\right)^2 \tag{4-17}$$

式中　φ——开孔率，无因次；
　　　A_0——筛孔总面积，m²；
　　　A_a——开孔区面积，m²；
　　　t——孔中心距，mm；
　　　d_o——筛孔直径，mm。

⑥ 筛孔数 n。当筛孔按正三角形排列时，筛孔数 n 可由下式计算：

$$n = \frac{1.155 A_a}{t^2} \tag{4-18}$$

应当指出，按上述方法求出筛孔直径 d_o、筛孔数 n 后，还需要通过流体力学验算其是否合理，若不合理需调整。

(3) 浮阀塔的阀孔数及其排列

① 阀孔直径 d_o。阀孔直径由所选浮阀的型号所决定。应用最广泛的是 F1 型重阀，阀孔直径 d_o=39mm。

② 阀孔数 n。阀孔数 n 取决于操作时的阀孔气速 u_0，而 u_0 由气相动能因数 F_0 决定。

$$u_0 = \frac{F_0}{\sqrt{\rho_V}} \tag{4-19}$$

式中　u_0——阀孔气速，m·s⁻¹；
　　　ρ_V——气相密度，kg·m⁻³；
　　　F_0——气相动能因数，其值在 9～12 之间，一般 F_0 取 8～10。

阀孔数 n 由下式计算：

$$n = \frac{V_s}{\frac{\pi}{4} d_o^2 u_o} \quad (4\text{-}20)$$

式中 n——阀孔数；

V_s——气相流量，$m^3 \cdot s^{-1}$；

u_0——阀孔气速，$m \cdot s^{-1}$；

d_o——阀孔直径，m。

应当指出，当塔中各板或各段气相流量不同时，设计时往往改变各板或各段的阀孔数。

③ 阀孔的排列。阀孔一般按正三角形和等腰三角形两种排列，如图 4-14 所示。若按孔中心线与液流方向的关系又有顺排和叉排两种方式。由于采用叉排，相邻阀孔中吹出的气流搅动液层的作用较顺排显著，相邻两阀容易被吹开，液面梯度小，鼓泡均匀，所以通常采用正三角形叉排或等腰三角形叉排。

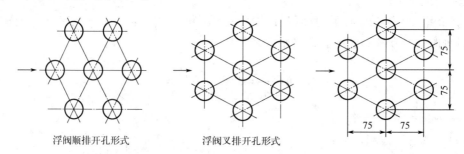

图 4-14 浮阀塔盘开孔形式

在整块式塔板中，浮阀常以正三角形排列，其孔中心距 t 一般有 75mm、100mm、125mm、150mm 等几种；在分块式塔板中，为便于塔板分块也可按等腰三角形排列（见图 4-14）。三角形的底边长 t' 固定为 75mm，三角形高度 h 有 65mm、70mm、80mm、90mm、100mm、110mm 几种，必要时还可以调整。

按正三角形排列时，孔中心距由下式计算：

$$t = d_o \sqrt{\frac{0.907 A_a}{A_0}} \quad (4\text{-}21)$$

按等腰三角形叉排布置时，等腰三角形底边一般固定为 75mm，等腰三角形的高 h 可按下式计算：

$$h = \frac{A_a / n}{t'} = \frac{A_a}{0.075 n} \quad (4\text{-}22)$$

式中 t——正三角形的孔中心距，m；

d_o——阀孔孔径，m；

A_0——阀孔总面积，m^2；

A_a——开孔区面积，m^2；

h——等腰三角形的高，m；

t'——等腰三角形的底边长，m。

④ 开孔率 φ。浮阀塔板的开孔率是指阀孔总面积 A_0 与塔的截面积 A_a 之比。在目前工业

生产中，对于常压或减压操作的浮阀塔，开孔率应在 10%～14%范围中；对于加压操作的浮阀塔，开孔率应小于 10%，通常为 6%～9%。

4.2.5 塔板的流体力学验算

塔板的流体力学计算和校核，目的在于校验各项工艺尺寸已经确定了的塔板，在设计任务规定的气、液负荷下能否正常操作，以便决定是否需要对有关的工艺尺寸进行相应的调整。验算内容包括塔板压力降、液面落差、液沫夹带、漏液即液泛等。

4.2.5.1 塔板压降 Δp_p

气体通过塔板时，需克服塔板本身的干板阻力、板上气液层阻力及液体表面张力的阻力，这些形成了塔板压降 Δp_p。其数值可由下式计算：

$$\Delta p_p = h_p \rho_L g \tag{4-23}$$

式中 Δp_p——塔板压强降，kPa；
ρ_L——液相密度，kg·m^{-3}；
h_p——与气体通过塔板的压强降相当的液柱高度，m。

h_p 可由下式计算：

$$h_p = h_c + h_l + h_\sigma \tag{4-24}$$

式中 h_c——与气体通过塔板的干板压降相当的液柱高度，m；
h_l——与气体通过板上液层的压降相当的液柱高度，m；
h_σ——与克服液体表面张力的压降相当的液柱高度，m。

（1）干板阻力 h_c 可按以下经验公式估算，即：

$$h_c = 0.051 \left(\frac{u_0}{C_0}\right)^2 \frac{\rho_V}{\rho_L} \left[1 - \left(\frac{A_0}{A_a}\right)^2\right] \tag{4-25}$$

式中 u_0——气体通过筛孔的速度，m·s^{-1}；
C_0——流量系数；
ρ_L——液相密度，kg·m^{-3}；
ρ_V——气相密度，kg·m^{-3}。

对于筛板塔，其开孔率 $\varphi \leqslant 15\%$，故上式可简化为：

$$h_c = 0.051 \left(\frac{u_0}{C_0}\right)^2 \frac{\rho_V}{\rho_L} \tag{4-26}$$

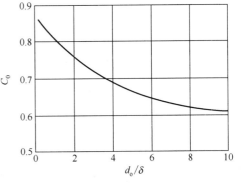

图 4-15 干筛孔的流量系数

流量系数 C_0 可由很多方法求取，当 $d_0<10$mm，其值可以由图 4-15 直接查得；当 $d_0 \geqslant 10$mm 时，可由查得的 C_0 乘以 1.15 的校正系数。

对于浮阀塔（F1 型重阀）也可用下列经验公式计算干板阻力：

阀片全开前：

$$h_c = 19.9 \frac{u_0^{0.175}}{\rho_L} \tag{4-27}$$

阀片全开后:
$$h_c = 5.34 \frac{\rho_V u_0^2}{2\rho_L g} \quad (4\text{-}28)$$

阀片全开时的流速 u_0 可由式（4-27）和式（4-28）联立求得：

$$u_0 = 1.825 \sqrt{\frac{5.34}{\rho_V}} \quad (4\text{-}29)$$

其他类型的浮阀塔干板压降计算方法可参考其他相关文献。

（2）气体通过液层的阻力 h_l

气体通过液层的阻力 h_l 与板上清液层的高度 h_L 及气泡等许多因素有关。设计中用下式估算：

$$h_l = \beta(h_w + h_{ow}) \quad (4\text{-}30)$$

式中 β——充气系数，反映板上液层的充气程度，可由图 4-16 查取，通常为 0.5~0.6。

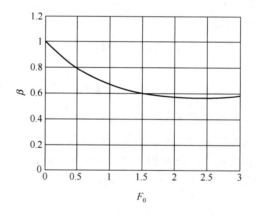

图 4-16 充气系数 β 和动能因子 F_0 的关系图

图中横坐标为 F_0 为气相动能因子，其定义式为：

$$F_0 = u_a \sqrt{\rho_V} \quad (4\text{-}31)$$

式中 F_0——气相动能因子，$kg^{1/2} \cdot s^{-1} \cdot m^{-1/2}$；
u_a——通过有效传质区的气速，$m \cdot s^{-1}$。

（3）液体表面张力阻力 h_σ

液体表面张力阻力 h_σ 可由下式估算：

$$h_\sigma = \frac{4\sigma_L}{\rho_L g d_o} \quad (4\text{-}32)$$

式中 σ_L——液体的表面张力，$N \cdot m^{-1}$。

4.2.5.2 液面落差

当液体横向流过塔板时，需要一定的液位差来克服板上的摩擦阻力和板上构件的局部阻力，此为液面落差。对于没有凸起的气、液接触构件的筛板，可采用较小的液面落差。在正常的液体流量范围内，对于塔径 $D \leq 1600$mm 的筛板，液面落差可忽略不计；对于液体流量很大及 $D \geq 2000$mm 的筛板，需要考虑液面落差的影响。其相关计算可参考其他有关书籍。浮阀塔的液面落差可忽略不计。

4.2.5.3 液沫夹带

液沫夹带是指蒸气穿过塔板上的液层鼓泡并夹带一部分液体雾滴到上一层塔板的现象。该现象导致液相在塔板间的返混，严重的会使塔板效率急剧下降。雾沫夹带量通常有三种表示方法：以每 kmol（或 kg）干气体所夹带的液体（kmol 或 kg）数 e_V 表示；以每层塔板在单位时间内被气体夹带的液体（kmol 或 kg）数 e' 表示；以被夹带的液体流量占流经塔板总液体流量的分率 ϕ 表示。

三者之间的关系式为：

$$\phi = \frac{e'}{L+e'} = \frac{e_V}{L/V+e_V} \tag{4-33}$$

为保证稳定的塔板效率，通常在设计规定中液沫夹带量 $e_V < 0.1$ kg（液体）·kg^{-1}（气体）。

（1）筛板塔 e_V 的计算 计算液沫夹带的方法很多，但设计中常采用亨特关联图，如图 4-17 所示。图中直线部分可回归成下式：

$$e_V = \frac{5.7 \times 10^{-6}}{\sigma_L} \left(\frac{u_a}{H_T - h_f} \right)^{3.2} \tag{4-34}$$

式中 e_V——液沫夹带量，kg（液体）·kg^{-1}（气体）；
h_f——塔板上鼓泡层高度，一般取 $h_f = 2.5 h_L$，m；
σ_L——液体的表面张力，N·m^{-1}；
H_T——板间距，m；
u_a——通过有效传质区的气速，m·s^{-1}。

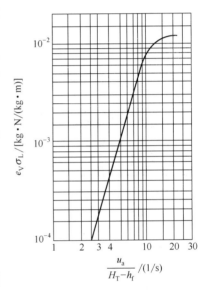

图 4-17 亨特液沫夹带关联图

（2）浮阀塔 e_V 的计算 目前一般采用泛点率 F 作为间接衡量液沫夹带量的指标。泛点率是指设计负荷与泛点负荷之比，泛点是指塔内液面的泛滥而导致的效率剧降之点。其值可由下面的经验公式求出：

$$F = \frac{V\sqrt{\frac{\rho_V}{\rho_L - \rho_V}} + 1.36LZ}{KC_F A'_b} \tag{4-35}$$

式中 F——泛点率；
V、L——塔内气、液负荷，$m^3 \cdot s^{-1}$；
ρ_L、ρ_V——塔内气、液相密度，kg·m^{-3}；
Z——板上液体流经长度，m，对于单溢流塔板，$Z = D - 2W_d$，其中 D 为塔径，W_d 为弓形降液管宽度；
A_b——板上液流面积，m^2，对于单溢流塔板，$A_b = A_T - 2A_f$，其中 A_T 为塔截面积，A_f 为弓形降液管截面积；
C_F——泛点负荷系数，查图 4-18；
K——物性系数，可查表 4-5。

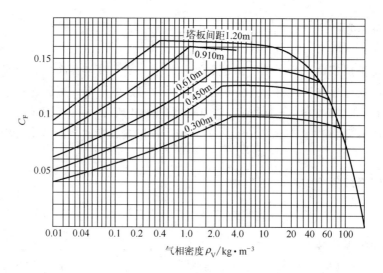

图 4-18 泛点负荷系数图

表 4-5 物性系数 K

系统	K 值	系统	K 值
无泡沫正常系统	1.00	多泡沫系统（如胺及乙二醇吸收塔）	0.73
氟化物（如 BF_3，氟利昂）	0.90	严重发泡沫系统（如甲乙酮装置）	0.60
中等发泡系统（如油吸收塔，乙二醇再生塔）	0.85	形成稳定泡沫的系统（如碱再生塔）	0.30

为了控制液沫夹带量<0.1kg（液体）·kg^{-1}（气体），泛点率 F 必须在下列范围内：

塔径大于 900mm 的塔，F<80%；

塔径小于 900mm 的塔，F<65%；

减压操作的塔，F<75%。

4.2.5.4 漏液

若气相负荷过小或塔板上开孔率过大，部分液体从筛孔或阀孔中直接落下则称为漏液。根据经验，当漏液量大于塔内液流量 10%时，漏液现象开始明显影响板效率，故漏液量等于塔内液流量 10%时的气速称为漏液点气速，它是塔板操作气速的下限，以 u_{ow} 表示。

（1）筛板塔　为使所设计的筛板操作稳定，具有足够的操作弹性，要求设计孔速 u_0 与漏液点气速 u_{ow} 之比不小于 2.0，即：

稳定系数：
$$K' = \frac{u_0}{u_{ow}} \geq 2.0 \tag{4-36}$$

漏液点气速可以用下式估算：$u_{ow} = 4.4 C_0 \sqrt{(0.0056 + 0.13 h_L - h_\sigma) \rho_L / \rho_V}$　　（4-37）

当筛孔较小（d_0<3mm）或 h_l<30mm 时用下式计算较准确。

$$u_{ow} = 4.4 C_0 \sqrt{(0.01 + 0.13 h_L - h_\sigma) \rho_L / \rho_V} \tag{4-38}$$

因漏液量与气体通过筛孔的动能因子有关，故亦采用动能因子计算漏液点气速，即

$$u_{ow} = \frac{F_0}{\sqrt{\rho_V}} \tag{4-39}$$

式中 F_0——漏液点动能因子，其适宜范围为 8～10。

（2）浮阀塔　浮阀塔的漏液量随阀重增加、孔速增加、开度减少、板上液层高度的降低而减小，其中以阀重影响较大。由实验表明，当阀的质量大于 30g 时，阀重对泄漏的影响不大，故除减压操作外一般均采用 F1 型重阀（32～34g）。一般以限制漏液量接近 10% 作为设计的依据，即取阀孔动能因数 $F_0=5～6$ 作为控制漏夜量的操作下限。

4.2.5.5　液泛

液泛分为降液管液泛和液沫夹带液泛两种情况。因设计中已对液沫夹带量进行了验算，故在筛板的流体力学验算中通常只对降液管液泛进行验算。

为使液体能由上层塔板稳定地流入下层塔板，降液管内须维持一定的液层高度 H_d。降液管内液层高度用来克服相邻两层塔板间的压降、板上清液层阻力和液体流过降液管的阻力，因此，可用下式计算 H_d，即

$$H_d = h_p + h_L + h_d \tag{4-40}$$

式中 H_d——降液管内清液层高度，m；
　　　h_d——液相流过降液管内压强降，m。

液体在降液管内压强降 h_d 可按下列经验公式估算：

塔板上不设进口堰时：
$$h_d = 0.153\left(\frac{L_s}{l_w h_0}\right)^2 = 0.153(u'_0)^2 \tag{4-41}$$

塔板上装有进口堰时：
$$h_d = 0.2\left(\frac{L_s}{l_w h_0}\right)^2 = 0.2(u'_0)^2 \tag{4-42}$$

式中 u'_0——液体通过降液管底隙时的速度，$m \cdot s^{-1}$；
　　　L_s——精馏段液相体积流率。

按以上方法计算出降液管内清液层高度 H_d，而降液管内液体和泡沫液的实际高度大于此值。为了防止液泛，一般要求降液管内泡沫液层总高度不超过上层塔板的出口堰，即

$$H_d \leqslant \phi(H_T + h_w) \tag{4-43}$$

式中，ϕ 为安全系数，$\phi = \dfrac{\rho'_L}{\rho_L}$，$\rho'_L$ 为降液管中泡沫层的密度。对于发泡严重物系，$\phi=0.3～0.5$，对于不易发泡物系，$\phi=0.6～0.7$。

4.2.6　塔板的负荷性能图

按上述方法进行流体力学验算后，还应绘出塔板的负荷性能图，以检验设计的合理性。塔板的负荷性能图的绘制方法见精馏塔设计示例。

4.2.7　板式塔的结构与附属设备

4.2.7.1　塔体结构

（1）塔高　板式塔的塔高是由其结构决定的（如图 4-19 所示），可按下式计算：

$$H = (n - n_F - n_p - 1)H_T + n_F H_F + n_p H_p + H_D + H_B + H_1 + H_2 \tag{4-44}$$

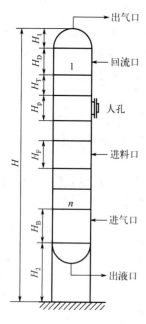

图 4-19 板式塔塔高示意图

式中 H——塔高，m；
n——实际塔板数；
n_F——进料塔板数；
n_p——人孔数；
H_T——塔板间距，m；
H_F——进料板处板间距，m；
H_p——人孔处塔板间距，m；
H_D——塔顶空间高度，m；
H_B——塔底空间高度，m；
H_1——封头高度，m；
H_2——裙座高度，m。

（2）塔顶空间 塔顶空间是指塔内最上层塔板与塔顶的间距。为了满足安装塔板和回流口的需要，以及利于出塔气体夹带的液滴沉降，设计中塔顶空间高度一般取 $H_D=(1.5～2.0)H_T$。若需要安装除沫器时，需要根据除沫器的实际大小确定塔顶空间高度。

（3）塔板间距 塔板间距 H_T 的大小与塔径有密切关系。板间距大，可允许气流速度较高，塔径可小些；反之，所需的塔径就要增大。一般来说，取较大的板间距对提高操作弹性有利，安装检修方便，但会增加塔的造价。因此，H_T 应适当选择。对于不同的塔径，初选板间距时可参考表 4-6。设计时首先选定板间距，然后根据板间距计算空塔气速，若由此算得的塔径与初选的板间距不协调，须对板间距进行调整。在其他参数都选定后要进行流体力学验算。若塔板性能不佳，应对塔板结构参数（包括板间距在内）进行适当调整。

表 4-6 板间距参考数据

塔径 D/m	0.3～0.5	0.5～0.8	0.8～1.6	1.6～2.4	2.4～4.0	4.0～6.0
板间距 H_T/mm	200～300	250～350	300～500	350～600	400～600	600～800

（4）人孔 对于塔径≥1000mm 的板式塔，为了安装、检修方便，常需要设置人孔，人孔直径一般为 450～650mm，人孔处塔板间距 H_p≥600mm。人孔数目 n_p 是根据物料清洁程度和塔板安装情况而确定。对于易结垢、结焦的物料，因需经常清洗，每隔 4～6 块塔板就要开一个人孔；对于无需经常清洗的清洁物料，可每隔 8～10 块板设置一个人孔；若塔板上下都可拆卸，可隔 15 块板设置一个人孔。

（5）进料板处板间距 进料板处板间距 H_F 取决于进料口的结构形式和物料状态，一般 H_F 要比 H_T 大，有时要大一倍。为了防止进料直冲塔板，常在进料口处考虑安装防冲设施，如防冲板、入口堰、缓冲管等，H_F 应保证这些设施的安装。

（6）塔底空间 塔底空间是指塔内最下层塔板与塔底的间距，具有中间贮槽的作用。塔底空间高度 H_B 可由以下因素决定：塔底储液空间依储存液量停留 3～8min 而定，但对于易结焦物料可缩短停留时间；再沸器的安装方式和高度；塔底液面至最下层塔板之间留有 1～2m 的间距。

4.2.7.2 塔板结构

塔板按结构特点,大致可分为整块式和分块式塔板两类。塔径小于 800mm 时,通常采用整块式塔板;当塔径大于 900mm 时,常用分块式塔板。

(1) 整块式塔板　小直径塔的塔板常做成整块式的。而整个塔体分成若干塔节,塔节之间用法兰连接。塔节长度与塔径有关,当塔径为 300~500mm 时,只能伸入手臂安装,塔节长度以 800~1000mm 为宜;塔径为 500~800mm 时,塔节长度可适当加长,但一般也不宜超过 2000mm,每个塔节内塔板数不希望超过 6 块,否则会使安装困难。

(2) 分块式塔板　当塔径大于 800mm 时,塔板也可拆分成若干块通过人孔送入塔内。因此,大直径塔常用分块式塔板结构,此时塔体也不必分成若干节。对于单溢流塔板,分块数与塔径大小有关,可按表 4-7 选取,常用的分块方法如图 4-20 所示。塔板的分块宽度由人孔尺寸、塔板结构强度、开孔排列的对称性等因素决定,其最大宽度以能通过人孔为宜。

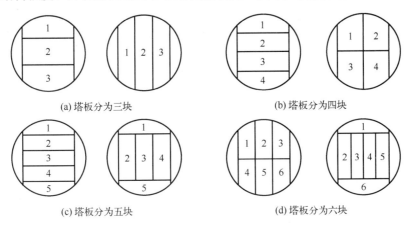

图 4-20　单溢流型塔板分块示意图

表 4-7　塔板分块数与塔径的关系

塔径/mm	800~1200	1400~1600	1800~2000	2200~2400
塔板分块数	3	4	5	6

(3) 塔板结构参数系列化

为了便于设备设计与制造,在满足工艺生产要求下,将塔板的一些参数系列化。摘录一部分列于表 4-8 至表 4-11 中,供选用参考。

表 4-8　单流型塔板系列参数(分块式)

塔径 D/mm	塔截面积 A_T/m²	塔板间距 H_T/mm	弓形降液管		降液管面积 A_f/m²	A_f/A_T	l_w/D
			堰长 l_w/mm	管宽 W_d/mm			
600	0.2610	300	406	77	0.0188	7.2	0.677
		350	428	90	0.0138	9.1	0.714
		450	440	103	0.0289	11.02	0.734
700	0.3590	300	466	87	0.0248	6.9	0.666
		350	500	105	0.0325	9.06	0.714
		450	525	120	0.0395	11.0	0.750

续表

塔径 D/mm	塔截面积 A_T/m^2	塔板间距 H_T/mm	弓形降液管 堰长 l_w/mm	弓形降液管 管宽 W_d/mm	降液管面积 A_f/m^2	A_f/A_T	l_w/D
800	0.5027	350 450 500 600	529 581 640	100 125 160	0.0363 0.0502 0.0717	7.22 10.0 14.2	0.661 0.726 0.800
1000	0.7854	350 450 500 600	650 714 800	120 150 200	0.0534 0.0770 0.1120	6.8 9.8 14.2	0.650 0.714 0.880
1200	1.1310	350 450 500 600 800	794 876 960	150 190 240	0.0816 0.15 0.1610	7.22 10.2 14.2	0.661 0.730 0.800
1400	1.5390	350 450 500 600 800	903 1029 1104	165 225 270	0.1020 0.1610 0.2065	6.63 10.45 13.4	0.645 0.735 0.790
1600	2.0110	450 500 600 800	1056 1171 1286	199 255 325	0.1450 0.2070 0.2918	7.21 10.3 14.5	0.660 0.732 0.805
1800	2.5450	450 500 600 800	1165 1312 1434	214 284 354	0.1710 0.2570 0.3540	6.74 10.1 13.9	0.647 0.730 0.797
2000	3.1420	450 500 600 800	1308 1456 1599	244 314 399	0.2190 0.3155 0.4457	7.0 10.0 14.2	0.654 0.727 0.799
2200	3.8010	450 500 600 800	1598 1686 1750	344 394 434	0.3800 0.4600 0.5320	10.0 12.1 14.0	0.726 0.766 0.795
2400	4.524	450 500 600 800	1742 1830 1916	374 424 479	0.4524 0.5430 0.6430	10.0 12.0 14.2	0.726 0.763 0.798

注：直径为600mm、700mm两种塔径是整块式塔盘，降液管为嵌入式，弓弧部分比塔的内径小一圈，表中的 l_w 及 W_d 为实际值。

表 4-9 双流型塔板系列参数（分块式）

塔径 D/mm	塔截面积 A_T/m^2	塔板间距 H_T/mm	弓形降液管 堰长 l_w/mm	弓形降液管 管宽 W_d/mm	管宽 W_d/mm	降液管面积 A_f/m^2	A_f/A_T	l_w/D
2200	3.8010	450 500 600 800	1287 1368 1462	208 238 278	200 200 240	0.3801 0.4561 0.5398	10.15 11.8 14.7	0.585 0.621 0.665
2400	4.5230	450 500 600 800	1434 1486 1582	238 258 298	200 240 280	0.4524 0.5429 0.6424	10.1 11.6 14.2	0.597 0.620 0.660

第4章 塔设备设计

续表

塔径 D/mm	塔截面积 A_T/m²	塔板间距 H_T/mm	弓形降液管			降液管面积 A_f/m²	A_f/A_T	l_w/D
			堰长 l_w/mm	管宽 W_d/mm	管宽 W_d/mm			
2600	5.3090	450 500 600 800	1526 1606 1702	248 278 318	200 240 320	0.5309 0.6371 0.7539	9.7 11.4 14.0	0.587 0.617 0.655
2800	3.8010	450 500 600 800	1598 1686 1750	258 308 338	240 280 320	0.6158 0.7389 0.8744	9.3 12.0 13.74	0.577 0.626 0.652
3000	7.0690	450 500 600 800	17682 1896 1968	288 338 368	240 280 360	0.7069 0.8432 1.0037	9.8 12.4 14.0	0.589 0.632 0.655
3200	8.0430	600 800	1882 1987 2108	306 346 396	280 320 360	0.8043 0.9651 1.1420	9.75 11.65 14.2	0.588 0.620 0.660
3400	9.0790	600 800	2002 2157 2252	326 386 426	280 320 400	0.9079 1.0895 1.2893	9.8 12.5 14.5	0.594 0.634 0.661
3600	10.1740	600 800	2148 2227 2372	356 386 446	280 360 400	1.0179 1.2215 1.4454	10.2 11.5 14.2	0.597 0.620 0.659
3800	11.3410	600 800	2242 2374 2516	366 416 476	320 360 440	1.1340 1.3609 1.6104	9.94 11.9 14.5	0.590 0.624 0.662

表4-10 小直径塔板参数表（整块式）

塔径 D/mm	塔截面积 A_T/m²	弓形降液管		降液管面积 A_f/m²	A_f/A_T	l_w/D
		堰长 l_w/mm	管宽 W_d/mm			
300	0.0706	164.4	21.4	20.9	0.0296	0.60
		173.1	26.9	29.2	0.0413	0.65
		191.8	33.2	39.7	0.0562	0.70
		205.5	40.4	52.8	0.0747	0.75
		219.2	48.4	69.3	0.0980	0.80
350	0.0960	194.4	26.4	31.1	0.0323	0.60
		210.6	32.9	43.0	0.0447	0.65
		226.8	40.3	57.9	0.0602	0.70
		243.0	48.3	76.4	0.0794	0.75
		259.2	58.8	100.0	0.1039	0.80
400	0.1253	224.4	31.4	43.4	0.0345	0.60
		243.1	38.9	59.6	0.0474	0.65
		261.8	47.5	79.8	0.0635	0.70
		280.5	57.3	104.7	0.0833	0.75
		299.2	68.8	236.3	0.1085	0.80
450	0.1590	254.4	36.4	57.7	0.0363	0.60
		275.6	44.9	78.8	0.0495	0.65

续表

塔径 D/mm	塔截面积 A_T/m²	弓形降液管		降液管面积 A_f/m²	A_f/A_T	l_w/D
		堰长 l_w/mm	管宽 W_d/mm			
450	0.1590	296.8	54.6	104.7	0.0658	0.70
		318.0	65.8	137.3	0.0863	0.75
		339.2	78.8	178.1	0.1120	0.80
500	0.1960	284.4	41.4	74.3	0.0378	0.60
		308.1	50.9	100.6	0.0512	0.65
		331.8	61.8	133.4	0.0679	0.70
		355.5	74.2	174.0	0.0886	0.75
		379.2	88.8	225.5	0.1148	0.80
600	0.282	340.8	50.8	110.7	0.0392	0.60
		369.2	62.2	148.8	0.0526	0.65
		397.6	75.2	196.4	0.0695	0.70
		426.0	90.1	255.4	0.0903	0.75
		454.4	107.6	329.7	0.1166	0.80
700	0.384	400.8	60.8	157.5	0.0409	0.60
		434.2	74.2	210.9	0.0548	0.65
		467.6	89.5	276.8	0.0719	0.70
		501.0	107.0	358.9	0.0939	0.75
		534.4	127.6	462.4	0.1202	0.80
800	0.0503	260.8	70.8	212.3	0.0422	0.60
		499.2	86.2	283.3	0.0563	0.65
		537.6	102.8	371.2	0.0738	0.70
		576.0	124.0	480.3	0.0956	0.75
		614.4	147.6	517.2	0.1228	0.80

注：塔径小于 500mm，则板间距均为 200、250、300、350mm；塔径 600~800mm，则板间距为 300、350、450mm。

表 4-11 大直径塔板参数表（整块式）

塔径 D/mm	塔截面积 A_T/m²	塔板间距 H_T/mm	弓形降液管		降液管面积 A_f/m²	A_f/A_T	l_w/D
			堰长 l_w/mm	管宽 W_d/mm			
800	0.5027	350 450 500 600	529 581 640	100 125 160	0.0363 0.0502 0.0717	7.22 10.0 14.2	0.661 0.726 0.800
1000	0.7854	350 450 500 600	650 714 800	120 150 200	0.0534 0.0770 0.1120	6.8 9.8 14.2	0.650 0.714 0.800
1200	1.1310	350 450 500 600 800	794 876 960	150 190 240	0.0816 0.1150 0.1610	7.22 10.2 14.2	0.661 0.730 0.800

续表

塔径 D/mm	塔截面积 A_T/m²	塔板间距 H_T/mm	弓形降液管 堰长 l_w/mm	弓形降液管 管宽 W_d/mm	降液管面积 A_f/m²	A_f/A_T	l_w/D
1400	1.5390	350 450 500 600 800	903 1029 1104	165 225 270	0.1020 0.1610 0.2065	6.63 10.45 13.40	0.645 0.735 0.790
1600	2.0110	450 500 600 800	1056 1171 1286	199 255 325	0.1450 0.2070 0.2918	7.21 10.3 14.5	0.660 0.732 0.805
1800	2.5450	450 500 600 800	1165 1312 1434	214 284 254	0.1710 0.2570 0.3540	6.74 10.1 13.9	0.647 0.730 0.797
2000	3.1420	450 500 600 800	1308 1456 1599	244 314 399	0.2190 0.3155 0.4457	7.0 10.4 14.2	0.654 0.727 0.799
2200	3.8010	450 500 600 800	1598 1686 1750	344 394 434	0.3800 0.4600 0.5320	10.0 12.1 14.0	0.726 0.766 0.795
2400	4.5240	450 500 600 800	1742 1830 1916	374 424 479	0.4524 0.5430 0.6430	10.0 12.0 14.2	0.726 0.763 0.798

4.2.7.3 精馏塔的附属设备

精馏塔的附属设备包括蒸气冷凝器、产品冷却器、再沸器（蒸馏釜）、原料预热器等，可根据有关教材或化工手册进行选型与设计。以下着重介绍再沸器（蒸馏釜）和冷凝器的形式和特点，具体设计过程略。

（1）再沸器（蒸馏釜） 该装置的作用是加热塔底料液使之部分汽化，以提供精馏塔内的上升气流。工业上常用的再沸器（蒸馏釜）有内置式再沸器、釜式（罐式）再沸器、热虹吸式再沸器、强制循环式再沸器等几种。

① 内置式。内置式再沸器（蒸馏釜）是将加热装置直接设置于塔的底部，如图 4-21（a）所示。加热装置可采用夹套、蛇管或列管式加热器等不同形式，其装料系数依物系起泡倾向取为 60%～80%。其优点是安装方便，可减少占地面积，通常用于直径小于 600mm 的蒸馏塔中。

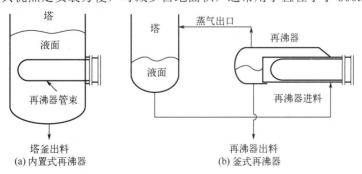

图 4-21 内置式再沸器（蒸馏釜）和釜式再沸器

② 釜式（罐式）再沸器。对直径较大的塔，一般将再沸器置于塔外，如图 4-21（b）所示。其管束可抽出，为保证管束浸于沸腾液中，管束末端设溢流堰，堰外空间为出料液的缓冲区。其液面以上空间为分离空间，设计中一般要求气液分离空间占再沸器总体积的 30%以上。釜式（罐式）再沸器的优点是汽化率高，可达 80%以上。因此，对于较高汽化率的工艺，宜采用釜式（罐式）再沸器。此外，对于某些塔底物料需分批移除的塔或间歇精馏塔，因操作范围变化大，也宜采用釜式（罐式）再沸器。

③ 热虹吸式再沸器。利用热虹吸原理，即再沸器内液体被加热部分汽化后，气液混合物密度小于塔内液体密度，使再沸器与塔间产生静压差，促使塔底液体被"虹吸"进入再沸器，在再沸器内汽化后返回塔内，因而不必用泵便可使塔底液体循环。热虹吸式再沸器有立式、卧式两种形式，如图 4-22 所示。

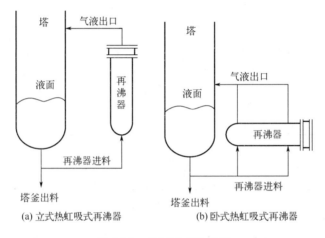

图 4-22　热虹吸式再沸器

立式热虹吸式再沸器的优点是，按单位面积计的金属耗用量显著低于其他型式，并且传热效果好、占地面积小、连接管线短。但立式热虹吸式再沸器安装时要求精馏塔底部液面与再沸器顶部管板持平，要有固定标高，其循环速率受流体力学因素制约。当处理能力大，要求循环量大，传热面也大时，常选用卧式热虹吸式再沸器。一是由于随传热面加大其单位面积的金属耗量降低较快，二是其循环量受流体力学因素影响较小，可在一定范围内调整塔底与再沸器之间的高度差以适应要求。

热虹吸式再沸器的汽化率不能大于 40%，否则会传热不良，且因加热管不能充分润湿而易结垢，故要求较高汽化率的工艺过程和处理易结垢的物料不宜采用。

④ 强制循环式再沸器。强制循环式再沸器是用泵使塔底液体在再沸器与塔间进行循环的再沸器，可采用立式、卧式两种型式，如图 4-23 所示。强制循环式再沸器的优点是，液体流速大，停留时间短，便于控制和调节液体循环量。这种再沸器特别适用于高黏度液体和热敏性物料的蒸馏过程。

采用强制循环式再沸器较采用虹吸式再沸器，可提高管程流体的速度，从而使传热效率得到较大提高。通常情况下，总传热系数可提高 30%以上。但采用强制循环式再沸器需设置循环泵，使得操作费用增加，而且釜温较高时需选用耐高温的泵，设备费用较高，另外料液有发生泄漏的可能。故在设计中，采用何种形式的再沸器需进行权衡。

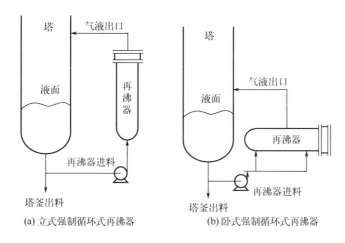

(a) 立式强制循环式再沸器　　(b) 卧式强制循环式再沸器

图 4-23　强制循环式再沸器

应予指出，再沸器的传热面积是决定塔操作弹性的主要因素之一，故估算其传热面积时安全系数要选大一些，以防塔底蒸发量不足影响操作。

（2）塔顶回流冷凝器　冷凝器常采用管壳式换热器，有立式、卧式、管内或管外冷凝等型式。按冷凝器与塔的相对位置区分，有以下几类。

① 整体式及自流式冷凝器。整体式冷凝器是指将冷凝器直接安置于塔顶，冷凝液借重力回流入塔，又称内回流式，如图 4-24（a）、（b）所示。其优点是蒸气压降较小，节省安装面积，可借改变升气管或塔板位置调节位差以保证回流与采出所需的压头。缺点是塔顶结构复杂，维修不便，且回流比难于精确控制。该方式常用于传热面积小、冷凝液难以用泵输送或泵送有危险的场合以及减压蒸馏过程等情况。

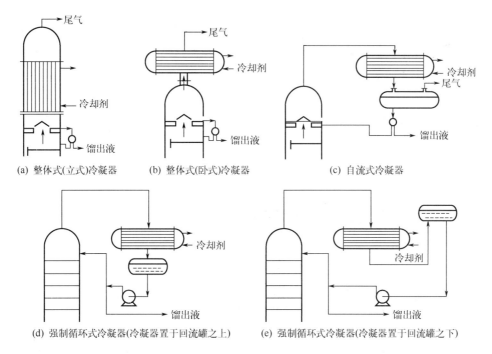

(a) 整体式(立式)冷凝器　　(b) 整体式(卧式)冷凝器　　(c) 自流式冷凝器

(d) 强制循环式冷凝器(冷凝器置于回流罐之上)　　(e) 强制循环式冷凝器(冷凝器置于回流罐之下)

图 4-24　塔顶回流冷凝器

自流式冷凝器是指将冷凝器置于塔顶附近的台架上，靠改变台架高度获得回流和采出所需的位差，如图4-24（c）所示。

② 强制循环式冷凝器。当塔的处理量很大或塔板数很多时，若回流冷凝器置于塔顶将造成安装、检修等诸多不便，且造价高，可将冷凝器置于塔下部适当位置，用泵向塔顶输送回流，在冷凝器和泵之间需设回流罐，即为强制循环式。图4-24（d）所示为冷凝器置于回流罐之上，回流罐的位置应保证其中液面与泵入口间之位差大于泵的汽蚀余量，若罐内液温接近沸点时，应使罐内液面比泵入口高出3m以上。图4-24（e）所示为将回流罐置于冷凝器的上部，冷凝器置于地面，冷凝液借压差流入回流罐中，这样可减少台架，且便于维修，主要用于常压或加压蒸馏。

4.2.8 筛板塔设计示例

【设计示例】

设计题目：分离苯-甲苯筛板精馏塔。

试设计一座用于常压分离苯-甲苯混合液的连续精馏塔。已知原料液的处理量为30000吨/年，原料液中含苯0.41（质量分数，下同），要求塔顶产品中苯组成不低于0.96，塔底产品中苯组成不高于0.01。

操作条件：塔顶操作压力4kPa；进料热状态自选；回流比自选；单板压降不大于0.7kPa；全塔效率为54%。

工作日：每年300天，每天24小时连续生产。

厂址：厂址为大庆地区。

【设计计算】

（1）设计方案的确定　对于连续精馏分离苯-甲苯二元混合物的工艺，设计中通过预热器将原料液加热至泡点送入精馏塔内。塔顶上升蒸气采用全凝器冷凝，冷凝液在泡点下一部分回流至塔内，其余部分经产品冷却器冷却后送至储罐。该物系属易分离物系，最小回流比较小，故操作回流比取最小回流比的2倍。塔釜采用间接蒸汽加热，塔底产品经冷却后送至储罐。

（2）精馏塔的物料衡算

① 原料液及塔顶、塔底产品的摩尔分率

苯的摩尔质量　　　M_A=78.11kg·kmol^{-1}

甲苯的摩尔质量　　M_B=92.13kg·kmol^{-1}

则：$x_F = \dfrac{0.41/78.11}{0.41/78.11 + 0.59/92.13} = 0.450$

$x_D = \dfrac{0.96/78.11}{0.96/78.11 + 0.04/92.13} = 0.966$

$x_W = \dfrac{0.01/78.11}{0.01/78.11 + 0.99/92.13} = 0.0118$

② 原料液及塔顶、塔底产品的平均摩尔质量

M_F=0.450×78.11+(1−0.450)×92.13=85.82kg·kmol^{-1}

M_D=0.966×78.11+(1−0.966)×92.13=78.59kg·kmol^{-1}

M_W=0.0118×78.11+(1−0.0118)×92.13=91.96kg·kmol^{-1}

③ 物料衡算

原料处理量 F=[(30000/7200)×1000]÷85.82=48.56kmol·h^{-1}

全塔总物料及易挥发组分苯的物料衡算方程如下所示:

$$F=D+W$$
$$Fx_F=Dx_D+Wx_W$$

则: $D+W=48.56$

$0.966D+0.0118W=48.56×0.450$

解方程组得: D=22.3kmol·h^{-1}

W=26.26kmol·h^{-1}

(3) 塔板数的确定

① 理论塔板数 N_T 的求取。苯-甲苯体系属理想物系,可利用图解法求理论塔板数 N_T。

a. 由手册查得苯-甲苯物系的气、液相平衡数据,绘出 x-y 图,如图4-25所示。

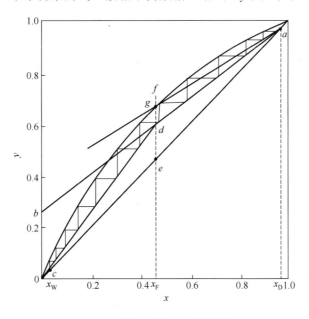

图 4-25 图解法求理论塔板数

b. 求最小回流比 R_{min} 及操作回流比 R。

由于是泡点进料,故在图4-25中从 x=0.450 出发做垂线 ef 即为 q 线,与平衡线的交点坐标为:

$$y_q=0.667 \quad x_q=0.450$$

则最小回流比为

$$R_{min}=\frac{x_D-y_q}{y_q-x_q}=\frac{0.966-0.667}{0.667-0.450}=1.38$$

取操作回流比

$$R=2R_{min}=2×1.38=2.76$$

c. 求精馏塔的气、液相负荷

$$L=RD=2.76 \times 22.3=61.55 \text{kmol} \cdot \text{h}^{-1}$$
$$V=(R+1)D=3.76 \times 22.3=83.85 \text{kmol} \cdot \text{h}^{-1}$$
$$L'=L+qF=61.55+48.56=110.11 \text{kmol} \cdot \text{h}^{-1}$$
$$V'=V=83.85 \text{kmol} \cdot \text{h}^{-1}$$

d. 求操作线方程

精馏段操作线方程为 $y_{n+1}=\dfrac{R}{R+1}x_n+\dfrac{x_D}{R+1}=\dfrac{2.76}{2.76+1}x_n+\dfrac{0.966}{2.76+1}=0.734x_n+0.257$

提馏段操作线方程为 $y_{m+1}=\dfrac{L'}{V'}x_m-\dfrac{Wx_W}{V'}=\dfrac{110.11}{83.85}x_m-\dfrac{26.26 \times 0.0118}{83.85}=1.313x_m-0.004$

e. 图解法求理论塔板数 N_T

利用图解法求理论塔板数，如图 4-25 所示。求解结果为：
总理论塔板数　N_T=12.5（包括再沸器）
进料板位置　　N_F=6

② 实际塔板数的求取

精馏段实际塔板数　$N_{精}$=5/0.54=9.26≈10
提馏段实际塔板数　$N_{提}$=6.5/0.54=12.04≈13

（4）精馏段的工艺条件及有关物性数据的计算

以精馏段为例进行计算。

① 操作压力计算

塔顶操作压力　　　p_D=101.3+4=105.3kPa
每层塔板压降　　　Δp=0.7kPa
进料板压力　　　　p_F=105.3+0.7×10=112.3kPa
塔底操作压力　　　p_W=112.3+13×0.7=121.4kPa
精馏段平均压力　　p_m=(105.3+112.3)/2=108.8kPa
提馏段平均压力　　p'_m=(112.3+121.4)/2=116.85kPa

② 操作温度计算。根据操作压力，由泡点方程通过试差法计算泡点温度，其中苯、甲苯的饱和蒸气压由 Antoine 方程计算，计算过程略。计算结果如下

塔顶温度　　　　　t_D=82.1℃
进料板温度　　　　t_F=97.2℃
塔底温度　　　　　t_W=116.6℃
精馏段平均温度　　t_m=(82.1+97.2)/2=89.65℃
提馏段平均温度　　t'_m=(97.2+116.6)/2=106.9℃

③ 平均摩尔质量的计算

由 $x_D=y_1$=0.966，查图 4-25 平衡曲线可得 x_1=0.916
塔顶平均摩尔质量　　$M_{VD,m}$=0.966×78.11+(1-0.966)×92.13=78.59 $\cdot$ kg $\cdot$ kmol^{-1}
　　　　　　　　　　$M_{LD,m}$=0.916×78.11+(1-0.916)×92.13=79.29kg $\cdot$ kmol^{-1}
由图解理论塔板可知进料板位置 y_F=0.604，查平衡曲线得 x_F=0.388
进料板平均摩尔质量　　$M_{VF,m}$=0.604×78.11+(1-0.604)×92.13=83.66kg $\cdot$ kmol^{-1}

$M_{\text{LF,m}}=0.388×78.11+(1-0.388)×92.13=86.69\text{kg}\cdot\text{kmol}^{-1}$

精馏段平均摩尔质量 $M_{\text{V,m}}=(78.59+83.66)/2=81.13\text{kg}\cdot\text{kmol}^{-1}$

$M_{\text{L,m}}=(79.29+86.69)/2=82.99\text{kg}\cdot\text{kmol}^{-1}$

由 $x_{\text{w}}=0.0118$，查平衡曲线得 $y_{\text{w}}=0.035$

塔底平均摩尔质量 $M_{\text{VW,m}}=0.035×78.11+(1-0.035)×92.13=91.64\text{kg}\cdot\text{kmol}^{-1}$

$M_{\text{LW,m}}=0.0118×78.11+(1-0.0118)×92.13=91.96\text{kg}\cdot\text{kmol}^{-1}$

提馏段平均摩尔质量 $M_{\text{V,m}}=(91.64+83.66)/2=87.65\text{kg}\cdot\text{kmol}^{-1}$

$M_{\text{L,m}}=(86.69+91.96)/2=89.32\text{kg}\cdot\text{kmol}^{-1}$

④ 平均密度的计算

a. 气相平均密度

由理想气体状态方程计算，即：

精馏段气相平均密度 $\rho_{\text{V,m}}=p_{\text{m}}M_{\text{v,m}}/RT_{\text{m}}=(108.8×81.13)/[8.314×(89.65+273.15)]=2.93\text{kg}\cdot\text{m}^{-3}$

提馏段气相平均密度 $\rho_{\text{V,m}}=p_{\text{m}}M_{\text{v,m}}/RT_{\text{m}}=(116.85×87.65)/[8.314×(106.9+273.15)]=3.24\text{kg}\cdot\text{m}^{-3}$

b. 液相平均密度

液相密度由 $\dfrac{1}{\rho_{\text{L,m}}}=\dfrac{a_{\text{A}}}{\rho_{\text{L,A}}}+\dfrac{a_{\text{B}}}{\rho_{\text{L,B}}}$ （a 为质量分率）公式计算。

塔顶液相平均密度：

由 $t_{\text{D}}=82.1℃$，查手册得 $\rho_{\text{A}}=812.7\text{kg}\cdot\text{m}^{-3}$ $\rho_{\text{B}}=807.9\text{kg}\cdot\text{m}^{-3}$

$\rho_{\text{LD,m}}=1/[(0.96/812.7)+(1-0.96)/807.9]=812.51\text{kg}\cdot\text{m}^{-3}$

进料板液相平均密度：

由 $t_{\text{F}}=97.2℃$，查手册得 $\rho_{\text{A}}=795.7\text{kg}\cdot\text{m}^{-3}$ $\rho_{\text{B}}=792.79\text{kg}\cdot\text{m}^{-3}$

进料板液相质量分率 $a_{\text{A}}=\dfrac{0.388×78.11}{0.388×78.11+(1-0.388)×92.13}=0.35$

$\rho_{\text{LF,m}}=1/[(0.35/795.7)+(1-0.35)/792.79]=793.81\text{kg}\cdot\text{m}^{-3}$

精馏段液相平均密度 $\rho_{\text{L,m}}=(812.51+793.81)/2=803.16\text{kg}\cdot\text{m}^{-3}$

塔底液相平均密度：

由 $t_{\text{W}}=116.6℃$，查手册得 $\rho_{\text{A}}=781.2\text{kg}\cdot\text{m}^{-3}$ $\rho_{\text{B}}=779.96\text{kg}\cdot\text{m}^{-3}$

$\rho_{\text{LW,m}}=1/[(0.01/781.2)+(1-0.01)/779.96]=779.97\text{kg}\cdot\text{m}^{-3}$

提馏段液相平均密度 $\rho_{\text{L,m}}=(779.97+793.81)/2=786.89\text{kg}\cdot\text{m}^{-3}$

⑤ 液相平均表面张力计算

液相平均表面张力由 $\sigma_{\text{Lm}}=\sum\limits_{i=1}^{n}x_i\sigma_i$ 公式计算。

塔顶液相平均表面张力：

由 $t_{\text{D}}=82.1℃$，查手册得 $\sigma_{\text{A}}=21.24\text{mN}\cdot\text{m}^{-1}$ $\sigma_{\text{B}}=21.42\text{N}\cdot\text{m}^{-1}$

$\sigma_{\text{LD,m}}=0.966×21.24+(1-0.966)×21.42=21.25\text{mN}\cdot\text{m}^{-1}$

进料板液相平均表面张力：

由 $t_{\text{F}}=97.2℃$，查手册得 $\sigma_{\text{A}}=19.22\text{mN}\cdot\text{m}^{-1}$ $\sigma_{\text{B}}=20.18\text{mN}\cdot\text{m}^{-1}$

$\sigma_{\text{LF,m}}=0.388×19.22+(1-0.388)×20.18=19.81\text{mN}\cdot\text{m}^{-1}$

精馏段液相平均表面张力：

$$\sigma_{L,m} = (21.25+19.81)/2 = 20.53 \text{mN} \cdot \text{m}^{-1}$$

塔底液相平均表面张力：

由 $t_W = 116.6°C$，查手册得 $\sigma_A = 17.73 \text{mN} \cdot \text{m}^{-1}$ $\sigma_B = 18.50 \text{mN} \cdot \text{m}^{-1}$

$$\sigma_{LW,m} = 0.0118 \times 17.73 + (1-0.0118) \times 18.50 = 18.49 \text{mN} \cdot \text{m}^{-1}$$

提馏段液相平均表面张力：

$$\sigma_{L,m} = (19.81+18.49)/2 = 19.15 \text{mN} \cdot \text{m}^{-1}$$

⑥ 液相平均黏度计算

液相平均黏度由 $\lg \mu_{L,m} = \sum_{i=1}^{n} x_i \lg \mu_i$ 公式计算。

塔顶液相平均黏度：

由 $t_D = 82.1°C$，查手册得 $\mu_A = 0.302 \text{mPa} \cdot \text{s}$ $\mu_B = 0.306 \text{mPa} \cdot \text{s}$

$$\lg \mu_{LD,m} = 0.966 \times \lg 0.302 + (1-0.966) \times \lg 0.306$$

$$\mu_{LD,m} = 0.302 \text{mPa} \cdot \text{s}$$

进料板液相平均黏度：

由 $t_F = 97.2°C$，查手册得 $\mu_A = 0.262 \text{mPa} \cdot \text{s}$ $\mu_B = 0.270 \text{mPa} \cdot \text{s}$

$$\lg \mu_{LF,m} = 0.388 \times \lg 0.262 + (1-0.388) \times \lg 0.270$$

$$\mu_{LF,m} = 0.267 \text{mPa} \cdot \text{s}$$

精馏段液相平均黏度：

$$\mu_{L,m} = (0.302+0.267)/2 = 0.285 \text{mPa} \cdot \text{s}$$

塔底液相平均黏度：

由 $t_W = 116.6°C$，查手册得 $\mu_A = 0.234 \text{mPa} \cdot \text{s}$ $\mu_B = 0.255 \text{mPa} \cdot \text{s}$

$$\lg \mu_{LW,m} = 0.0118 \times \lg 0.234 + (1-0.0118) \times \lg 0.255$$

$$\mu_{LW,m} = 0.255 \text{mPa} \cdot \text{s}$$

提馏段液相平均黏度：

$$\mu_{L,m} = (0.267+0.255)/2 = 0.261 \text{mPa} \cdot \text{s}$$

（5）精馏塔塔体的工艺尺寸计算

① 塔径的计算

a. 精馏段的塔径

精馏段的气相、液相体积流率

$$V_s = \frac{VM_{V,m}}{3600\rho_{V,m}} = \frac{83.85 \times 81.13}{3600 \times 2.93} = 0.645 \text{m}^3 \cdot \text{s}^{-1}$$

$$L_s = \frac{LM_{L,m}}{3600\rho_{L,m}} = \frac{61.55 \times 82.99}{3600 \times 803.16} = 0.002 \text{m}^3 \cdot \text{s}^{-1}$$

由 $u_{max} = C\sqrt{\dfrac{\rho_L - \rho_V}{\rho_V}}$ 计算 u_{max}，式中 C 由公式 $C = C_{20}\left(\dfrac{\sigma}{20}\right)^{0.2}$ 计算，其中的 C_{20} 可由图 4-3 查取，图的横坐标为：

$$\frac{L_s}{V_s}\left(\frac{\rho_L}{\rho_V}\right)^{1/2} = \frac{0.002}{0.645} \times \left(\frac{803.16}{2.93}\right)^{1/2} = 0.051$$

初选板间距 H_T=0.45m，取板上液层高度 h_L=0.08m，故：H_T-h_L=0.45-0.08=0.37m

查图 4-3 可得 C_{20}=0.074

$$C = C_{20}\left(\frac{\sigma}{20}\right)^{0.2} = 0.078\left(\frac{20.53}{20}\right)^{0.2} = 0.078$$

$$u_{max} = 0.078\sqrt{\frac{803.16-2.93}{2.93}} = 1.289 \text{m} \cdot \text{s}^{-1}$$

取安全系数为 0.7，则空塔气速为

$$u = 0.7u_{max} = 0.7 \times 1.289 = 0.902 \text{m} \cdot \text{s}^{-1}$$

$$D = \sqrt{\frac{4V_s}{\pi u}} = \sqrt{\frac{4 \times 0.645}{0.902\pi}} = 0.954 \text{m}$$

b. 提馏段的塔径

提馏段的气相、液相体积流率

$$V'_s = \frac{V'M_{V,m}}{3600\rho_{V,m}} = \frac{83.85 \times 87.65}{3600 \times 3.24} = 0.630 \text{m}^3 \cdot \text{s}^{-1}$$

$$L'_s = \frac{L'M_{L,m}}{3600\rho_{L,m}} = \frac{110.11 \times 89.32}{3600 \times 786.89} = 0.003 \text{m}^3 \cdot \text{s}^{-1}$$

与精馏段相似，则

$$\frac{L'_s}{V'_s}\left(\frac{\rho_L}{\rho_V}\right)^{1/2} = \frac{0.003}{0.624}\left(\frac{786.89}{3.24}\right)^{1/2} = 0.075$$

查图 4-3 可得 C_{20}=0.076

$$C = C_{20}\left(\frac{\sigma}{20}\right)^{0.2} = 0.076\left(\frac{19.15}{20}\right)^{0.2} = 0.076$$

$$u_{max} = 0.076\sqrt{\frac{786.89-3.24}{3.24}} = 1.182 \text{m} \cdot \text{s}^{-1}$$

$$u = 0.7u_{max} = 0.7 \times 1.182 = 0.827 \text{m} \cdot \text{s}^{-1}$$

$$D' = \sqrt{\frac{4V'_s}{\pi u}} = \sqrt{\frac{4 \times 0.630}{0.827\pi}} = 0.985 \text{m}$$

考虑到精馏段和提馏段理论塔径差别不大，统一的塔径便于制造，所以选取并圆整为 1.0m。则：

塔的横截面积：$A_T = A'_T = \frac{\pi D^2}{4} = \frac{1.0^2\pi}{4} = 0.785 \text{m}^2$

精馏段空塔气速为：$u = \frac{V_s}{A_T} = \frac{0.645}{0.785} = 0.822 \text{m} \cdot \text{s}^{-1}$

提馏段空塔气速为：$u' = \dfrac{V'_s}{A'_T} = \dfrac{0.630}{0.785} = 0.803 \text{m} \cdot \text{s}^{-1}$

② 精馏塔有效高度的计算

精馏段有效高度为：

$$Z_{精}=(N_{精}-1)H_T=(10-1)\times 0.45=4.05\text{m}$$

提馏段有效高度为：

$$Z_{提}=(N_{提}-1)H_T=(13-1)\times 0.45=5.4\text{m}$$

在进料板上方开一人孔，其高度为 0.8m，故精馏塔的有效高度为

$$Z=Z_{精}+Z_{提}+0.8=4.05+5.4+0.8=10.25\text{m}$$

（6）塔板主要工艺尺寸的计算

① 溢流装置的计算

因塔径 $D=1.0\text{m}$，可采用单溢流弓形降液管，凹形受液盘，精馏段各项计算如下。

a. 溢流堰长 l_w

根据表 4-8，取堰长 l_w 为 $0.65D$，即 $l_w=0.65\times 1.0=0.65\text{m}$

b. 溢流堰高 h_w

由 $h_w=h_L-h_{ow}$，选用平流堰，堰上液层高度由式（4-7）计算，由 $l_w/D=0.65$，$L_h/l_w^{2.5}=16.71$，查图 4-8，近似取 $E=1$，则：

$$h_{ow} = \dfrac{2.84}{1000}E\left(\dfrac{L_h}{l_w}\right)^{2/3} = \dfrac{2.84}{1000}\times 1 \times \left(\dfrac{0.002\times 3600}{0.65}\right)^{2/3} = 0.014\text{m}$$

取板上清液层高度 $h_L=0.06\text{m}$，故

$$h_w=0.06-0.014=0.046\text{m}$$

c. 降液管的宽度 W_d 与降液管的面积 A_f

由 $l_w/D=0.65$，查图 4-12 得 $W_d/D=0.13$，$A_f/A_T=0.075$

故：

$$W_d=0.13D=0.13\times 1.0=0.13\text{m} \quad A_f=0.075(3.14/4)D^2=0.059\text{m}^2$$

由公式（4-13）验算液体在降液管中的停留时间：

$$\theta = \dfrac{3600A_f H_T}{L_h} = \dfrac{3600\times 0.059\times 0.45}{0.002\times 3600} = 13.5\text{s} > 5\text{s}$$

故降液管设计合理。

d. 降液管底隙高度 h_0

根据公式（4-14）进行计算，其中取 $u'_0=0.2\text{m}\cdot\text{s}^{-1}$，则：

$$h_o = \dfrac{L_h}{3600 l_w u'_0} = \dfrac{0.002\times 3600}{3600\times 0.65\times 0.2} = 0.015\text{m}$$

$$h_w - h_0 = 0.046-0.015=0.031\text{m} > 0.006\text{m}$$

故降液管底隙高度设计合理。

选用凹形受液盘，深度 $h_w=50\text{mm}$。

e. 提馏段各项计算如下：

$$l'_w = 0.65\times 1.0 = 0.65\text{m}$$

$$h'_{ow} = \frac{2.84}{1000} E \left(\frac{l'_h}{l'_w}\right)^{2/3} = \frac{2.84}{1000} \times 1 \times \left(\frac{0.003 \times 3600}{0.65}\right)^{2/3} = 0.019\text{m}$$

$$h'_w = 0.06 - 0.019 = 0.041\text{m}$$

$$W'_d = 0.13 \times 1.0 = 0.13\text{m}$$

$$A'_f = 0.075 \times 0.785 = 0.059\text{m}^2$$

$$\theta = \frac{3600 A'_f H_T}{L'_h} = \frac{3600 \times 0.059 \times 0.45}{0.003 \times 3600} = 9\text{s} > 5\text{s}$$

$$h'_o = \frac{h'_h}{3600 l'_w u'_0} = \frac{0.003 \times 3600}{3600 \times 0.65 \times 0.2} = 0.023\text{m}$$

$$h'_w - h'_o = 0.046 - 0.023 = 0.023\text{m} > 0.006\text{m}$$

故降液管、降液管底隙高度设计合理。

② 塔板布置

a. 塔板的分块

因塔径 $D \geq 800\text{mm}$，故塔板采用分块式塔板，查表 4-7 可得塔板分为 3 块。

b. 取边缘区宽度的计算

取安定区宽度 $W_s = W'_s = 0.065\text{m}$，$W_c = 0.035\text{m}$。

c. 开孔区面积计算

按照公式（4-16）计算开孔区面积 A_a。

$$x = \frac{D}{2} - (W_d + W_s) = \frac{1.0}{2} - (0.13 + 0.065) = 0.305\text{m}$$

$$R = \frac{D}{2} - W_c = \frac{1.0}{2} - 0.035 = 0.465\text{m}$$

$$A_a = 2\left(x\sqrt{R^2 - x^2} + \frac{\pi R^2}{180}\arcsin\frac{x}{R}\right) = 2\left(0.305\sqrt{0.465^2 - 0.305^2} + \frac{\pi 0.465^2}{180}\arcsin\frac{0.305}{0.465}\right) = 0.523\text{m}^2$$

d. 筛孔计算及其排列

由于处理的是苯—甲苯物系，无腐蚀性，故选用 δ=3mm 碳钢，取筛孔直径 d_o=5mm。筛孔按照正三角形排列，取孔中心距 $t=3d_o$，故：

$$t = 3 \times 5.0 = 15.0\text{mm}$$

筛孔数 n 为

$$n = \frac{1.155 A_a}{t^2} = \frac{1.155 \times 0.523}{0.015^2} = 2685$$

开孔率 φ 为

$$\varphi = \frac{A_0}{A_a} = 0.907 \left(\frac{d_o}{t}\right)^2 = 0.907 \times \left(\frac{0.005}{0.015}\right)^2 = 10.1\%$$

每层塔板上的开孔面积 A_0 为

$$A_0 = \varphi A_a = 10.1\% \times 0.523 = 0.052\text{m}^2$$

气体通过筛孔的气速为

$$u_0 = \frac{V_s}{A_0} = \frac{0.645}{0.052} = 12.40 \text{m} \cdot \text{s}^{-1}$$

(7) 筛板的流体力学验算

① 塔板压降

a. 干板阻力 h_c

干板阻力由式（4-26）计算。因 $d_o/\delta=5/3=1.67$，查图 4-15 得 $C_0=0.781$，则

$$h_c = 0.051\left(\frac{u_0}{C_0}\right)^2 \frac{\rho_V}{\rho_L} = 0.051 \times \left(\frac{12.4}{0.781}\right)^2 \times \frac{2.93}{803.16} = 0.047 \text{m 液柱}$$

b. 气体通过液层的阻力 h_l

气体通过液层的阻力 h_l 可用式（4-30）估算。

$$h_l = \beta h_L = \beta(h_w + h_{ow})$$

$$u_a = \frac{V_s}{A_T - A_f} = \frac{0.645}{0.785 - 0.059} = 0.901 \text{m} \cdot \text{s}^{-1}$$

$$F_0 = u_a\sqrt{\rho_V} = 0.901\sqrt{2.93} = 1.542 \text{kg}^{0.5} \cdot \text{s}^{-1} \cdot \text{m}^{-0.5}$$

由图 4-16 查取 $\beta=0.58$，则

$$h_l = \beta h_L = \beta(h_w + h_{ow}) = 0.58 \times (0.046 + 0.014) = 0.035 \text{m 液柱}$$

c. 液体表面张力阻力 h_σ

液体表面张力阻力 h_σ 可由式（4-32）估算，即

$$h_\sigma = \frac{4\sigma_L}{\rho_L g d_o} = \frac{4 \times 20.53 \times 10^{-3}}{803.16 \times 9.81 \times 0.005} = 0.002 \text{m 液柱}$$

气体通过每层塔板的液柱高度 h_p 为

$$h_p = 0.047 + 0.035 + 0.002 = 0.084 \text{m 液柱}$$

则，气体通过每层塔板的压降为

$$\Delta p_p = h_p \rho_L g = 0.084 \times 803.16 \times 9.81 = 0.662 \text{kPa} < 0.7 \text{kPa（设计允许值）}$$

② 液面落差。对于筛板塔，液面落差很小，且本计算示例的塔径和液流量均不大，故可忽略液面落差的影响。

③ 液沫夹带量 e_V。液沫夹带量 e_V 由公式（4-34）计算，则

$$e_V = \frac{5.7 \times 10^{-6}}{\sigma_L}\left(\frac{u_a}{H_T - h_f}\right)^{3.2}$$

$$h_f = 2.5 h_L = 2.5 \times 0.06 = 0.15 \text{m}$$

故

$$e_V = \frac{5.7 \times 10^{-6}}{20.53 \times 10^{-3}}\left(\frac{0.901}{0.45 - 0.15}\right)^{3.2} = 0.0094 \text{kg 液} \cdot \text{kg}^{-1} \text{气} < 0.1 \text{kg 液} \cdot \text{kg}^{-1} \text{气}$$

因此，本设计中液沫夹带量 e_V 在允许范围内。

④ 漏液。对于筛板塔，可由式（4-37）计算漏液点气速 u_{ow}。

$$u_{ow} = 4.4C_0\sqrt{(0.0056+0.13h_L-h_\sigma)\rho_L/\rho_V}$$
$$= 4.4\times 0.781\sqrt{(0.0056+0.13\times 0.06-0.002)\times 803.16/2.93} = 6.23\text{m}\cdot\text{s}^{-1}$$

实际气体通过筛孔的气速 u_0=12.4m·s^{-1}，则筛板的稳定系数为

$$K' = \frac{u_0}{u_{ow}} = \frac{12.4}{6.23} = 1.99 > 1.5$$

因此，本设计不会产生明显漏液。

⑤ 液泛。为防止塔内发生液泛，应使降液管中清液层高度服从式（4-43）的关系，即：

$$H_d \leq \phi(H_T+h_w)$$

对于苯-甲苯物系，取 ϕ=0.5，则

$$\phi(H_T+h_w)=0.5\times(0.45+0.046)=0.248\text{m}$$

降液管中清液层高度为

$$H_d=h_p+h_L+h_d$$

如塔板上不设进口堰，可由式（4-41）计算

$$h_d = 0.153u_0'^2 = 0.153\times 0.2^2 = 0.006\text{m 液柱}$$
$$H_d = h_p+h_L+h_d = 0.084+0.06+0.006=0.15\text{m 液柱}$$

满足 $H_d \leq \phi(H_T+h_w)$ 的要求，因此本设计中不会发生液泛。

提馏段的流体力学验算与精馏段类似，此处计算略去。

（8）塔板负荷性能图

① 液沫夹带线。以 e_v=0.1kg 液·kg^{-1} 气为限，V_s—L_s 关系如下：

$$e_V = \frac{5.7\times 10^{-6}}{\sigma_L}\left(\frac{u_a}{H_T-h_f}\right)^{3.2}$$

$$u_a = \frac{V_s}{A_T-A_f} = \frac{V_s}{0.785-0.059} = 1.377V_s$$

$$h_f = 2.5h_L = 2.5(h_w+h_{ow})$$

$$h_w = 0.046\text{m}$$

$$h_{ow} = \frac{2.84}{1000}E\left(\frac{L_h}{l_w}\right)^{2/3} = \frac{2.84}{1000}\times 1\times\left(\frac{3600L_s}{0.65}\right)^{2/3} = 0.915L_s^{2/3}$$

则 $$h_f = 2.5(h_w+h_{ow}) = 0.115+2.288L_s^{2/3}$$

$$H_T-h_f = 0.45-0.115-2.288L_s^{2/3} = 0.335-2.288L_s^{2/3}$$

$$e_V = \frac{5.7\times 10^{-6}}{20.53\times 10^{-3}}\left(\frac{1.377V_s}{0.335-2.288L_s^{2/3}}\right)^{3.2} = 0.1$$

整理得 $$V_s = 1.531-10.458L_s^{2/3}$$

在操作范围内，任取几个 L_s 值，利用上式算出相应的 V_s 值列于表 4-12 中，在 V_s-L_s 图中作出液沫夹带线 1。

表 4-12 V_s 计算结果

$L_s/m^3 \cdot s^{-1}$	0.0006	0.0015	0.0030	0.0045
$V_s/m^3 \cdot s^{-1}$	1.458	1.397	1.318	1.251

② 漏液线

由

$$u_{ow} = 4.4 C_0 \sqrt{(0.0056 + 0.13 h_L - h_\sigma)\rho_L / \rho_V}$$

$$u_{ow} = \frac{V_{s,min}}{A_0}$$

$$h_L = h_w + h_{ow}$$

$$h_{ow} = \frac{2.84}{1000} E \left(\frac{L_h}{l_w}\right)^{2/3}$$

得

$$V_{s,min} = 4.4 C_0 A_0 \sqrt{\left\{0.0056 + 0.13\left[h_w + \frac{2.84}{1000} E \left(\frac{L_h}{l_w}\right)^{2/3}\right] - h_\sigma\right\}\rho_L / \rho_V}$$

$$= 4.4 \times 0.781 \times 0.052 \sqrt{\left\{0.0056 + 0.13\left[0.046 + \frac{2.84}{1000} \times 1 \times \left(\frac{3600 L_s}{0.65}\right)^{2/3}\right] - 0.002\right\} 803.16 / 2.93}$$

整理得

$$V_{s,min} = 2.959 \sqrt{0.01 + 0.119 L_s^{2/3}}$$

在操作范围内任取 n 个 L_s 值，利用上式计算相应的 V_s 值列于表 4-13，作出漏液线 2。

表 4-13 V_s 计算结果

$L_s/m^3 \cdot s^{-1}$	0.0006	0.0015	0.0030	0.0045
$V_s/m^3 \cdot s^{-1}$	0.308	0.318	0.330	0.340

③ 液相负荷上限线。取液体在降液管中停留时间 $\theta=4s$，由式（4-13）得：

$$\theta = \frac{A_f H_T}{L_s} = 4$$

$$L_{s,max} = \frac{A_f H_T}{4} = \frac{0.059 \times 0.45}{4} = 0.007 \text{m}^3 \cdot s^{-1}$$

在 V_s-L_s 坐标图上作出与气体流量 V_s 无关的垂直线为液相负荷上限线 3。

④ 液相负荷下限线。对于平直堰，取堰上液层高度 $h_{ow}=0.006$m 作为最小液体负荷标准，按照式（4-7），取 $E \approx 1.0$，可知：

$$h_{ow} = \frac{2.84}{1000} E \left(\frac{3600 L_s}{l_w}\right)^{2/3} = \frac{2.84}{1000} \times 1 \times \left(\frac{3600 L_s}{0.65}\right)^{2/3} = 0.006 \text{m}$$

则： $$L_{s,\min}=\left(\frac{0.006\times1000}{2.84}\right)^{3/2}\times\frac{0.65}{3600}=0.00055\text{m}^3\cdot\text{s}^{-1}$$

在 V_s-L_s 坐标图上作出与气体流量 V_s 无关的垂直线为液相负荷下限线4。

⑤ 液泛线

令
$$H_d=\phi(H_T+h_w)$$
$$H_d=h_p+h_L+h_d$$
$$h_p=h_c+h_l+h_\sigma$$
$$h_l=\beta h_L$$
$$h_L=h_w+h_{ow}$$

联立得
$$\phi H_T+(\phi-\beta-1)h_w=(\beta+1)h_{ow}+h_c+h_d+h_\sigma$$

忽略 h_σ，将关系式 h_{ow} 与 L_s、h_d 与 L_s、h_c 与 V_s 代入上式，整理得
$$a'V_s^2=b'-c'L_s^2-d'L_s^{2/3}$$

其中
$$a'=\frac{0.051}{(A_0C_0)^2}\left(\frac{\rho_V}{\rho_L}\right)=\frac{0.051}{(0.052\times0.781)^2}\left(\frac{2.93}{803.16}\right)=0.093$$

$$b'=\phi H_T+(\phi-\beta-1)h_w=0.5\times0.45+(0.5-0.58-1)\times0.046=0.175$$

$$c'=\frac{0.153}{(l_wh_0)^2}=\frac{0.153}{(0.65\times0.015)^2}=1609$$

$$d'=2.84\times10^3E(1+\beta)\left(\frac{3600}{l_w}\right)^{2/3}=2.84\times10^3\times1\times(1+0.58)\left(\frac{3600}{0.65}\right)^{2/3}=1.446$$

故
$$V_s^2=1.882-17301L_s^2-15.548L_s^{2/3}$$

在操作范围内任取 n 个 L_s 值，利用上式计算相应的 V_s 值列于表4-14，作出液泛线5。

表4-14 V_s 计算结果

L_s/m³·s⁻¹	0.0006	0.0015	0.0030	0.0045
V_s/m³·s⁻¹	1.329	1.280	1.184	1.052

根据以上各线方程，绘出筛板塔精馏段的负荷性能图，如图4-26所示。

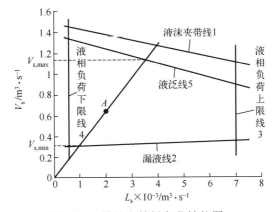

图4-26 精馏段筛板负荷性能图

5 条线包围区域为精馏段塔板操作区，A 为操作点，OA 为操作线。由图可以看出，该筛板塔的操作上限为液泛控制，下限为漏液控制，查得：

$$V_{s,\min}=0.315\,\mathrm{m^3 \cdot s^{-1}}, \quad V_{s,\max}=1.122\,\mathrm{m^3 \cdot s^{-1}}$$

故精馏段的操作弹性为

$$\frac{V_{s,\max}}{V_{s,\min}} = \frac{1.122}{0.315} = 3.562$$

提馏段也要进行类似的计算，得到提馏段筛板负荷性能图，本例从略。

所设计筛板塔的主要结果汇总于表 4-15。

表 4-15 筛板塔设计计算结果

序号	项目	数值	序号	项目	数值
1	精馏段平均温度 t_m/℃	89.65	19	安定区宽度/m	0.065
2	提馏段平均温度 t'_m/℃	106.9	20	边缘区宽度/m	0.035
3	精馏段平均压力 p_m/kPa	108.8	21	开孔区面积/m²	0.523
4	提馏段平均压力 p'_m/kPa	116.85	22	筛孔直径/m	0.005
5	精馏段气相体积流率 V_s/m³·s⁻¹	0.645	23	筛孔数目	2685
6	精馏段液相体积流率 L_s/m³·s⁻¹	0.002	24	孔中心距/m	0.015
7	提馏段气相体积流率 V'_s/m³·s⁻¹	0.630	25	开孔率/%	10.1
8	提馏段液相体积流率 L'_s/m³·s⁻¹	0.003	26	精馏段空塔气速/m·s⁻¹	0.822
9	塔的有效高度 Z/m	10.25	27	提馏段空塔气速/m·s⁻¹	0.803
10	塔径/m	1.0	28	筛孔气速/m·s⁻¹	12.4
11	板间距/m	0.45	29	稳定系数	1.99
12	溢流形式	单溢流	30	单板压降/kPa	0.662
13	降液管形式	弓型	31	负荷上限	液泛控制
14	堰长/m	0.65	32	负荷下限	漏液控制
15	堰高/m	0.046	33	液沫夹带/kg 液·kg⁻¹气	0.0094
16	板上液层高度/m	0.06	34	气相负荷上限/m³·s⁻¹	1.123
17	堰上液层高度/m	0.014	35	气相负荷下限/m³·s⁻¹	0.315
18	降液管底隙高度/m	0.015	36	操作弹性	3.565

4.3 填料塔的设计

在化工分离过程的操作中，填料塔是最常用的气液传质设备之一，类型很多，设计的原则大体相同，其设计步骤如下：

① 根据给定的设计任务和工艺要求，确定设计方案；
② 根据给定的设计任务和工艺要求，合理地选择填料；
③ 依据物料及热量衡算确定塔径、填料层高度等工艺尺寸；

④ 计算填料层的压降；
⑤ 进行填料塔塔内件的设计与选型。

4.3.1 设计方案的确定

（1）填料精馏塔设计方案的确定　填料精馏塔设计方案的确定包括装置流程的确定、操作压力的确定、进料热状况的选择、加热方式的选择及回流比的选择等，其确定原则与板式精馏塔基本相同，参见 4.2。

（2）填料吸收塔设计方案的确定　填料吸收塔设计方案主要包括装置流程的确定、吸收剂的选择、设备类型的选择、操作参数选择等内容。

① 装置流程的确定

a. 逆流操作。气相自塔底进入由塔顶排出，液相自塔顶进入由塔底排出，即逆流操作，装置流程如图 4-27 所示。逆流操作的特点是，具有较大的传质平均推动力，传质速率快，分离效率高，吸收剂利用率高。工业上常采用逆流操作。

b. 并流操作。气液两相均从塔顶流向塔底，即并流操作，装置流程如图 4-28 所示。并流操作的特点是，系统不受液流限制，可提高操作气速，以提高生产能力。根据其特点，并流适用于以下场合：当吸收过程的平衡曲线较平坦时，流向对推动力影响不大；易溶气体的吸收或待处理的气体不需吸收得很完全；吸收剂用量特别大，逆流操作易引起液泛。

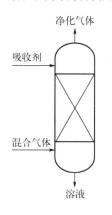

图 4-27　逆流吸收塔

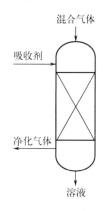

图 4-28　并流吸收塔

c. 吸收剂部分循环操作。在逆流操作系统中，用泵将吸收塔排出液体的一部分冷却后与补充的新鲜吸收剂一同送回塔内，即部分循环操作，装置流程如图 4-29 所示。根据其特点，部分循环操作适用于以下场合：当液相喷淋量过小时，降低了填料塔的分离效率，为提高塔的液体喷淋密度；对于非等温吸收过程，为控制塔内的温升，需取出一部分热量；相平衡常数 m 值很小的情况，通过吸收液的部分再循环，提高吸收剂的使用效率。吸收剂部分循环操作比逆流操作的平均推动力要低，需设置循环泵。

d. 多塔串联操作。若设计的填料层高度过大，或由于所处理物料等需经常清理填料，为便于维修，可把填料层分装在几个串联的塔内，每个吸收塔通过的吸收剂和气体量都相等，即为多塔串联操作，装置流程如图 4-30 所示。此种操作因塔内需留较大空间，输液、喷淋、支承板等辅助装置增加，使设备投资加大。

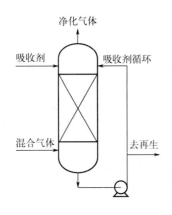

图 4-29 吸收剂部分循环操作吸收塔

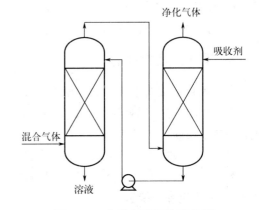

图 4-30 多塔串联操作吸收塔

e. 串联-并联操作。若吸收过程处理的液量较大，采用一般流程会使液体在塔内的喷淋密度过大，操作气速势必很小（否则易引起塔的液泛），塔的生产能力很低。实际生产中可采用气相作串联、液相作并联的混合流程；若吸收过程处理的液量不大而气相流量很大，可采用液相作串联、气相作并联的混合流程。

总之，在实际应用中，应根据生产任务、工艺特点，结合各种流程的优缺点选择适宜的流程布置。

② 吸收剂的选择。选择适宜的吸收剂对吸收过程的经济性和吸收性能有着十分重要的影响。一般应满足：

a. 溶解度。吸收剂对溶质的溶解度要大，以提高吸收速率并减少吸收剂用量。

b. 选择性。吸收剂对溶质要有较好的选择性，而对混合气中的其他组分不吸收或吸收甚微。

c. 挥发性。操作条件下吸收剂的蒸气压要低，不易挥发。

d. 再生性。吸收剂应能够通过温度、压力等条件控制，容易再生。

e. 黏度。操作条件下吸收剂的黏度要低，有助于传质速率和传热速率的提高。

f. 其他。吸收剂应尽可能无毒、无腐蚀性、不易燃易爆、不易发泡等，以及满足价廉易得等经济性要求。

一般来说，任何一种吸收剂都难以满足以上所有要求，选用时要综合考虑工艺要求和经济合理性。工业上常用水作为吸收剂，但水对某些溶质的溶解度小而限制了它的应用。对于不同的气体，工业上常用的吸收剂见表 4-16。

表 4-16 工业上常用吸收剂

溶质	吸收剂	溶质	吸收剂
H_2S	碱液、砷碱液、有机溶剂	丁二烯	乙醇、乙腈
SO_2	浓碳酸、亚硫酸盐水溶液、柠檬酸水溶液、水	二氯乙烯	煤油
HCl	水	$C_2 \sim C_5$ 烃类	碳六油
NO、NO_2	水、稀硝酸、Na_2CO_3 水溶液	丙酮蒸气	水
苯蒸气	洗油、煤油	氨	水、硫酸
CO_2	水、碱液、碳酸丙烯酯	CO	铜氨液

③ 操作压力和温度的确定

a. 操作压力。由吸收过程的气液平衡关系可知，压力升高一方面提高吸收过程的传质推动力，从而提高过程的传质速率；另一方面，也可以采用较小气体的体积流率，减小吸收塔径。因此，加压操作十分有利。但从过程的经济性角度看，专门为吸收操作对气体进行加压不十分合理，需结合具体工艺条件综合考虑确定压力。一般情况下，若前一道工序的压力参数下可以进行吸收操作，则以前道工序的压力作为吸收单元的操作压力。对于减压再生（闪蒸）操作，其操作压力依据吸收剂的再生要求而定，逐次或一次从吸收压力减至再生操作压力，逐次闪蒸的再生效果一般要优于一次闪蒸效果。

b. 操作温度。由吸收过程的气液平衡关系可知，降低操作温度可增加溶质组分的溶解度，即低温利于吸收。但采用制冷动力而使操作温度低于环境温度是不可取的。一般情况下，常温吸收较为合理。对于再生操作，较高的操作温度可以降低溶质的溶解度，有利于吸收剂的再生。

4.3.2 填料的类型与选择

填料是填料塔的核心构件，它提供了塔内气液两相接触而进行传质或传热的表面，与塔的结构一起决定了填料塔的性能。因此，填料的选择是填料塔设计的重要环节。

4.3.2.1 填料的类型

填料的种类很多，现代工业填料大体可分为实体填料和网体填料两大类，而按装填方式可分为散装填料和规整填料。

（1）散装填料　散装填料是一个个具有特定几何形状和尺寸的颗粒体，一般以随机的方式堆积在塔内，又称为乱堆填料或颗粒填料。散装填料根据结构特点不同，又可分为环形填料、鞍形填料、环鞍形填料、球形填料及花环形填料等。现介绍几种典型的散装填料。

① 环形填料　主要包括拉西环、鲍尔环、阶梯环、十字环、θ环等，如图4-31所示。

a. 拉西环填料。拉西环填料是最早提出的工业填料，是一外径与高相等的圆环，可用陶瓷、塑料、金属等材质制造。由于构造简单，制造容易，曾得到了广泛的应用，但是其气液分布较差，存在较严重的塔壁偏流和沟流现象，传质效率很低，阻力大，通量小，目前工业上已很少应用。

图4-31　几种环形填料

b. 鲍尔环填料。鲍尔环填料是在拉西环的基础上改进而得，是目前应用较广的填料之一。其是在拉西环的壁上开两排长方形窗口，被切开的环壁形成叶片，一端与壁相连，另一端向环内弯曲，并在中心处与其他叶片相搭，可用陶瓷、塑料、金属等材质制造。鲍尔环的构造提高了环内空间和环内表面的有效利用率，使气体阻力降低，液体分布均匀，提高了传质效果。与拉西环填料相比，其通量可增加50%以上，传质效率提高30%左右。

c. 阶梯环填料。阶梯环填料是对鲍尔环改进后发展起来的新型环形填料，综合性能优于鲍尔环，成为目前使用的环形填料中最为优良的一种。其环壁上开有窗口，环内有一层互相交错的十字形翅片，翅片交错45°角；圆筒一端为向外翻卷的喇叭口，其高度约为全高的1/5，而直筒高度为填料直径的一半。由于两端形状不对称，在填料中各环相互呈点接触，增大了填料的空隙率，使填料的表面积得以充分利用，因此可使压降降低，传质效果提高。

d. 十字环填料。十字环填料是在拉西环的基础上改进而成，操作时可使塔内压降相对降低，沟流和壁流较少，效率较拉西环高。

e. θ环填料。θ环填料是在拉西环的基础上改进而成，在环的中间有一隔板，增大了填料的比表面积，可用陶瓷、石墨、塑料或金属制成。

② 鞍形填料。主要包括弧鞍形填料、矩鞍形填料和环矩鞍填料，如图4-32和图4-33所示。

(a) 矩鞍形　(b) 弧鞍形

图4-32　鞍形填料

图4-33　金属环矩鞍填料

a. 弧鞍形填料。弧鞍形填料的形状如马鞍，结构简单，一般用陶瓷制成。由于填料表面全部敞开，不分内外，液体在表面两侧均匀流动，表面利用率高，流道呈弧形，流动阻力小。其缺点是由于两面对称结构，在填料中互相重叠，使填料表面不能充分利用，传质效率降低；填料强度交叉，容易破碎，限制了其在工业生产中的应用。

b. 矩鞍形填料。将弧鞍形填料两端的弧形面改为矩形面，且两面大小不等。由于填料中不能互相重叠，液体分布均匀，因此填料表面利用率好，传质效果比相同尺寸的拉西环好。目前，国内绝大多数应用瓷拉西环的场合，均已被瓷矩鞍形填料取代。

c. 环矩鞍填料。环矩鞍填料是结合了开孔环形填料和矩鞍形填料的优点而开发出来的新型填料，即将矩鞍环的实体变为两条环形筋，而鞍形内侧成为有两个伸向中央的舌片的开孔环。这种结构有利于流体分布，增加了气体通道，因而具有阻力小、通量大、效率高的特点。其性能优于鲍尔环和阶梯环，是工业应用最为普遍的一种金属散装填料。

(a) 多面球形填料　(b) TRI球形填料

图4-34　球形填料

③ 球形填料。球形填料的外部轮廓为一个球体，一般采用塑料材质注塑而成，其结构有多种，常见的有由许多板片构成的多面球填料和由许多枝条的格栅组成的TRI球形填料等，结构如图4-34所示。球形填料的特点是球体为空心，可以允许气体、液体从其内部通过，由于球体结构的对称性，填料装填密度均匀，不易产生空穴和架桥，所以气液分散性能好。球形填料通常用于气体的吸收和除尘净化等过程。

④ 花环填料。花环填料是近年来开发出的具有各种独特构型的塑料填料的统称，是散装填料的另一种形式。花环填料的结构形式有多种，如泰勒花环填料、茵派克填料、海尔环填料、花轭环填料等。其特点是通量大、压降低、耐腐蚀及抗冲击性能好，还有填料间不会嵌套、壁流效应小及气液分布均匀等优点。工业上，花环填料多用于气体吸收和冷却等过程。

（2）规整填料 规整填料是由许多相同尺寸和形状的材料组成的填料单元，以整砌的方式装填在塔内。规整填料的种类很多，根据其结构可分为波纹填料、格栅填料、脉冲填料等，工业上应用的规整填料绝大部分为波纹填料，波纹填料按结构分为网波纹填料和板波纹填料两大类，可用陶瓷、塑料、金属等材质制造。加工中，波纹与塔轴的倾角有 30°和 45°两种，倾角为 30°以代号 BX（或 X）表示，倾角为 45°以代号 CY（或 Y）表示。

金属丝网波纹填料是网波纹填料的主要形式，是由金属丝网制成的。其特点是压降低、分离效率高，特别适用于精密精馏及真空精馏装置，为难分离物系、热敏性物系的精馏提供了有效的手段。尽管其造价高，但因性能优良仍得到了广泛的应用。

金属板波纹填料是板波纹填料的主要形式。该填料的波纹板片上冲压有许多 $\phi 4\sim 6mm$ 的小孔，可起到粗分配板片上的液体、加强横向混合的作用。波纹板片上轧成细小波纹，可起到细分配板片上的液体、增强表面润湿性能的作用。金属孔板波纹填料强度高、耐腐蚀性强，特别适用于大直径塔及气液负荷较大的场合。

波纹填料的优点是结构紧凑，阻力小，传质效率高，处理能力大，比表面积大。其缺点是不适于处理黏度大、易聚合或有悬浮物的物料，且装卸、清理困难，造价高。

4.3.2.2 填料的选择

填料的选择包括确定填料的种类、规格及材质等。所选填料既要满足生产工艺的要求，又要使设备投资和操作费用较低。

（1）填料种类的选择 填料种类的选择要考虑分离工艺的要求，通常考虑以下几个方面。

① 传质效率。传质效率即分离效率，它有两种表示方法：一是以理论级进行计算的表示方法，以每个理论级当量的填料层高度表示，即 HETP 值；二是以传质速率进行计算的表示方法，以每个传质单元相当的填料层高度表示，即 HTU 值。在满足工艺要求的前提下，应选用传质效率高，即 HETP（或 HTU）值低的填料。对于常用的工业填料，其 HETP（或 HTU）值可从有关手册或文献中查到，也可以通过一些经验公式估算。

② 通量。在相同的液体负荷下，填料的泛点气速越高或气相动能因子越大，则通量越大，塔的处理能力亦越大。因此，选择填料种类时，在保证具有较高传质效率的前提下，应选择具有较高泛点气速或较大气相动能因子的填料。对于大多数常用填料，其泛点气速或气相动能因子可从有关手册或文献中查到，也可以通过一些经验公式估算。

③ 填料层的压降。填料层的压降是填料的主要应用性能，填料层的压降越低，动力消耗越低，操作费用越少。选择低压降的填料对热敏性物系的分离尤为重要。比较填料层的压降有两种方法，一是比较填料层单位高度的压降 $\Delta p/Z$；二是比较填料层单位传质效率的比压降 $\Delta p/N_T$。填料层的压降可以通过一些经验公式估算，也可以从有关图表中查出。

④ 填料的操作性能。填料的操作性能主要指操作弹性、抗污堵性及抗热敏性等。所选填料应具有较大的操作弹性，以保证塔内气液负荷发生波动时维持操作稳定。同时，还应具有一定的抗污堵性及抗热敏能力，以适应物料的变化及塔内温度的变化。

（2）填料规格的选择 通常，散装填料与规整填料的规格表示方法不同，选择的方法亦不尽相同。

① 散装填料规格的选择。散装填料的规格通常是指填料的公称直径。工业上常用的散装填料主要有 DN16、DN25、DN38、DN50、DN76 等几种规格。同类填料，尺寸越小，分离效率越高，但阻力增加，通量减小，填料费用也增加很多。而大尺寸的填料应用于小直径塔中，

又会产生液体分布不良及严重的壁流,使塔的分离效率降低。因此,对塔径与填料尺寸的比值要有一规定,常用填料的塔径与填料公称直径比值 D/d 的推荐值列于表 4-17。

表 4-17 塔径与填料公称直径比值 D/d 的推荐值

填料种类	D/d 的推荐值	填料种类	D/d 的推荐值
拉西环	≥20～30	阶梯环	>8
鞍形填料	≥15	环矩鞍	>8
鲍尔环	≥10～15		

② 规整填料规格的选择。工业上常用规整填料的型号和规格的表示方法很多,国内习惯用比表面积表示,主要有 $125m^2 \cdot m^{-3}$、$150m^2 \cdot m^{-3}$、$250m^2 \cdot m^{-3}$、$350m^2 \cdot m^{-3}$、$500m^2 \cdot m^{-3}$、$700m^2 \cdot m^{-3}$ 等几种规格,同种类型的规整填料,其比表面积越大,传质效率越高,但阻力增加,通量减小,填料费用也明显增加。选用时应从分离要求、通量要求、场地条件、物料性质及设备投资、操作费用等方面综合考虑,使所选填料既能满足工艺要求,又具有经济合理性。

应予指出,一座填料塔可以选用同种类型、同一规格的填料,也可选用同种类型、不同规格的填料;可以选用同种类型的填料,也可选用不同类型的填料;有的塔段可选用规整填料,而有的塔段也可选用散装填料。设计时应灵活掌握,根据技术经济统一的原则来选择填料的规格。

(3) 填料材质的选择 工业上,填料的材质分为陶瓷、金属和塑料 3 大类。

① 陶瓷填料。陶瓷填料具有良好的耐腐蚀性和耐热性,一般能耐除氢氟酸外常见的各种无机酸、有机酸的腐蚀,对强碱介质,可以选用耐碱配方制造的耐碱陶瓷填料。

陶瓷填料因其质脆、易碎,不宜在高冲击强度下使用。陶瓷填料价格便宜,具有很好的表面润湿性能,工业上,主要用于气体吸收、气体洗涤、液体萃取等过程。

② 金属填料。金属填料可用多种材质制成,金属材质的选择主要根据物系的腐蚀性和金属材质的耐腐蚀性来综合考虑。碳钢填料造价低,且具有良好的表面润湿性能,对于无腐蚀或低腐蚀性物系应优先考虑使用;不锈钢填料耐腐蚀性强,一般能耐除 Cl^- 以外常见物系的腐蚀,但其造价较高;钛、特种合金钢等材质制成的填料造价极高,一般只在某些腐蚀性极强的物系下使用。

金属填料可制成薄壁结构(0.2～1.0mm),与同种类型、同种规格的陶瓷、塑料填料相比,它的通量大、气体阻力小,且具有很高的抗冲击性能,能在高温、高压、高冲击强度下使用,工业应用主要以金属填料为主。

③ 塑料填料。塑料填料的材质主要包括聚丙烯(PP)、聚乙烯(PE)及聚氯乙烯(PVC)等,国内一般多采用聚丙烯材质。塑料填料的耐腐蚀性能较好,可耐一般的无机酸、碱和有机溶剂的腐蚀,其耐温性良好,可长期在 100℃ 以下使用。聚丙烯填料在低温(低于 0℃)时具有冷脆性,在低于 0℃ 的条件下使用要慎重,可选用耐低温性能好的聚氯乙烯填料。

塑料填料具有质轻、价廉、耐冲击、不易破碎等优点,多用于吸收、解吸、萃取、除尘等装置中。塑料填料的缺点是表面润湿性能差,在某些特殊应用场合,需要对其表面进行处理,以提高表面润湿性能。

4.3.3 填料塔工艺尺寸的计算

填料塔工艺尺寸的计算包括塔径、填料层高度的计算及分段等。

4.3.3.1 塔径的确定

填料塔塔径仍然可依据式（4-2）计算：

$$D = \sqrt{\frac{4V_s}{\pi u}}$$

式中，塔内气体流量 V_s 由设计任务给定，因此，其核心问题是如何确定空塔气速 u。

（1）空塔气速的确定

① 泛点气速法。泛点气速是填料塔操作气速的上限，空塔气速 u 必须小于泛点气速 u_F，二者之比称为泛点率。

泛点率的选择主要考虑填料类型、操作压力和物系的发泡程度等方面的因素。设计中，对于散装填料，其泛点率的经验值为 $u/u_F=0.5\sim0.85$，对于规整填料，其泛点率的经验值为 $u/u_F=0.6\sim0.95$；对于加压操作的塔，应取较高的泛点率，对于减压操作的塔，应取较低的泛点率；对于易起泡的物系应取较低的泛点率，对于不易产生气泡的物系可取较大的泛点率。

泛点气速可用经验方程计算，亦可用关联图求取。

Bain-Hougen（贝恩-霍根）关联式　填料塔的泛点气速可由贝恩-霍根关联式计算：

$$\lg\left[\frac{u_F^2}{g}\left(\frac{a_t}{\varepsilon^3}\right)\left(\frac{\rho_V}{\rho_L}\right)\mu_L^{0.2}\right] = A - K\left(\frac{L}{V}\right)^{1/4}\left(\frac{\rho_V}{\rho_L}\right)^{1/8} \quad (4-45)$$

式中　u_F——泛点气速，$m \cdot s^{-1}$；
　　　g——重力加速度，$9.81 m \cdot s^{-2}$；
　　　a_t——填料总比表面积，$m^2 \cdot m^{-3}$；
　　　ε——填料层空隙率，$m^3 \cdot m^{-3}$；
　ρ_V、ρ_L——气相、液相的密度，$kg \cdot m^{-3}$；
　　　μ_L——液相黏度，$mPa \cdot s$；
　　V、L——气相、液相流体的质量流量，$kg \cdot h^{-1}$；
　　A、K——关联常数，与填料形状和材质有关，常用填料的 A、K 值见表 4-18。

表 4-18　常用填料的 A、K 值

散装填料类型	A	K	规整填料类型	A	K
塑料鲍尔环	0.0942	1.75	金属丝网波纹填料	0.30	1.75
金属鲍尔环	0.1	1.75	塑料丝网波纹填料	0.4201	1.75
塑料阶梯环	0.204	1.75	金属网孔波纹填料	0.155	1.47
金属阶梯环	0.106	1.75	金属孔板波纹填料	0.291	1.75
瓷矩鞍	0.176	1.75	塑料孔板波纹填料	0.291	1.563
金属环矩鞍	0.06225	1.75			

散装填料的泛点气速可用埃克特通用关联图计算，如图 4-35 所示。计算时，先由气液相

负荷及有关物性数据求出横坐标 $\dfrac{L}{V}\left(\dfrac{\rho_V}{\rho_L}\right)^{0.5}$ 的值,然后作垂线与相应的泛点线相交,再通过交点作水平线与纵坐标相交,求出纵坐标 $\dfrac{u^2\phi\psi}{g}\left(\dfrac{\rho_V}{\rho_L}\right)\mu_L^{0.2}$ 值。此时所对应的 u 即为泛点气速 u_F。

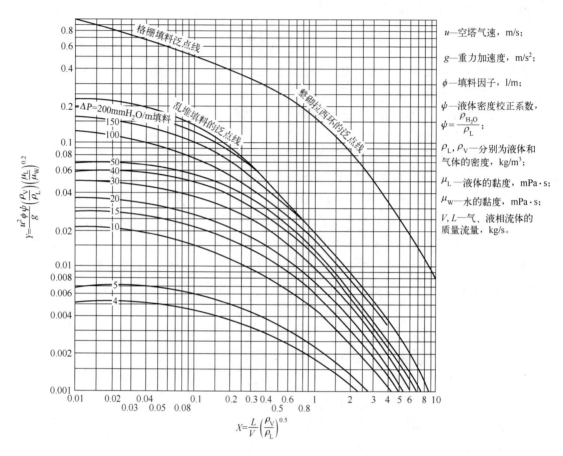

图 4-35 埃克特通用关联图

应予指出,用埃克特通用关联图计算泛点气速 u_F 时,所需的填料因子为液泛时的湿填料因子,称为泛点填料因子 ϕ_F。泛点填料因子 ϕ_F 与液体喷淋密度有关,为了工程计算的方便,常采用与喷淋密度无关的泛点填料因子平均值。常见的部分散装填料的泛点填料因子平均值见表 4-19。

表 4-19 散装填料泛点填料因子平均值

填料类型	填料因子/m^{-1}				
	DN16	DN25	DN38	DN50	DN76
塑料鲍尔环	550	280	184	140	92
金属鲍尔环	410	—	117	160	—
塑料阶梯环	—	260	170	127	—
金属阶梯环	—	—	160	140	—

续表

填料类型	填料因子/m⁻¹				
	DN16	DN25	DN38	DN50	DN76
瓷矩鞍	1100	550	200	226	—
金属环矩鞍	—	170	150	135	120
瓷拉西环	1300	832	600	410	—

② 气相能动因子（F）法。气相能动因子简称 F 因子，其定义为

$$F = u\sqrt{\rho_V} \tag{4-46}$$

气相能动因子法多用于规整填料空塔气速的确定。计算时，先从手册或图表中查出填料在操作条件下的 F 因子，然后依据式（4-46）即可计算出操作空塔气速 u。常见规整填料的适宜操作气相能动因子可从有关图表中查得。

应予指出，采用气相能动因子法计算适宜的空塔气速，一般用于≤0.2MPa 低压操作的场合。

③ 气相负荷因子（C_s）法。气相负荷因子法简称 C_s 因子，其定义为

$$C_s = u\sqrt{\frac{\rho_V}{\rho_L - \rho_V}} \tag{4-47}$$

气相负荷因子法多用于规整填料空塔气速的确定。计算时，先求出最大气相负荷因子 $C_{s,max}$，然后根据以下关系 $C_s=0.8C_{s,max}$ 计算出 C_s，再依据式（4-47）即可计算出操作空塔气速 u。

常用规整填料的 $C_{s,max}$ 的计算见有关填料手册，亦可从图 4-36 所示的曲线图查得 $C_{s,max}$。图中的横坐标 ψ 称为流动系数，其定义为

$$\psi = \frac{L}{V}\sqrt{\frac{\rho_V}{\rho_L}} \tag{4-48}$$

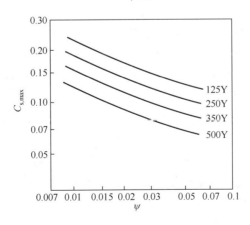

图 4-36 波纹填料最大负荷因子图

图 4-36 的曲线适用于板波纹填料。若以 250Y 型板波纹填料为基准，对于其他类型的波纹填料，需要乘以修正系数 C，其值见表 4-20。

表 4-20 其他类型板波纹填料的最大负荷修正系数

填料类别	型号	修正系数值
板波纹填料	250Y	1.0
丝网波纹填料	BX	1.0
丝网波纹填料	CY	0.65
陶瓷波纹填料	BX	0.8

(2) 塔径的计算与圆整　根据上述方法计算出空塔气速 u 后，即可计算出 D 值。应予指出，计算出的塔径 D 还应该按照塔径系列标准进行圆整，以符合设备的加工要求及设备定型。常用的标准塔径为 400mm、500mm、600mm、700mm、800mm、1000mm、1200mm、1400mm、1600mm、2000mm、2200mm 等。圆整后，再核算操作空塔气速 u 与泛点率。

(3) 液体喷淋密度的验算　填料塔的液体喷淋密度是指单位时间、单位塔截面上液体的喷淋量，其计算式为

$$U = \frac{L_h}{0.785D^2} \tag{4-49}$$

式中　U——液体喷淋密度，$m^3 \cdot m^{-2} \cdot h^{-1}$；

　　　L_h——液体喷淋量，$m^3 \cdot h^{-1}$；

　　　D——填料塔直径，m。

为使填料获得良好的润湿，应保证塔内液体的喷淋密度高于某一下限值，此极限值称为最小液体喷淋密度 U_{min}。

对于散装填料，其最小液体喷淋密度通常采用下式计算，即

$$U_{min} = (L_w)_{min} a_t \tag{4-50}$$

式中　U_{min}——最小液体喷淋密度，$m^3 \cdot m^{-2} \cdot h^{-1}$；

　　　$(L_w)_{min}$——最小润湿速率，$m^3 \cdot m^{-1} \cdot h^{-1}$；

　　　a_t——填料的总比表面积，$m^2 \cdot m^{-3}$。

最小润湿速率是指在塔的截面上，单位长度的填料周边的最小液体体积流量。其值可由经验公式计算(见有关填料手册)，也可采用一些经验值。对于直径不超过 75mm 的散装填料，可取最小润湿速率$(L_w)_{min}$ 为 $0.08m^3 \cdot m^{-1} \cdot h^{-1}$；对于直径大于 75mm 的散装填料，可取最小润湿速率$(L_w)_{min}$ 为 $0.12m^3 \cdot m^{-1} \cdot h^{-1}$。

对于规整填料，其最小液体喷淋密度可从相关填料手册中查得，设计中，通常取 U_{min} 为 $0.2m^3 \cdot m^{-2} \cdot h^{-1}$。

实际操作中，还应验算塔内的喷淋密度是否大于最小喷淋密度 U_{min}。若喷淋密度小于最小喷淋密度 U_{min}，则需调整，重新计算塔径，以及采用增加吸收剂用量或使液体再循环以加大液体流量，或在许可范围内减小塔径，或适当增加填料层高度予以补偿。

4.3.3.2　填料层高度的计算及分段

(1) 填料层高度的计算　填料层高度的计算分为传质单元数法和等板高度法。在工程设计中，对于吸收、解吸及萃取等过程中的填料塔的设计，多采用传质单元数法；而对于精馏过程中的填料塔的设计，则习惯用等板高度法。

① 传质单元数法。采用传质单元数计算填料层高度的基本公式为

$$Z = H_{OG} N_{OG} = H_{OL} N_{OL} \tag{4-51}$$

式中　　Z——填料层高度，m；

H_{OG}、H_{OL}——气相、液相总传质单元高度，m；

N_{OG}、N_{OL}——气相、液相传质单元数。

传质单元数的求法有三种：脱吸因数法、对数平均推动力法和图解积分法。

a. 脱吸因数法。若平衡关系为直线 $Y=mX+b$，传质单元数的计算可按下式进行：

$$N_{OG} = \frac{1}{1-S} \ln\left[(1-S)\frac{Y_1 - Y_2^*}{Y_2 - Y_2^*} + S\right] \tag{4-52}$$

$$N_{OL} = \frac{1}{1-A} \ln\left[(1-A)\frac{Y_1 - Y_2^*}{Y_1 - Y_1^*} + A\right] \tag{4-53}$$

式中　　S——脱吸因数，$S=1/A$，是平衡线与操作线斜率的比值，无因次；

Y_1、Y_2——进塔及出塔气体中溶质组分的摩尔比；

Y_1^*、Y_2^*——进塔及出塔气相平衡摩尔比。

b. 对数平均推动力法。若吸收过程平衡线为直线，则可用对数平均推动力法求总传质单元数。

$$N_{OG} = \int_{Y_2}^{Y_1} \frac{dY}{Y - Y^*} = \frac{Y_1 - Y_2}{\Delta Y_m} \tag{4-54}$$

$$N_{OL} = \int_{X_2}^{X_1} \frac{dY}{X^* - X} = \frac{X_1 - X_2}{\Delta X_m} \tag{4-55}$$

$$\Delta Y_m = \frac{\Delta Y_1 - \Delta Y_2}{\ln\frac{\Delta Y_1}{\Delta Y_2}} = \frac{(Y_1 - Y_1^*) - (Y_2 - Y_2^*)}{\ln\frac{Y_1 - Y_1^*}{Y_2 - Y_2^*}} \tag{4-56}$$

$$\Delta X_m = \frac{\Delta X_1 - \Delta X_2}{\ln\frac{\Delta X_1}{\Delta X_2}} = \frac{(X_1^* - X_1) - (X_2^* - X_2)}{\ln\frac{X_1^* - X_1}{X_2^* - X_2}} \tag{4-57}$$

c. 图解积分法。图解积分法是普遍适用于各种类型平衡线与操作线的一种通用方法。如图 4-37 所示，以气相总传质单元数 N_{OG} 为例说明其计算方法如下：在 Y_1 和 Y_2 之间的操作线上选取若干点，每一点代表塔内某一截面上气液两相的组成。分别从每一点作垂直线与平衡线相交，求出各点的传质推动力（$Y-Y^*$），作 $1/(Y-Y^*)$-Y 的曲线图，曲线下的面积即为 N_{OG} 值。

对于 N_{OL} 或其他形式的传质单元数（N_G、N_L）的图解积分，其方法和步骤与此相同。

传质单元高度的计算主要涉及传质系数的求解。传质系数不仅与流体的物性、气液两相流率、填料的类型及特性有关，还与全塔的液体分布、塔高和塔径有关。迄今为止，尚无通用的计算方法和公式，只能用一些准数关联式和经验公式来计算。其中应用较为广泛的是恩田等人的准数关联式。

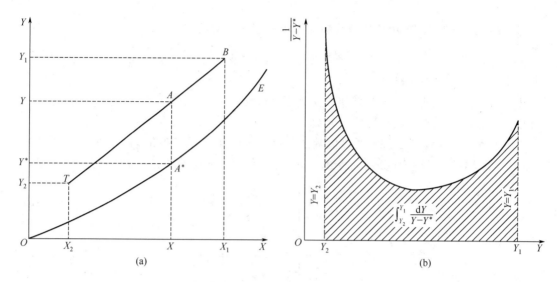

图 4-37 传质单元数的图解积分

修正的恩田公式为

$$k_G = 0.237 \left(\frac{U_V}{\alpha_t \mu_V} \right)^{0.7} \left(\frac{\mu_V}{\rho_V D_V} \right)^{1/3} \left(\frac{a_t D_V}{RT} \right) \tag{4-58}$$

$$k_L = 0.0095 \left(\frac{U_L}{a_w \mu_L} \right)^{2/3} \left(\frac{\mu_L}{\rho_L D_L} \right)^{-1/2} \left(\frac{\mu_L g}{\rho_L} \right)^{1/3} \tag{4-59}$$

$$k_G a = k_G a_w \psi^{1.1} \tag{4-60}$$

$$k_L a = k_L a_w \psi^{0.4} \tag{4-61}$$

其中

$$\frac{a_w}{a_t} = 1 - \exp\left\{ -1.45 \left(\frac{\sigma_c}{\sigma_L} \right)^{0.75} \left(\frac{U_L}{a_t \mu_L} \right)^{0.1} \left(\frac{U_L^2 a_t}{\rho_L^2 g} \right)^{-0.05} \left(\frac{U_L^2}{\rho_L \sigma_L a_t} \right)^{0.2} \right\} \tag{4-62}$$

式中 U_V、U_L——气体、液体的质量通量，$kg \cdot m^{-2} \cdot h^{-1}$；

μ_V、μ_L——气体、液体的黏度，$kg \cdot m^{-1} \cdot h^{-1}$[$1Pa \cdot s = 3600 kg \cdot m^{-1} \cdot h^{-1}$]；

ρ_V、ρ_L——气体、液体的密度，$kg \cdot m^{-3}$；

D_V、D_L——溶质在气体、液体中的扩散系数，$m^2 \cdot s^{-1}$；

R——通用气体常数，$8.314 m^3 \cdot kPa \cdot kmol^{-1} \cdot K^{-1}$；

a——单位体积填料层所能提供的有效传质面积，$m^2 \cdot m^{-3}$；

T——系统温度，K；

a_w、a_t——单位体积填料层的润湿表面积及总表面积，$m^2 \cdot m^{-3}$；

g——重力加速度，$1.27 \times 10^8 m \cdot h^{-2}$；

σ_L、σ_c——液体的表面张力及填料材质的临界表面张力，$kg \cdot h^{-2}$（$1 dyn \cdot cm^{-1} = 12960 kg \cdot h^{-2}$）；

ψ——填料形状系数。

常见材质的临界表面张力值见表 4-21，常见填料的形状系数见表 4-22。

表 4-21 常见材质的临界表面张力值

材质	碳	瓷	玻璃	聚丙烯	聚氯乙烯	钢	石蜡
表面张力/mN·m^{-1}	56	61	73	33	40	75	20

表 4-22 常见填料的形状系数

填料类型	球形	棒形	拉西环	弧鞍	开孔环
ψ 值	0.72	0.75	1	1.19	1.45

由修正的恩田公式计算出 $k_G a$ 和 $k_L a$ 后,可按下式计算气相总传质单元高度 H_{OG}:

$$H_{OG} = \frac{V}{K_Y a \Omega} = \frac{V}{K_G a p \Omega} \tag{4-63}$$

其中

$$K_G a = \frac{1}{1/k_G a + 1/H k_L a} \tag{4-64}$$

式中 H——溶解度系数,kmol·m^{-3}·kPa^{-1};

Ω——塔截面积,m^2。

应予指出,修正的恩田公式只适用于 $u \leqslant 0.5 u_F$ 的情况,当 $u > 0.5 u_F$ 时,需要按下式进行校正,即

$$k'_G a = \left[1 + 9.5 \left(\frac{u}{u_F} - 0.5\right)^{1.4}\right] k_G a \tag{4-65}$$

$$k'_L a = \left[1 + 2.6 \left(\frac{u}{u_F} - 0.5\right)^{2.2}\right] k_L a \tag{4-66}$$

② 等板高度法。采用等板高度法计算填料层高度的基本公式为

$$Z = \text{HETP} \cdot N_T \tag{4-67}$$

式中 Z——填料层高度,m;

HETP——等板高度,m;

N_T——理论板数。

理论板数的计算方法参照 4.2.3 塔体工艺尺寸的计算中理论板层数的计算,此处不再赘述。

等板高度与许多因素有关,不仅取决于填料的类型和尺寸,而且受系统物性、操作条件及设备尺寸的影响。目前尚无准确可靠的方法计算填料的 HETP 值。一般的方法是通过实验测定,或从工业应用的实际经验中选取 HETP 值,某些填料在一定条件下的 HETP 值可从有关填料手册中查得。近年来研究者通过大量数据回归得到了常压蒸馏时的 HETP 关联式如下:

$$\ln(\text{HETP}) = h - 1.292 \ln \sigma_L + 1.47 \ln \mu_L \tag{4-68}$$

式中 HETP——等板高度,mm;

σ_L——液体表面张力,N·m^{-1};

μ_L——液体黏度,Pa·s;

h——常数,其值见表 4-23。

表 4-23 HETP 关联式中的常数值

填料类型	h	填料类型	h
DN25 金属环矩鞍填料	6.8505	DN50 金属鲍尔环	7.3781
DN40 金属环矩鞍填料	7.0382	DN25 瓷环矩鞍填料	6.8505
DN50 金属环矩鞍填料	7.2883	DN38 瓷环矩鞍填料	7.1079
DN25 金属鲍尔环	6.8505	DN50 瓷环矩鞍填料	7.4430
DN38 金属鲍尔环	7.0779		

式（4-68）的使用范围为：

10^{-3} N·m^{-1} < σ_L < 36×10^{-3} N·m^{-1}，0.08×10^{-3} Pa·s < μ_L < 0.83×10^{-3} Pa·s

应予指出，采用上述方法计算出填料层高度后，还应留出一定的安全系数。根据设计经验，填料层的设计高度一般为

$$Z' = (1.2 \sim 1.5)Z \tag{4-69}$$

式中　Z'——设计时的填料高度，m；

　　　Z——工艺计算得到的填料高度，m。

（2）填料层的分段　液体沿填料层下流时，有逐渐向塔壁方向集中的趋势，形成壁流效应。壁流效应造成填料层气液分布不均匀，使传质效率降低。因此，设计中每隔一定的填料层高度，需要设置液体收集再分布装置，即将填料层分段。

① 散装填料的分段。对于散装填料，一般推荐的分段高度值见表 4-24，表中 h/D 为分段高度与塔径之比，h_{max} 为允许的最大填料层高度。

表 4-24 散装填料分段高度推荐值

填料类型	h/D	h_{max}/m	填料类型	h/D	h_{max}/m
拉西环	2.5	4	阶梯环	8~15	6
矩鞍	5~8	6	环矩鞍	8~15	6
鲍尔环	5~10	6			

② 规整填料的分段。对于规整填料，填料层分段高度可按下式确定：

$$h = (15 \sim 20) \text{HETP} \tag{4-70}$$

式中　h——规整填料分段高度，m；

　　　HETP——规整填料的等板高度，m。

亦可用表 4-25 推荐的分段高度值确定。

表 4-25 规整填料分段高度推荐值

填料类型	分段高度/m	填料类型	分段高度/m
250Y 板波纹填料	6.0	500（BX）丝网波纹填料	3.0
500Y 板波纹填料	5.0	700（CY）丝网波纹填料	1.5

4.3.4 填料层压降的计算

填料层压降通常用单位高度填料层的压降 $\Delta p/Z$ 表示。设计时，根据有关参数，由通用关联图（或压降曲线）先求得每米填料层的压降值，然后再乘以填料层高度，即得出填料层的压力降。

4.3.4.1 散装填料的压降计算

（1）由埃克特通用关联图计算　散装填料的压降值可由埃克特通用关联图（图 4-35）计算。计算时，通过气液负荷及主要物性、填料特性参数、压降填料因子 ϕ_p，先求出横坐标 $\dfrac{L}{V}\left(\dfrac{\rho_V}{\rho_L}\right)^{0.5}$ 的值，再根据空塔气速 u 及有关物性数据，求出纵坐标 $\dfrac{u^2 \phi_p \psi}{g}\left(\dfrac{\rho_V}{\rho_L}\right)\mu_L^{0.2}$ 值，通过作图得出交点，查得过交点的等压线数值即气流通过每米填料层的压降值 Δp。

应予指出，用埃克特通用关联图计算压降值时，所需的填料因子为操作状态下的湿填料因子，称为压降填料因子 ϕ_p。压降填料因子 ϕ_p 与液体喷淋密度有关，为了工程计算的方便，常采用与喷淋密度无关的压降填料因子平均值。常见的部分散装填料的压降填料因子平均值见表 4-26。

表 4-26　散装填料压降填料因子平均值

填料类型	填料因子/m^{-1}				
	DN16	DN25	DN38	DN50	DN76
塑料鲍尔环	343	232	114	125	62
金属鲍尔环	306	—	114	98	—
塑料阶梯环	—	176	116	89	—
金属阶梯环	—	—	118	82	—
瓷矩鞍	700	215	140	160	—
金属环矩鞍	—	138	93.4	71	36
瓷拉西环	1050	576	450	288	—

（2）由填料压降曲线查得

散装填料压降曲线的横坐标通常以空塔气速 u 表示，纵坐标以单位高度填料层压降 $\Delta p/Z$ 表示，常见散装填料的 $\Delta p/Z$ 曲线可从有关填料手册中查得。

4.3.4.2 规整填料的压降计算

（1）由填料压降关联式计算　规整填料的压降通常可由以下关联式进行计算：

$$\dfrac{\Delta p}{Z} = \alpha \left(u\sqrt{\rho_V}\right)^{\beta} \tag{4-71}$$

式中　$\Delta p/Z$——每米填料层高度的压力降，$Pa \cdot m^{-1}$；
　　　　u——空塔气速，$m \cdot s^{-1}$；
　　　　ρ_V——气体密度，$kg \cdot m^{-3}$；

α，β——关联式常数，可从有关填料手册中查得。

（2）由填料压降曲线查得　规整填料压降曲线的横坐标通常以 F 因子表示，纵坐标以单位高度填料层压降 $\Delta p/Z$ 表示，常见规整填料的 F-$\Delta p/Z$ 曲线可从有关填料手册中查得。

4.3.5　填料塔内件的设计

填料塔的内件主要包括液体分布装置、液体收集及再分布装置、填料支承装置、填料压紧装置、气体和液体进出口装置以及除雾器等，其选型和设计对于保证塔的正常操作及性能的发挥至关重要。

4.3.5.1　液体分布装置

液体分布装置的作用是有效地分布液体，提高填料表面的有效利用率。选择液体分布装置的原则是能够均匀地分散液体，使整个塔截面的填料表面很好地润湿，结构简单，制造和检修方便。其安装位置通常需高于填料层表面 150~300mm，以提供足够的自由空间，让上升气流不受约束地穿过液体分布装置。

液体分布装置的结构形式很多，有喷头式、管式、盘式、槽式及槽盘式。对于各种类型的塔，应根据塔径的不同，选择不同的液体分布装置。

（1）液体分布装置的设计要求　填料塔操作性能的好坏、传质效率的高低在很大程度上与液体分布装置的设计有关，性能优良的液体分布装置应满足以下几点：

① 液体分布均匀。评价液体分布均匀的标准是分布点密度、分布点的几何均匀性、降液点间流量的均匀性。

a. 分布点密度。液体分布装置分布点密度的选取与填料类型及规格、塔径大小、操作条件等密切相关，各种文献推荐的值也相差很大。塔径越大，分布点密度越小；液体喷淋密度越小，分布点密度越大；对于散装填料，尺寸越大，分布点密度越小；对于规整填料，比表面积越大，分布点密度越大。散装填料塔径和规整填料类型的分布点密度推荐值列于表 4-27、表 4-28 中。

表 4-27　Eckert 散装填料塔分布点密度推荐值

塔径 D/mm	分布点密度/（点/m² 塔截面）
400	330
750	170
≥1200	42

表 4-28　规整填料塔分布点密度推荐值

填料类型	分布点密度/（点/m² 塔截面）
250Y 板波纹填料	≥100
500(BX)丝网波纹填料	≥200
700(CY)丝网波纹填料	≥300

b. 分布点的几何均匀性。分布点在塔截面上的几何均匀分布是较之分布点密度更为重要的问题。设计中，一般需通过反复计算和绘图排列，进行比较，选择较佳方案。分布点的排

列可采用正方形、正三角形等不同方式。

c. 降液点间流量的均匀性。为保证各分布点的流量均匀,需要分布装置总体的合理设计、精细的制作和正确的安装。高性能的液体分布装置,要求各分布点与平均流量的偏差小于 6%。

② 操作弹性大。液体分布装置的操作弹性是指液体的最大负荷与最小负荷之比。设计中,一般要求液体分布装置的操作弹性为 2～4,对于液体负荷变化很大的工艺过程,有时要求操作弹性达到 10 以上,此时,分布装置必须特殊设计。

③ 自由截面积大。液体分布装置的自由截面积是指气体通道占塔截面积的比值。根据设计经验,性能优良的液体分布装置自由截面积为塔截面积的 50%～70%。设计中,自由截面积最小应在 35% 以上。

④ 其他。液体分布装置应结构紧凑、占用空间小、制造容易、调整和维修方便。

(2) 管式喷淋器　管式喷淋器是由不同结构形式的开孔管制成,其结构比较简单,制造和安装都很方便,气体流过的自由截面大,阻力小。但喷洒面积小,液流不均匀,只适用于直径较小的塔,同时小孔易堵塞,操作弹性一般较小。常用结构有以下几种:

① 弯管式喷淋器和缺口式喷淋器。弯管式喷淋器和缺口式喷淋器的结构如图 4-38(a)和(b)所示。该装置的特点是在流出口下面有一块圆形挡板,可以避免液体直接向下流出,造成对瓷环的水力冲击及液体分布不均。这两种喷淋器仅适用于 300mm 以下的小塔。缺口式喷淋器的开孔面积为管截面积的 0.5～1.0 倍。

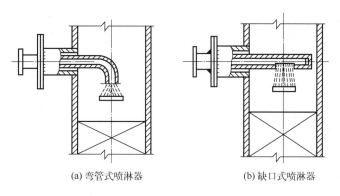

(a) 弯管式喷淋器　　(b) 缺口式喷淋器

图 4-38　弯管式喷淋器及缺口式喷淋器

② 多孔直管式喷淋器。多孔管式喷淋器有直管式和盘管式两种,如图 4-39(a)和(b)所示。其结构是在直管或盘管底部钻有 3～5 排直径 3～8mm 的小孔,液体由小孔喷淋而下,孔的总截面积大致与进液管的截面积相等。多孔直管式喷淋器多用于 800mm 以下的塔,对于小直径的塔,可不用支持管。而多孔盘管式喷淋器适用于直径 1.2m 以下的塔,盘管中心线直径为塔径的 0.6～0.8 倍。

液体分布装置布液能力的计算是液体分布装置设计的重要内容。设计时,液相流量、喷洒孔直径及数目之间的关系为:

$$n = \frac{L_s}{C\left(0.785 d_o^2\right)\sqrt{\dfrac{2(p_2 - p_1)}{\rho_L}}} \tag{4-72}$$

式中　L_s——液相流量,$m^3 \cdot s^{-1}$;

p_1、p_2——液相入塔前的压强及塔内的压强，kPa，一般情况下，$p_1-p_2=10\sim100$kPa；

C——流量系数，$0.55\sim0.6$；

d_0——喷淋孔径，m。

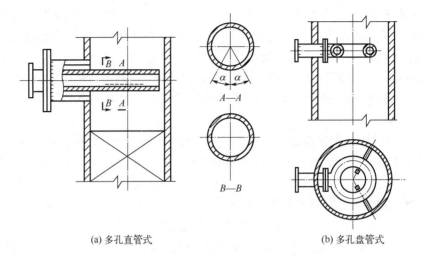

(a) 多孔直管式　　　　　　(b) 多孔盘管式

图 4-39　多孔直管式喷淋器

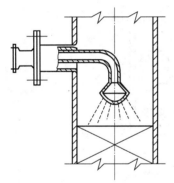

图 4-40　莲蓬头式喷淋器

（3）莲蓬头式喷淋器　莲蓬头式喷淋器具有半球形的外壳，在壳壁上开有许多小孔，如图 4-40 所示。液体以一定压力由小孔喷出，均匀地喷洒在填料表面，在压力稳定的场合，可以达到较为均匀的喷淋效果。由于喷淋器的尺寸有限，一般只适用于直径在 600mm 以下的塔。莲蓬头的小孔是按同心圆排列的，小孔直径 d_0 取 $3\sim15$mm，为塔径的 $20\%\sim30\%$；莲蓬头的直径 d 为塔径 D 的 $1/3\sim1/5$；球面半径为 $(0.5\sim1.0)D$；喷洒角 $\alpha\leqslant80°$，喷洒外圈距塔壁 $70\sim100$mm，莲蓬高度为 $(0.5\sim1.0)D$。

液体流量、孔流速度、孔径、孔数以及压强 Δp 的相互关系可由式（4-71）计算，莲蓬头式喷淋器通常安装在填料上方中央处，离开填料表面的距离为塔径的 $(0.5\sim1.0)$ 倍。这种喷淋器要求料液不含沉淀或其他悬浮颗粒，以防喷淋器堵塞。

4.3.5.2　液体收集及再分布装置

当填料层较高，液体沿填料层下流时，往往会产生壁流现象，为了使塔中心填料得到良好的润湿，保证气液接触的有效面积，应将填料层分段，故需在各段填料层之间设置液体收集及再分布装置，使液体重新分布后再进入下段填料层。液体收集及再分布装置大体上可以分为两类，一类是液体收集器与液体再分布器各自独立，原则上，前节所述的各种液体分布器，都可以与液体收集器组合成液体收集及再分布装置。另一类是集液体收集和再分布功能于一体而制成的液体收集及再分布器。这种液体收集及再分布器结构紧凑，安装空间高度低，常用于塔内空间高度受到限制的场合。

（1）截锥式再分布器　截锥式再分布器如图 4-41 所示。其结构有两种形式，其中图 4-41(a) 只适用于小塔（$D<600$mm），截锥直接固定在塔体上，截锥上下仍能堆满填料，锥体不

占空间；图 4-41（b）是在截锥上方加装支承板，要求截锥下方要隔一段距离再装填料，需分段卸出填料时可用此型。截锥体与塔壁的夹角一般取 35°～45°，截锥下口直径为 (0.7～0.8)D，适用于直径 800mm 以下的塔。

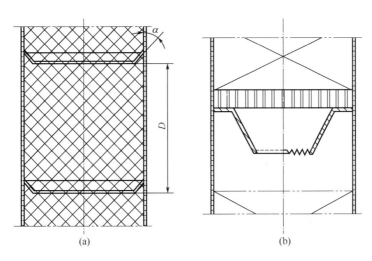

图 4-41　截锥式再分布器

（2）槽形再分布器　槽形再分布器是截锥式再分布器的一种改进，壁流液汇集于边圈槽中，再由溢流管引入填料层，如图 4-42 所示。这种结构增加了气体通过的截面积，可用于直径 1000mm 以下的塔，其设计参考尺寸见表 4-29。

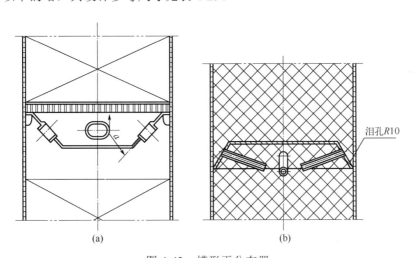

图 4-42　槽形再分布器

表 4-29　槽形再分布器参考尺寸

名称	数值	名称	数值		
塔径 D/mm	300～1000	h_2	≤$h_2/2$		
锥下口直径 D_1/mm	D-(50～100)	l	按实际情况定最大可伸至塔中心		
h_1	$D/5$	$d_g×S$(壁厚)/mm	域径 300～500 16×2	域径 600～800 22×2	域径 900～1000 32×3.5

4.3.5.3 填料支承装置

填料支承装置的作用是支承塔内填料。由于填料支承装置本身对塔内气液的流动状态也会产生影响，因此作为填料支承装置，除考虑其对流体流动的影响外，一般情况下填料支承装置应满足如下要求：有足够的强度和刚度；有足够的开孔率（一般要大于填料的孔隙率），防止在支承处发生液泛；结构上应有利于气液相的均匀分布并且不至于产生较大的阻力（一般阻力不大于20Pa）；结构简单、耐腐蚀、易制造、易装卸等。常用的填料支承板主要有栅板型、孔管型、驼峰型等。对于散装填料，通常选用孔管型、驼峰型支承装置；对于规整填料，通常选用栅板型支承装置。设计中，为防止填料支承装置处压降过大甚至发生液泛，要求填料支承装置的自由截面积大于75%。

4.3.5.4 填料压紧装置

为保证填料塔在工作状态下填料床层能够稳定，防止高气相负荷或负荷突然变动时填料层发生松动或跳动，破坏填料层结构，甚至造成填料流失，必须在填料层顶部设置填料压紧装置。填料压紧装置有压紧栅板、压紧网板、金属压紧器等不同类型。压紧栅板的栅条间距为填料直径的 0.6～0.8 倍，如图 4-43 所示。压紧网板是由金属丝编织的大孔金属网焊接于金属支承圈上，网孔的大小应以填料不能通过为限，如图 4-44 所示。填料压板的重量要适当，一般需按每平方米 1100N 设计，必要时需加装压铁以满足重量要求。

对于散装填料，可选用压紧网板，也可选用压紧栅板，根据填料的规格在其下方常敷设一层金属网，并将其与压紧栅板固定；对于规整填料，通常选用压紧栅板。设计中，为防止在填料压紧装置处压降过大甚至发生液泛，要求填料压紧装置的自由截面积应大于70%。

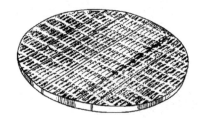

图 4-43 压紧栅板

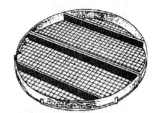

图 4-44 压紧网板

4.3.5.5 除雾器

穿过填料层的气体有时会夹带液体和雾滴，因此有时需在塔顶气体排出口前设置除雾器，以尽量除去气体中被夹带的液体雾沫，常用的形式有以下几种。

（1）填料除雾器　在塔顶气体出口前，再通过一层干填料，达到分离雾沫的目的，如图 4-45 所示。填料一般为环形，常较塔内填料的尺寸小些，填料的高度根据除雾要求和容许压强来决定。这种装置除雾效率较高，但阻力较大。

（2）丝网除雾器　丝网除雾器是由金属或塑料丝编织成网，卷成盘状而成。其分离效率高，阻力较小，重量较轻，所占空间不大，结构如图 4-46 所示。丝网除雾器可除去大于 5μm 的雾滴，效率可达 98%～99%，压力降不超过 250Pa。但不宜用于液滴中含有或溶有固体

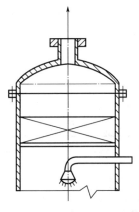

图 4-45 填料除雾器

物质的场合，以免液相蒸发后固体堵塞装置。

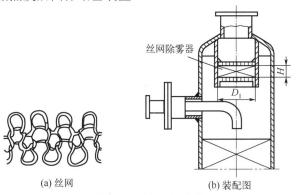

图 4-46 丝网除雾器

（3）折流板式除雾器 折流板式除雾器是利用惯性原理设计的最简单除雾装置。除雾板由 50mm×50mm×3mm 的角钢组成，板间横向距离为 25mm，如图 4-47 所示。这种除雾器的结构简单、有效，常和塔构成一个整体，阻力小，不易堵塞，能除去 50μm 以上的雾滴，压力降一般为 50～100Pa。

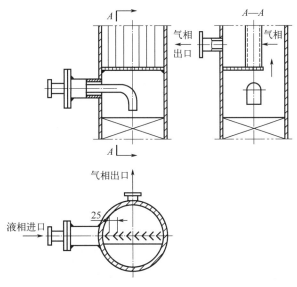

图 4-47 折流板式除雾器

（4）旋流板式除雾器 旋流板式除雾器由几块固定的旋流板片组成，如图 4-48 所示。该除雾器效率较高，但压降较大，约为 300Pa，适用于大塔径、净化要求高的场合。

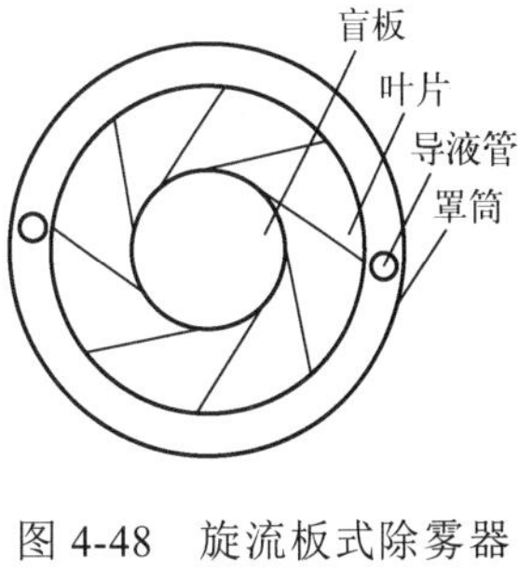

4.3.5.6 气体和液体进出口装置

（1）气体进口装置 气体进口装置的设计，应防止淋下的液体进入管内，同时还要使气体分散均匀。因此，应使气流的出口朝向下方，使气流折转向上。对于直径为 500mm 以下的小塔，可使进气管伸到塔的中心线位置，管端切成 45°向下的斜口或直接向下的长方形切口；对于直径 1.5m 以下的塔，管的末端可制成向下的

图 4-48 旋流板式除雾器

喇叭形扩大口；对于更大的塔，应考虑盘管式的分布结构。

（2）气体出口装置　气体的出口装置，要求既能保证气体畅通，又能尽量除去被夹带的雾沫，可在气体出口前加装除沫挡板，如图4-49所示，当气体夹带较多雾滴时，需另装除雾器。

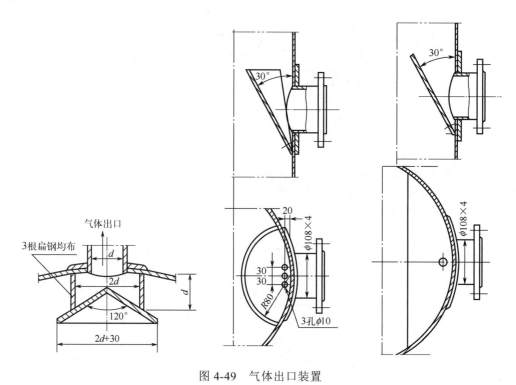

图 4-49　气体出口装置

（3）液体进口装置　液体的进口管直接通向喷淋装置，若喷淋装置进塔处为直管，其结构如图4-50所示。若喷淋器为其他结构，则管口结构需根据具体情况而定。

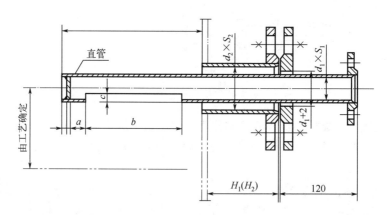

图 4-50　液体进口装置

（4）液体出口装置　液体出口装置的设计应便于塔内液体的排放，防止破碎的瓷环堵塞出口，并且要保证塔内有一定的液封高度，防止气体短路。常见的液体出口结构如图 4-51 所示。

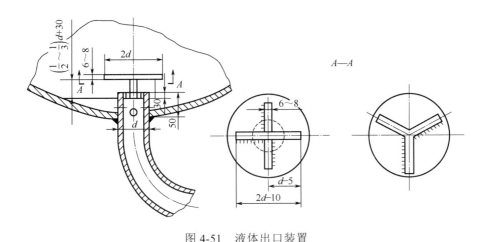

图 4-51 液体出口装置

4.3.6 填料吸收塔设计示例

【设计示例】

设计题目：水吸收 SO_2 填料塔。

试设计一座用于常压吸收矿石焙烧炉送出的含 SO_2 气体的填料塔。已知含 SO_2 的气体进入填料塔的温度为 25℃，用清水洗涤以去除 SO_2，处理量为 2400m³·h⁻¹，原料气中含 SO_2 的质量分数为 0.06（下同），要求 SO_2 的吸收率为 96%。

操作条件：操作压力常压；吸收温度 20℃。

填料类型：自选。

工作日：每年 300 天，每天 24 小时连续生产。

厂址：厂址为大庆地区。

【设计计算】

（1）设计方案的确定　用水吸收 SO_2 属中等溶解度的吸收过程，为提高传质效率，选用逆流吸收流程。因用水作为吸收剂，且 SO_2 不作为产品，故采用纯溶剂。

（2）填料的选择　对于清水吸收的过程，操作温度及操作压力较低，工业上通常选用塑料散装填料。在塑料散装填料中，塑料阶梯环填料的综合性能较好，故选用 DN38 的聚丙烯阶梯环填料。

（3）物性数据

① 液相物性数据。对于低浓度吸收过程，溶液的物性数据可以近似取纯水的物性数据。由手册查得 20℃水的有关物性数据如下：

密度为 $\rho_L=998.2\text{kg}\cdot\text{m}^{-3}$

表面张力 $\sigma_L=72.6\text{dyn}\cdot\text{cm}^{-1}=940896\text{kg}\cdot\text{h}^{-2}$

黏度 $\mu_L=0.001\text{Pa}\cdot\text{s}=3.6\text{kg}\cdot\text{m}^{-1}\cdot\text{h}^{-1}$

SO_2 在水中的扩散系数 $D_L=1.47\times10^{-5}\text{cm}^2\cdot\text{s}^{-1}=5.29\times10^{-6}\text{m}^2\cdot\text{h}^{-1}$

② 气相物性数据。混合气体的平均摩尔质量为

$$M_{VM}=\sum y_iM_i=0.06\times64.06+(1-0.06)\times29=31.104\text{g}\cdot\text{mol}^{-1}$$

混合气体的平均密度为

$$\rho_{VM} = \frac{pM_{Vm}}{RT} = \frac{101.3 \times 31.104}{8.314 \times 298} = 1.272 \text{kg} \cdot \text{m}^3$$

混合气体的黏度可近似取空气的黏度，查手册的20℃空气黏度为

$$\mu_V = 1.81 \times 10^{-5} \text{Pa} \cdot \text{s} = 0.065 \text{kg} \cdot \text{m}^{-1} \cdot \text{h}^{-1}$$

查手册得 SO_2 在空气中的扩散系数为

$$D_V = 0.108 \text{cm}^2 \cdot \text{s}^{-1} = 0.039 \text{m}^2 \cdot \text{h}^{-1}$$

③ 气液相平衡数据。由手册查得，常压下20℃时 SO_2 在水中的亨利系数为 $E=3.55 \times 10^3 \text{kPa}$

相平衡常数为

$$m = \frac{E}{p} = \frac{3.55 \times 10^3}{101.3} = 35.04$$

溶解度系数为

$$H = \frac{\rho_L}{EM_s} = \frac{998.2}{3.55 \times 10^3 \times 18.02} = 0.0156 \text{kmol} \cdot \text{kPa}^{-1} \cdot \text{m}^{-3}$$

（4）物料衡算　进塔气相 SO_2 摩尔比为

$$Y_1 = \frac{y_1}{1-y_1} = \frac{0.06}{1-0.06} = 0.0638$$

出塔气相 SO_2 摩尔比为

$$Y_2 = Y_1(1-\varphi_A) = 0.0638(1-96\%) = 0.00255$$

进塔惰性气相流量为

$$V = \frac{2400}{22.4} \times \frac{273}{273+25} \times (1-0.06) = 92.26 \text{kmol} \cdot \text{h}^{-1}$$

该过程属于低浓度气体吸收过程，平衡关系为直线，最小液气比为

$$\left(\frac{L}{V}\right)_{\min} = \frac{Y_1 - Y_2}{Y_1/m - X_2} \quad (4\text{-}73)$$

对于纯溶剂吸收过程，进塔液组成为 $X_2=0$，则：

$$\left(\frac{L}{V}\right)_{\min} = \frac{0.0638 - 0.00255}{0.0638/35.04 - 0} = 33.64$$

取操作液气比为

$$\frac{L}{V} = 1.5\left(\frac{L}{V}\right)_{\min} = 1.5 \times 33.64 = 50.46$$

则：$L = 50.46 \times 92.26 = 4655.44 \text{kmol} \cdot \text{h}^{-1}$

由物料衡算式 $V(Y_1-Y_2)=L(X_1-X_2)$ 可得：

$$X_1 = \frac{92.26 \times (0.0638 - 0.00255)}{4655.44} = 0.0012$$

（5）填料塔工艺尺寸的计算

① 塔径的计算

由泛点气速确定空塔操作气速，泛点气速由 Eckert 通用关联图计算。

气相质量流量为
$$W_V = 2400 \times 1.272 = 3052.8 \text{kg} \cdot \text{h}^{-1}$$

液相质量流量可近似按纯水的流量计算，即
$$W_L = 4655.37 \times 18.02 = 83889.7 \text{kg} \cdot \text{h}^{-1}$$

则 Eckert 通用关联图的横坐标为
$$\frac{W_L}{W_V}\left(\frac{\rho_V}{\rho_L}\right)^{0.5} = \frac{83889.7}{3052.8} \times \left(\frac{1.272}{998.2}\right)^{0.5} = 0.981$$

查图 4-35，由横坐标作垂线与乱堆填料泛点线相交，得所对应的纵坐标为
$$\frac{u_F^2 \phi_F \psi}{g}\left(\frac{\rho_V}{\rho_L}\right)\mu_L^{0.2} = 0.022$$

查表 4-19 得填料的填料因子，则
$$\phi_F = 170 \text{m}^{-1}$$

$$u_F = \sqrt{\frac{0.022 g \rho_L}{\phi_F \psi \rho_V \mu_L^{0.2}}} = \sqrt{\frac{0.022 \times 9.81 \times 998.2}{170 \times 1 \times 1.272 \times 1^{0.2}}} = 0.998 \text{m} \cdot \text{s}^{-1}$$

取
$$u = 0.7 u_F = 0.7 \times 0.998 = 0.699 \text{m} \cdot \text{s}^{-1}$$

则塔径为
$$D = \sqrt{\frac{4 V_s}{\pi u}} = \sqrt{\frac{4 \times 2400/3600}{3.14 \times 0.699}} = 1.102 \text{m}$$

圆整塔径，取 $D = 1.2\text{m}$

泛点气速校核：

实际气速为
$$u = \frac{4 \times 2400/3600}{3.14 \times 1.2^2} = 0.601 \text{m} \cdot \text{s}^{-1}$$

$$\frac{u}{u_F} = \frac{0.601}{0.998} \times 100\% = 60.22\% \text{（在允许范围内）}$$

填料规格校核：
$$\frac{D}{d} = \frac{1200}{38} = 31.58 > 8$$

喷淋密度校核：

取最小润湿速率为
$$(L_w)_{min} = 0.08 \text{m}^3 \text{m}^{-1} \cdot \text{h}^{-1}$$

查得
$$a_t = 132.5 \text{m}^2 \cdot \text{m}^{-3}$$

最小喷淋密度为
$$U_{min} = (L_w)_{min} a_t = 0.08 \times 132.5 = 10.6 \text{m}^3 \cdot \text{m}^{-2} \cdot \text{h}^{-1}$$

喷淋密度为

$$U = \frac{83889.7/998.2}{0.785 \times 1.2^2} = 75.71 > U_{\min}$$

经以上校核可知液体喷淋密度符合要求，填料塔直径选为 1200mm 合理。

② 填料层高度计算

$$Y_1^* = mX_1 = 35.04 \times 0.0012 = 0.042$$
$$Y_2^* = 0$$

脱吸因数为

$$S = \frac{mV}{L} = \frac{35.04 \times 92.26}{4655.37} = 0.694$$

气相总传质单元数

$$N_{OG} = \frac{1}{1-S} \ln\left[(1-S)\frac{Y_1^* - Y_2^*}{Y_2 - Y_2^*} + S\right]$$

$$= \frac{1}{1-0.694} \ln\left[(1-0.694) \times \frac{0.042}{0.00255} + 0.694\right] = 5.707$$

气相总传质单元高度采用修正的恩田关联式计算：

$$\frac{a_w}{a_t} = 1 - \exp\left\{-1.45\left(\frac{\sigma_c}{\sigma_L}\right)^{0.75}\left(\frac{U_L}{a_t \mu_L}\right)^{0.1}\left(\frac{U_L^2 a_t}{\rho_L^2 g}\right)^{-0.05}\left(\frac{U_L^2}{\rho_L \sigma_L a_t}\right)^{0.2}\right\}$$

查表 4-20 得 σ_c=33dyn·cm^{-1}=427680kg·h^{-2}

液体质量通量为

$$U_L = \frac{83889.7}{0.785 \times 1.2^2} = 75573.72 \text{kg·m}^{-2}\text{·h}^{-1}$$

$$\frac{a_w}{a_t} = 1 - \exp\left\{-1.45\left(\frac{427680}{940896}\right)^{0.75}\left(\frac{75573.72}{132.5 \times 3.6}\right)^{0.1}\left(\frac{75573.72^2 \times 132.5}{998.2^2 \times 1.27 \times 10^8}\right)^{-0.05}\left(\frac{75573.72^2}{998.2 \times 940896 \times 132.5}\right)^{0.2}\right\}$$
$$= 0.605$$

气体质量通量为

$$U_V = \frac{2400 \times 1.272}{0.785 \times 1.2^2} = 2750.29 \text{kg·m}^{-2}\text{·h}^{-1}$$

气膜吸收系数由式（4-58）计算

$$k_G = 0.237\left(\frac{2750.29}{132.5 \times 0.065}\right)^{0.7}\left(\frac{0.065}{1.272 \times 0.039}\right)^{1/3}\left(\frac{132.5 \times 0.039}{8.314 \times 293}\right)$$
$$= 0.0311 \text{kmol·m}^{-2}\text{·h}^{-1}\text{·kPa}^{-1}$$

液膜吸收系数由式（4-59）计算

$$k_L = 0.0095\left(\frac{75573.72}{0.605 \times 132.5 \times 3.6}\right)^{2/3}\left(\frac{3.6}{998.2 \times 5.29 \times 10^{-6}}\right)^{-1/2}\left(\frac{3.6 \times 1.27 \times 10^8}{998.2}\right)^{1/3}$$
$$= 1.12 \text{m·h}^{-1}$$

查表 4-22 可得 ψ=1.45，则由式（4-60）、式（4-61）可得

$$k_G a = 0.0311 \times 0.605 \times 132.5 \times 1.45^{1.1} = 3.75 \text{kmol} \cdot \text{m}^{-3} \cdot \text{h}^{-1} \cdot \text{kPa}^{-1}$$
$$k_L a = 1.12 \times 0.605 \times 132.5 \times 1.45^{0.4} = 104.17 \text{ h}^{-1}$$

由于 u/u_F=0.6022>0.5，则根据式（4-65）、式（4-66）可得

$$k'_G a = \left[1 + 9.5\left(\frac{u}{u_F} - 0.5\right)^{1.4}\right] k_G a = [1 + 9.5(0.6022 - 0.5)^{1.4}] \times 3.75$$
$$= 5.21 \text{kmol} \cdot \text{m}^{-3} \cdot \text{h}^{-1} \cdot \text{kPa}^{-1}$$

$$k'_L a = \left[1 + 2.6\left(\frac{u}{u_F} - 0.5\right)^{2.2}\right] k_L a = [1 + 2.6(0.6022 - 0.5)^{2.2}] \times 104.17 = 105.96 \text{h}^{-1}$$

则根据式（4-64）可知

$$K_G a = \frac{1}{1/k'_G a + 1/Hk'_L a} = \frac{1}{1/5.21 + 1/0.0156/105.96} = 1.255 \text{kmol} \cdot \text{m}^{-3} \cdot \text{h}^{-1} \cdot \text{kPa}^{-1}$$

则根据式（4-63）可知

$$H_{OG} = \frac{V}{K_Y a \Omega} = \frac{V}{K_G a p \Omega} = \frac{92.26}{1.255 \times 101.3 \times 0.785 \times 1.2^2} = 0.654 \text{m}$$

则 $Z = H_{OG} N_{OG} = 0.654 \times 5.707 = 3.732 \text{m}$，取系数为 1.25，填料层高为

$$Z' = 1.25Z = 1.25 \times 3.732 = 4.665 \text{m}$$

设计取填料层高度为

$$Z' = 5\text{m}$$

查表 4-24，对于阶梯环填料，h/D=8～15，h_{max}≤6mm。取 h/D=8，则

$$h = 8 \times 1200 = 9600 \text{mm}$$

计算得填料层高度为 5m，故不需分段。

（6）填料层压降计算　利用 Eckert 通用关联图计算填料层压降。
横坐标为

$$\frac{W_L}{W_V}\left(\frac{\rho_V}{\rho_L}\right)^{0.5} = \frac{83889.7}{3052.8} \times \left(\frac{1.272}{998.2}\right)^{0.5} = 0.981$$

查表 4-26 得填料压降填料因子，则 ϕ_p=116m^{-1}，纵坐标为

$$\frac{u^2 \phi_p \psi}{g}\left(\frac{\rho_V}{\rho_L}\right)\mu_L^{0.2} = \frac{0.601^2 \times 116 \times 1}{9.81} \times \frac{1.272}{998.2} \times (0.001 \times 1000)^{0.2} = 0.0054$$

查图 4-35 得，$\Delta p/Z$=107.91Pa·m^{-1}，则填料层压降为

$$\Delta p = 107.91 \times 5 = 539.55 \text{Pa}$$

（7）液体分布器的设计　本设计任务液相负荷较大，而气相负荷相对较小，故选用槽式液体分布器。

按 Eckert 建议值，当塔径 D≥1200mm 时，喷淋点密度为 42 点·m^{-2}，因液相负荷较大，设计中取较大的喷淋点密度 120 点·m^{-2}。布液点数为

$$n = 0.785 \times 1.2^2 \times 120 = 135.65 \approx 136 \text{ 点}$$

按分布点集合均匀与流量均匀的原则，进行布点设计。设计结果为：二级槽共设七道，在槽侧面开孔，槽宽度为80mm，槽高度为210mm，两槽中心距为160mm。分布点采用三角形排列，实际设计布点数为132点，布液点示意如图4-52所示。

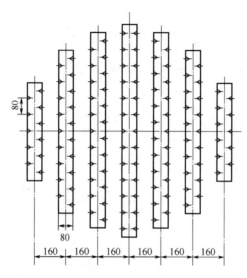

图4-52 槽式液体分布器二级槽的布液点示意

根据多孔型分布器布液能力的计算公式[式（4-72）]，则

$$L_s = C(0.785 d_o^2)\sqrt{\frac{2(p_2-p_1)}{\rho_L}} = 0.785 d_o^2 nC\sqrt{2g\Delta H}$$

取C=0.60，ΔH=160mm，则

$$d_o = \left(\frac{L_s}{0.785nC\sqrt{2g\Delta H}}\right)^{0.5} = \left(\frac{83889.7/998.2/3600}{0.785\times132\times0.6\sqrt{2\times9.81\times0.16}}\right)^{0.5} = 0.014\text{m}$$

故开孔直径 d_o=14mm。

第 5 章

蒸发器设计

本章符号说明

英文字母

b	管壁厚度，m		Pr	普兰特准数，无因次
c	比热容，kJ·kg^{-1}·℃$^{-1}$		q	热通量，W·m^{-2}
d	加热管的内径，m		Q	总传热速率，W
D	加热蒸气消耗量，kg·h^{-1}		Re	雷诺准数，无因次
	直径，m		r	汽化潜热，kJ·kg^{-1}
F	原料液流量，kg·h^{-1}		R	污垢热阻，m^2·℃·W^{-1}
f	校正系数，无因次		S	传热面积，m^2
g	重力加速度，m·s^{-2}		t	溶液的温度（沸点），℃
h	高度，m			管心距，m
	焓，kJ·kg^{-1}		T	温度，℃
H'	二次蒸气的焓，J·kg^{-1}		u	流速，m·s^{-1}
k	杜林直线的斜率		U	蒸发体积强度，m^3·m^{-3}·s^{-1}
K	总传热系数，W·m^{-2}·℃$^{-1}$		V_S	流体的体积流量，m^3·s^{-1}
L	长度，m		V	分离室的体积，m^3
	浓缩液量，kg·h^{-1}		W	蒸发量，kg·h^{-1}
n	管数			质量流量，kg·s^{-1}
	蒸发系统总效数		x	溶质的质量分率，无因次
p	绝对压力，Pa		X	蒸气质量，kg·m^{-3}

希腊字母

α	对流传热系数，W·m^{-2}·℃$^{-1}$		μ	黏度，Pa·s
Δ	温度差损失，℃		σ	表面张力，N·m^{-1}
ε	误差，无因次		ρ	密度，kg·m^{-3}
η	热利用系数，无因次		ϕ	管材质的校正系数，无因次
	阻力系数，无因次		φ	水流收缩系数，无因次
λ	导热系数，W·m^{-1}·℃$^{-1}$			

下标

B	沸腾	p	压力
i	内侧	s	污垢
K	冷凝器	S	饱和
L	液体	V	蒸气
m	平均	v	体积
max	最大	w	水
min	最小		壁面
o	外侧		

5.1 概述

将含有不挥发溶质的溶液加热沸腾，使其中的挥发性溶剂部分汽化，从而将溶液浓缩的过程称为蒸发。蒸发操作广泛应用于化工、轻工、食品、医药等工业领域，其主要目的是：浓缩稀溶液直接制取产品或将浓溶液再处理（如冷却结晶）制取固体产品，如电解烧碱液、食糖水溶液及各种果汁的浓缩等；同时浓缩溶液和回收溶剂，如有机磷农药苯溶液的浓缩脱苯、中药生产中酒精浸出液的蒸发等；除杂质，获得纯净的溶剂，如海水淡化。

蒸发装置在设计时的主要任务是：

（1）确定蒸发操作的条件；

（2）确定蒸发器的类型及蒸发操作流程；

（3）进行工艺计算，确定蒸发器的传热面积及结构尺寸；

（4）辅助设备的选型或设计等。

5.1.1 蒸发器的类型

随着工业蒸发技术的发展，蒸发设备的结构与形式亦不断改进与创新，其种类繁多、结构各异。目前，工业上常用的蒸发设备为间接加热蒸发器。根据溶液在蒸发器中流动的情况，大致可将其分为循环型与单程型两类。循环型蒸发器包括中央循环管式、悬筐式、外热式、列文式及强制循环式等；单程蒸发器包括升膜式、降膜式、升-降膜式及刮板式等。这些蒸发器因结构不同而性能各异，均有自己的特点和适用场合。

5.1.1.1 循环型蒸发器

循环型蒸发器是指溶液在蒸发器中循环流动，进而提高传热效果。由于引起循环运动的原因不同，分为自然循环型和强制循环型两类。自然循环是由于溶液受热程度不同产生密度差而引起的，强制循环是用泵使溶液强制运动。

（1）中央循环管式蒸发器　中央循环管式蒸发器为最常见的蒸发器，其结构如图 5-1 所示，它主要由加热室、蒸发室、中央循环管和除沫器组成。蒸发器的加热器由垂直管束构成，管束中央有一根直径较大的管子，称为中央循环管，其截面积一般占加热管束总截面积的 40%～100%。当加热蒸气（介质）在管间冷凝放热时，由于加热管束内单位体积溶液的受热面积远大于中央循环管内溶液的受热面积，因此，管束中溶液的相对汽化率就大于中央循环管的汽化率，所以管束中气液混合物的密度远小于中央循环管内气液混合物的密度。这样造成了混合液在管束中向上，在中央循环管向下的自然循环流动。混合液的循环速度与密度差和管长有关，密度差越大，加热管越长，循环速度越大。这类蒸发器受总高度限制，加热管长度较短，通常为1～2m，直径为25～75mm，长径比为20～40。

中央循环管式蒸发器具有结构简单紧凑、制造方便、操作可靠、投资费用少等优点，故在工业上应用较广。但由于其结构限制，自然循环导致溶液循环速度较低，一般仅在$0.5\mathrm{m\cdot s^{-1}}$以下；而且由于溶液在加热管内不断循环，使其组成始终接近完成液的组成，因而溶液的沸点高、有效温度差减小、传热系数小。此外，设备的清洗和检修麻烦。因此适用于溶液黏度适中、结垢不严重及腐蚀性不大的场合。

（2）悬筐式蒸发器　悬筐式蒸发器是在中央循环管蒸发器的基础上改进的，如图5-2所示。其加热室类似悬筐，悬挂在蒸发器壳体的下部，可由顶部取出，便于清洗与更换。加热介质由中央蒸气管进入加热室，而在加热室外壁与蒸发器壳体的内壁之间有环隙通道，其作用类似于中央循环管。悬筐式蒸发器适用于蒸发易结垢或有晶体析出的溶液，它的缺点是结构复杂，单位传热面积需要的设备材料量较大。

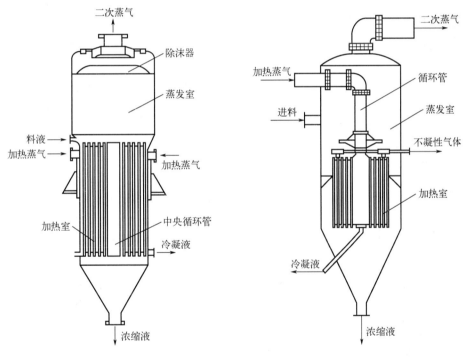

图5-1　中央循环管式蒸发器　　　　　图5-2　悬筐式蒸发器

（3）外热式蒸发器　外热式蒸发器的结构是加热室与分离室分开，这样不仅便于清洗与更换，而且可以降低蒸发器的总高度，其结构如图5-3所示。因其加热管较长（管长与管径之比为50～100），同时由于循环管内的溶液不被加热，故溶液的循环速度大，可达$1.5\mathrm{m\cdot s^{-1}}$。

（4）列文式蒸发器　列文式蒸发器的结构是在加热室的上部增设一沸腾室，这种蒸发器加热室内的溶液由于受到这一段附加液柱的作用，只有上升到沸腾室时才能汽化，结构如图5-4所示。循环管的高度一般为7～8m，其截面积占加热管总截面积的200%～350%。因而循环管内的流动阻力较小，循环速度可高达$2\sim3\mathrm{m\cdot s^{-1}}$。

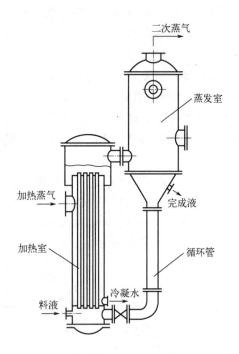

图 5-3 外热式蒸发器

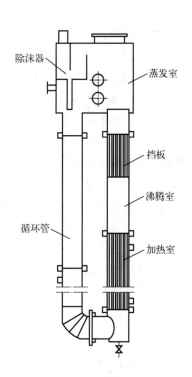

图 5-4 列文式蒸发器

列文式蒸发器的优点是循环速度大，传热效果好，由于溶液在加热管中不沸腾，可以避免在加热管中析出晶体，故适用于处理有晶体析出或易结垢的溶液。其缺点是设备庞大，需要的厂房高；另外由于液层静压力大，故要求加热蒸气的压力较高。

（5）强制循环型蒸发器　上述介绍的各种蒸发器均为自然循环型蒸发器，即靠加热管与循环管内溶液的密度差为推动力，导致溶液的循环流动，因此循环速度一般较低，尤其在蒸发黏稠溶液时就更低。对于这类溶液的蒸发，为提高循环速度，可采用图 5-5 所示的强制循环型蒸发器。这种蒸发器是利用外加动力（循环泵）使溶液按着一定方向作高速循环流动。循环速度的大小可通过调节泵的流量来控制，一般循环速度在 $25m \cdot s^{-1}$ 以上。另外，也可在标准式蒸发器的中央循环管内加一螺旋桨来强化料液循环。可使循环速度提高到 $1\sim1.5m \cdot s^{-1}$。

这种蒸发器的优点是传热系数高，对于黏度较大或易结晶、结垢的物料，适应性较好。适当控制蒸发结晶系统中的固液比及循环速度，可以达到完全防止加热器结垢的

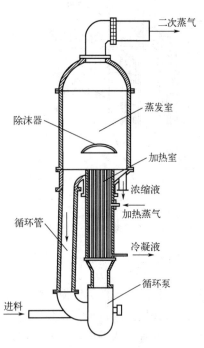

图 5-5 强制循环型蒸发器

目的。虽然这类蒸发器的动力消耗较大，但近些年仍得到较快发展，并在大规模蒸发结晶领域得到较普遍的应用。

5.1.1.2 单程型蒸发器

在单程型蒸发器中,物料沿加热管壁呈膜状流动,一次通过加热器即达浓缩要求,其停留时间仅数秒或十几秒。另外,离开加热器的物料又得到及时冷却,因此特别适用于热敏性物料的蒸发。但由于溶液一次通过加热器就要达到浓缩要求,因此对设计和操作的要求较高。由于这类蒸发器的加热管上的物料呈膜状流动,故又称膜式蒸发器。根据物料在蒸发器内的流动方向和成膜原因,可分为升膜式蒸发器、降膜式蒸发器、升-降膜式蒸发器及刮板薄膜式蒸发器。

(1) 升膜式蒸发器 升膜式蒸发器的结构如图 5-6 所示,其加热室由一根或数根垂直长管组成,通常加热管直径为 25~50m,管长与管径之比为 100~150。原料液经预热后由蒸发器的底部进入,加热蒸气在管外冷凝。当溶液受热沸腾后迅速汽化,所生成的二次蒸气在管内高速上升,带动液体沿管内壁呈膜状向上流动。上升的液膜因受热而继续蒸发,故溶液在蒸发器底部上升至顶部的过程中逐渐被浓缩,浓溶液进入分离室与二次蒸气分离后由分离室底部排出。常压下加热管出口处的二次蒸气速度不应小于 10m·s^{-1},一般为 20~50m·s^{-1}。减压操作时,有时可达 100~160m·s^{-1} 或更高。

升膜式蒸发器适用于蒸发量较大(即稀溶液)、热敏性及易起泡沫的溶液,但不适于高黏度、有晶体析出或易结垢的溶液。

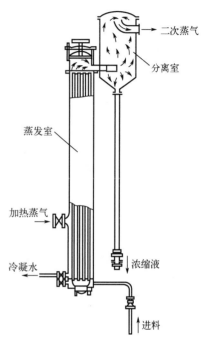

图 5-6 升膜式蒸发器

(2) 降膜式蒸发器 降膜式蒸发器如图 5-7 所示,与升膜蒸发器的区别在于原料液由加热管的顶部加入。溶液在自身重力作用下沿管内壁呈膜状向下流动,并被蒸发浓缩,气液混合物由加热管底部进入分离室,经气液分离后,浓缩液由分离室的底部排出。为使溶液能在壁上均匀成膜,在每根加热管的顶部均需设置液体布膜器。

降膜式蒸发器可以蒸发浓度较高的溶液,对于黏度较大的物料也能适用。但对于易结晶或易结垢的溶液不适用。此外,由于液膜在管内不易均匀分布,与升膜式蒸发器相比,其传热系数较小。

(3) 升-降膜式蒸发器 将升膜式和降膜式蒸发器装在一个外壳中,即构成升-降膜式蒸发器。原料液经预热后先由升膜加热室上升,然后由降膜加热室下降,再在分离室中和二次蒸气分离后即得完成液。这种蒸发器多用于蒸发过程中溶液的黏度变化很大、水分蒸发量不大和厂房高度有一定限制的场合。

(4) 刮板式薄膜蒸发器 这种蒸发器是利用旋转刮片的刮带作用,使液体分布在加热管壁上。其突出优点是对物料的适应性很强,例如高黏度、热敏性和易结晶结垢的物料都能适用。刮板薄膜蒸发器的结构如图 5-8 所示。它的壳体外部装有加热蒸气夹套,其内部装有可旋转的搅拌刮片,旋转刮片有固定的和活动的两种。前者与壳体内壁的缝隙为 0.75~1.5mm,后者与器壁的间隙随搅拌轴的转数而变。料液由蒸发器上部沿切线方向加入后,在重力和旋转刮片带动下，溶液在壳体内壁上形成下旋的薄膜，并在下降过程中不断被蒸发浓缩，在底部得到浓缩液。

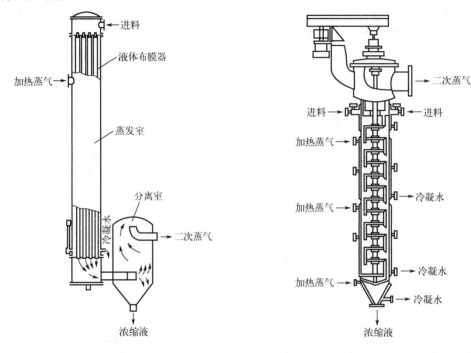

图 5-7　降膜式蒸发器　　　　图 5-8　刮板式薄膜蒸发器

这类蒸发器的缺点是结构复杂，动力消耗大，传热面积小，一般为 3～4m², 最大不超过 20m², 故其处理量较小。

5.1.2　蒸发器的选型

蒸发器的结构形式很多，选用时应主要考虑以下原则：
① 要有较高的传热系数，能满足生产工艺的要求；
② 生产能力大；
③ 结构简单，操作维修方便；
④ 能适应所处理物料的工艺特性。

蒸发物料的物理、化学特性常使一些传热系数高的蒸发器在使用时受到限制。因此，在选型时，蒸发器能否适应所蒸发物料的工艺特性，是首要考虑的因素。

蒸发物料的工艺特性包括黏度、热敏性、是否结垢、有无结晶析出、发泡性及腐蚀性。选型时要注意以下事项：
① 自然循环型蒸发器适用的黏度范围为 0.01～0.1Pa·s, 对于黏度大的物料选用强制循环型或降膜式蒸发器为宜。
② 对热敏性物料应选用停留时间短的各种膜式蒸发器，且常采用真空操作以降低料液的沸点和受热程度。
③ 对于易结垢的物料，应选用管内流速大的强制循环型蒸发器。
④ 对有结晶析出的物料，一般应采用管外沸腾型蒸发器，如强制循环式、外热式等。刮

板式、悬筐式蒸发器也适合于有结晶析出的物料。

⑤ 对易发泡的物料，可采用升膜式蒸发器，高速流动的二次蒸气具有破泡作用。强制循环式及外热式蒸发器具有较大的料液流速，能抑制气泡的生长，也可采用。此外，中央循环管式、悬筐式蒸发器具有较大的气液分离空间，也可采用。对发泡严重的物料，也可加入适量的消泡剂，来防止大量泡沫的产生。

⑥ 对于腐蚀性较大的物料，应选用耐腐蚀的材料，如不透性石墨、特种合金等。

常见蒸发器的一些重要性能列于表 5-1 中，可供选型时参考。

表 5-1 蒸发器的主要性能

蒸发器形式	造价	总传热系数		溶液在管内流速/m·s^{-1}	停留时间	完成液组成能否恒定	浓缩比	处理量	对溶液性质的适应性					
		稀溶液	高黏度						稀溶液	高黏度	易生泡沫	易结垢	热敏性	有结晶析出
标准型	最廉	良好	低	0.1~1.5	长	能	良好	一般	适	适	适	尚适	尚适	稍适
外热式（自然循环）	廉	高	良好	0.4~1.5	较长	能	良好	较大	适	尚适	较好	尚适	尚适	稍适
列文式	高	高	良好	1.5~2.5	较长	能	良好	较大	尚适	尚适	较好	尚适	尚适	稍适
强制循环式标准型	高	高	高	2.0~3.5	—	能	较高	大	适	好	好	适	尚适	适
升膜式	廉	高	高	0.4~1.0	短	较难	高	大	适	尚适	好	尚适	良好	不适
降膜式	廉	良好	高	0.4~1.0	短	尚能	高	大	较适	好	适	不适	良好	不适
刮板式	最高	高	良好	—	短	尚能	高	较小	较适	好	较好	不适	良好	不适

5.2 单效蒸发与真空蒸发的设计计算

5.2.1 单效蒸发的设计计算

单效蒸发的设计计算内容有：
① 确定水的蒸发量；
② 确定加热蒸气消耗量；
③ 确定蒸发器所需的传热面积。

在给定生产任务，以及进料量、温度和浓度、浓缩液的浓度、加热蒸气的压力和冷凝器操作压力等操作条件下，可通过物料衡算、热量衡算和传热速率方程对单效蒸发进行设计计算。

5.2.1.1 蒸发水量的计算

对蒸发过程中的溶质进行物料衡算，其公式为：

$$Fx_0 = (F-W)x_1 = Lx_1 \tag{5-1}$$

式中 F——原料液量，kg·h^{-1}；
　　W——蒸发水量，kg·h^{-1}；
　　L——浓缩液量，kg·h^{-1}；
　　x_0、x_1——分别为原料液、浓缩液中溶质的质量分数。

5.2.1.2 加热蒸气消耗量的计算

加热蒸气消耗量可通过对蒸发器作热量衡算求得，其公式为：

$$DH + Fh_0 = WH' + Lh_1 + Dh_c + Q_L \tag{5-2}$$

或

$$Q = D(H - h_c) = WH' + Lh_1 - Fh_0 + Q_L \tag{5-3}$$

式中　D——加热蒸气量，$kg \cdot h^{-1}$；

　　　H——加热蒸气的焓，$kJ \cdot kg^{-1}$；

　　　H'——二次蒸气的焓，$kJ \cdot kg^{-1}$；

　　　h_0——原料液的焓，$kJ \cdot kg^{-1}$；

　　　h_1——完成液的焓，$kJ \cdot kg^{-1}$；

　　　h_c——加热室排出冷凝液的焓，$kJ \cdot kg^{-1}$；

　　　Q——蒸发器的热负荷或传热速率，$kJ \cdot h^{-1}$；

　　　Q_L——热损失，可取 Q 的某一百分数，$kJ \cdot h^{-1}$；

　　　c_0、c_1——分别为原料液及完成液的比热容，$kJ \cdot kg^{-1} \cdot ℃^{-1}$。

考虑溶液浓缩热不大，并将 H' 取 t_1 下饱和蒸气的焓，则式（5-3）可写成：

$$D = \frac{Fc_0(t_1 - t_0) + Wr' + Q_L}{r} \tag{5-4}$$

式中　r、r'——分别为加热蒸气和二次蒸气的汽化潜热，$kJ \cdot kg^{-1}$。

若原料由预热器加热至沸点后进料（沸点进料），即 $t_0 = t_1$，并不计热损失，则式（5-4）可写为：

$$D = \frac{Wr'}{r} \tag{5-5}$$

或

$$\frac{D}{W} = \frac{r'}{r} \tag{5-6}$$

式中，D/W 称为单位蒸气消耗量，它表示加热蒸气的利用程度，也称蒸气的经济性。由于蒸气的汽化潜热随压力变化不大，故 $r = r'$。对单效蒸发而言，$D/W = 1$，即蒸发一千克水需要约一千克加热蒸气，实际操作中由于存在热损失等，$D/W \approx 1$。可见单效蒸发的能耗很大，不经济。

5.2.1.3 传热面积的计算

蒸发器的传热面积可通过传热速率方程求得，即：

$$Q = KS\Delta t_m \tag{5-7}$$

式中　S——蒸发器的传热面积，m^2；

　　　K——蒸发器的总传热系数，$W \cdot m^{-2} \cdot K^{-1}$；

　　　Δt_m——传热平均温度差，$℃$；

　　　Q——蒸发器的热负荷，W 或 $kJ \cdot h^{-1}$。

（1）蒸发器的热负荷的计算　Q 可通过对加热室作热量衡算求得。若忽略热损失，Q 即为加热蒸气冷凝放出的热量：

$$Q = D(H - h_c) = Dr \tag{5-8}$$

（2）传热平均温度差 Δt_m 的确定　在蒸发操作中,蒸发器加热室一侧是蒸气冷凝,另一侧为液体沸腾,因此其传热平均温度差应为:

$$\Delta t_m = T - t_1 \tag{5-9}$$

式中　T——加热蒸气的温度,℃;

t_1——操作条件下溶液的沸点,℃。

溶液的沸点不仅受蒸发器内液面压力影响,而且受溶液浓度、液位深度等因素影响。因此,在计算 Δt_m 时需考虑这些因素。

溶液浓度的影响：溶液中由于有溶质存在,其蒸气压比纯水低。换言之,一定压强下水溶液的沸点比纯水高,其差值称为溶液的沸点升高,以 Δ' 表示。影响 Δ' 的主要因素为溶液的性质及其浓度。一般有机物溶液的 Δ' 较小,无机物溶液的 Δ' 较大;稀溶液的 Δ' 不大,但随浓度增高,Δ' 值较大,例如,7.4%的 NaOH 溶液在 101.33kPa 下,其沸点为 102℃,Δ' 仅为 2℃,而 48.3%的 NaOH 溶液,其沸点为 140℃,Δ' 值达 40℃之多。各种溶液的沸点由实验确定,也可由手册中查取。

压强的影响：当蒸发操作在加压或减压条件下进行时,若缺乏实验数据,则按下式估算 Δ':

$$\Delta' = f \Delta'_{常} \tag{5-10}$$

式中　Δ'——操作条件下的溶液沸点升高,℃;

$\Delta'_{常}$——常压下的溶液沸点升高,℃;

f——校正系数,无因次,其值可由下式计算。

$$f = 0.0162 \frac{(T'+273)^2}{r'} \tag{5-11}$$

式中　T'——操作压力下二次蒸气的饱和温度,℃;

r'——操作压力下二次蒸气的汽化潜热,kJ·kg^{-1}。

液柱静压头的影响：通常蒸发器需维持一定液位,液面下的压力比液面上的压力（分离室中的压力）高,即液面下的沸点比液面上的高,两个沸点之差称为液柱静压头引起的沸点升高,以 Δ'' 表示。为简便计,以液层中部（料液一半）处的压力进行计算。根据流体静力学方程,液层中部的压力 p_m 为:

$$p_m = p' + \frac{\rho_m g h}{2} \tag{5-12}$$

式中　p'——溶液表面的压力,即蒸发器分离室的压力,Pa;

ρ_m——溶液的平均密度,kg·m^{-3};

h——液层高度,m。

则由液柱静压引起的沸点升高 Δ'' 可表示为:

$$\Delta'' = t_m - t_b \tag{5-13}$$

式中　t_m——液层中部 p_m 压力下溶液的沸点,℃;

t_b——p' 压力下溶液的沸点,℃。

近似计算时,式（5-13）中的 t_m 和 t_b 可分别用相应压力下水的沸点代替。

管道阻力的影响：倘若设计计算中温度以另一侧冷凝器的压力（即饱和温度）为基准，则还需考虑二次蒸气从分离室到冷凝器之间的压降所造成的温度差损失，以 Δ''' 表示。显然，Δ''' 值与二次蒸气的速度、管道尺寸以及除沫器的阻力有关。由于此值难于计算，一般取经验值为 1℃，即 $\Delta'''=1℃$。

综合考虑上述因素后，操作条件下溶液的沸点 t_1，即可用下式求取：

$$t_1 = t_c' + \Delta' + \Delta'' + \Delta''' \tag{5-14}$$

或

$$t_1 = t_c' + \Delta \tag{5-15}$$

式中　t_c'——冷凝器操作压力下的饱和水蒸气温度，℃；

　　　Δ——总温度差损失，$\Delta = \Delta' + \Delta'' + \Delta'''$，℃。

蒸发计算中，通常把式（5-9）的平均温度差称为有效温度差，而把 $T-T_c$ 称为理论温差，即认为是蒸发器蒸发纯水时的温差。

（3）总传热系数 K 的确定

蒸发器的总传热系数可按下式计算

$$K = \cfrac{1}{\cfrac{1}{\alpha_i} + R_i + \cfrac{b}{\lambda} + R_o + \cfrac{1}{\alpha_o}} \tag{5-16}$$

式中　α_i——管内溶液沸腾的对流传热系数，$W \cdot m^{-2} \cdot ℃^{-1}$；

　　　α_o——管外蒸气冷凝的对流传热系数，$W \cdot m^{-2} \cdot ℃^{-1}$；

　　　R_i——管内污垢热阻，$m^2 \cdot ℃ \cdot W^{-1}$；

　　　R_o——管外污垢热阻，$m^2 \cdot ℃ \cdot W^{-1}$；

　　　b/λ——管壁热阻，$m^2 \cdot ℃ \cdot W^{-1}$。

式（5-16）中 α_o、R_o 及 b/λ 在《化工原理》传热一章中均已阐述，本章不再赘述。

由于蒸发过程中，加热面处溶液中的水分汽化，浓度上升，因此溶液很易超过饱和状态，溶质析出并包裹固体杂质，附着于表面，形成污垢，所以 R_i 往往是蒸发器总热阻的主要部分。为降低污垢热阻，工程中常采用加快溶液循环速度、在溶液中加入晶种和微量的阻垢剂等措施。设计计算时，污垢热阻 R_i 目前仍需根据经验数据确定。管内溶液沸腾对流传热系数 α_i 也是影响总传热系数的主要因素，但溶液的性质、沸腾传热的状况、操作条件和蒸发器的结构等因素都会影响 α_i。目前虽然对管内沸腾做过不少研究，但其所推荐的经验关联式并不太可靠，再加上管内污垢热阻变化较大。因此，目前蒸发器的总传热系数仍主要靠实际测定作为设计计算的依据。表 5-2 中列出了常用蒸发器总传热系数的大致范围，供设计计算参考。

表 5-2　常用蒸发器总传热系数 K 的经验值

蒸发器形式	总传热系数/$W \cdot m^{-2} \cdot ℃^{-1}$	蒸发器形式	总传热系数/$W \cdot m^{-2} \cdot ℃^{-1}$
中央循环管式	580~3000	升膜式	580~5800
带搅拌的中央循环管式	1200~5800	降膜式	1200~3500
悬筐式	580~3500	刮膜式，黏度 1mPa·s^{-1}	2000
自然循环式	1000~3000	刮膜式，黏度 100~10000mPa·s^{-1}	200~1200
强制循环式	1200~3000		

5.2.2 蒸发器的生产能力与生产强度

（1）蒸发器的生产能力　蒸发器的生产能力可用单位时间内蒸发的水分量来表示。由于蒸发水分量取决于传热量的大小，因此其生产能力也可表示为：

$$Q = KS(T - t_1) \tag{5-17}$$

（2）蒸发器的生产强度　蒸发器的生产强度简称蒸发强度，是指单位时间单位传热面积上所蒸发的水量，常用 u 来表示，单位为 $kg \cdot m^{-2} \cdot h^{-1}$。

$$u = \frac{W}{S} \tag{5-18}$$

蒸发强度通常可用于评价蒸发器的优劣，对于一定的蒸发任务而言，蒸发强度越大，则所需的传热面积越小，即设备的投资就越低。

若不计热损失和浓缩热，料液又为沸点进料，联立式（5-8）、式（5-9）和式（5-18）可得：

$$u = \frac{W}{S} = \frac{K \Delta t_m}{r} \tag{5-19}$$

由此式可知，提高蒸发强度的主要途径是提高总传热系数 K 和传热温度差 Δt_m。

① 提高传热温度差。提高传热温度差可从提高热源的温度或降低溶液的沸点等角度考虑，工程上通常采用下列措施来实现。

a. 真空蒸发：真空蒸发可以降低溶液沸点，增大传热推动力，提高蒸发器的生产强度，同时由于沸点较低，可减少或防止热敏性物料的分解。另外，真空蒸发可降低对加热热源的要求，即可利用低温水蒸气作热源。但是，应该指出，溶液沸点降低，其黏度会增加，并使总传热系数 K 下降。当然，真空蒸发要增加真空设备并增加动力消耗。

b. 高温热源：提高 Δt_m 的另一个措施是提高加热蒸气的压力，但这时要对蒸发器的设计和操作提出严格要求。一般加热蒸气压力不超过 0.6～0.8MPa。对于某些物料如果加压蒸气仍不能满足要求时，则可选用高温导热油、熔盐或改用电加热，以增大传热推动力。

② 提高总传热系数。蒸发器的总传热系数主要取决于溶液的性质、沸腾状况、操作条件以及蒸发器的结构等。这些已在前面论述，因此，合理设计蒸发器以实现良好的溶液循环流动，及时排除加热室中不凝性气体，定期清洗蒸发器（加热室内管），均是提高和保持蒸发器在高强度下操作的重要措施。

5.3　多效蒸发

多效蒸发是将第一效蒸发器汽化的二次蒸气作为热源通入第二效蒸发器的加热室作加热用，这称为双效蒸发。如果再将第二效的二次蒸气通入第三效加热室作为热源，并依次进行多个串接，则称为多效蒸发。采用多效蒸发，由于生产给定的总蒸发水量 W 分配于各个蒸发器中，而只有第一效才使用加热蒸气，故加热蒸气的经济性大大提高。

蒸发过程是一个能耗较大的单元操作，为了减少多效蒸发的能耗，常采用以下方式。

① 外蒸气的引出。将蒸发器中蒸出的二次蒸气引出（或部分引出），作为其他加热设备的热源，例如用来加热原料液等，可大大提高加热蒸气的经济性，同时还降低了冷凝器的负

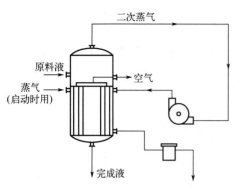

图 5-9 热泵蒸发流程

② 热泵蒸发。将蒸发器蒸出的二次蒸气用压缩机压缩，提高它的压力，倘若压力又达加热蒸气压力时，则可送回入口，循环使用。加热蒸气（或生蒸气）只作为启动或补充泄漏、损失等用。因此节省了大量蒸气，热泵蒸发的流程如图 5-9 所示。

③ 冷凝水显热的利用。蒸发器加热室排出大量高温冷凝水，这些水可返回锅炉房重新使用，这样既节省能源又节省水源。但应用这种方法时，应注意水质监测，避免因蒸发器损坏或阀门泄漏，污染锅炉补水系统。当然高温冷凝水还可用于其他加热或需工业用水的场合。

5.3.1 多效蒸发的效数及流程

5.3.1.1 效数的确定

实际工业生产中，大多采用多效蒸发，其目的是降低蒸气的消耗量，从而提高蒸发装置的经济性。表 5-3 为不同效数蒸发装置的蒸气消耗量，其中实际消耗量包括蒸发装置的各项热损失。

表 5-3 不同效数蒸发装置的蒸气消耗量

效数	理论蒸气消耗量		实际蒸气消耗量		
	蒸发 1kg 水所耗蒸气量/（kg 蒸气/kg 水）	1kg 蒸气所能蒸水量/（kg 水/kg 蒸气）	蒸发 1kg 水所耗蒸气量/（kg 蒸气/kg 水）	1kg 蒸气所能蒸发水量/（kg 水/kg 蒸气）	本装置若再加一效可节约的蒸气量/%
单效	1.0	1	1.1	0.91	93
双效	0.5	2	0.57	1.754	30
三效	0.33	3	0.4	2.5	25
四效	0.25	4	0.3	3.33	10
五效	0.2	5	0.27	3.7	7

由表 5-3 中数据可看出，随效数的增加，蒸气消耗量减少，但不是效数越多越好，这主要受经济和技术因素的限制。

经济上的限制是指当效数增加到一定值时经济上是不合理的。在多效蒸发中，随着效数的增加，总蒸发量相同时所消耗的蒸气量减少，操作费用下降。但效数越多，设备的固定投资越大，设备的拆旧费越多，而且随着效数的增加，所节约的蒸气量越来越少。如从单效改为双效时，蒸气节约 93%；但从四效改为五效仅节约蒸气 10%。最适宜的效数应使设备费和操作费的总和为最小。

在技术上，蒸发器装置的效数过多，蒸发操作将不能顺利进行。在实际的工业生产中。蒸气的压力和冷凝器的真空度都有一定的限制。因此，在一定的操作条件下，蒸发器的理论总温差为一定值。当效数增加时，由于总效温差损失总和的增加，使总有效温差减少，分配到各效的有效温差将有可能小至无法保证各效料液的正常沸腾，蒸发操作将难以正常进行。图 5-10 为单效、双效蒸发的有效温差及温度差损失的变化情况。图中总高代表加热蒸气温度与冷凝器中蒸气温度之差，阴影部分代表由于各种原因引起的温度差损失，空白部分代表有效温度差（即传热推动力）。由图 5-10 可见，多效蒸发中的温度差损失较单效大。不难理解，效数越多，温度差损失将越大。

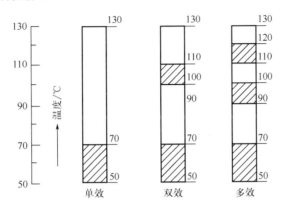

图 5-10 单效、双效蒸发的有效温差及温差损失

在蒸发操作中，为保证传热的正常进行，根据经验，每一效的温差不能小于 5~7℃。通常，对于沸点升高较大的电解质溶液，如 $NaCl$、$NaOH$、NH_4NO_3、Na_2CO_3、Na_2SO_4 等可采用 2~3 效；对于沸点升高特大的工质，如 $MgCl_2$、$CaCl_2$、KCl、H_3PO_4 等常采用单效蒸发；对于非电解质溶液，如有机溶剂等，其沸点升高较小，可取 4~6 效；在海水淡化中，温差损失很小，可采用 20~30 效。

5.3.1.2 多效蒸发流程的选择

为了合理利用有效温差，根据加热蒸气与料液流向的不同，多效蒸发的操作流程可分为并流、逆流、平流、错流等流程。

（1）并流流程　并流流程也称为顺流加料流程，如图 5-11 所示，料液与蒸气在效间同向流动。因各效间有较大的压力差，料液能自动从前效向后效，不需输料泵；前效的温度高于后效，料液从前效进入后效时呈过热状态，过料时有闪蒸。并流流程结构紧凑，操作简便，应用较广。对于并流流程，后效温度低、组成高，逐效料液的黏度增加。传热系数下降，并导致有效温差在各效间的分配不均。因此，并流流程只适用于处理黏度不大的料液。

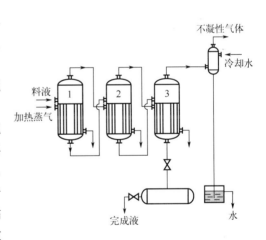

图 5-11 并流加料流程

（2）逆流流程　逆流流程如图 5-12 所示，料液与加热蒸气在效间呈逆流流动。效间需过料泵，动力消耗大，操作也较复杂。自前效到后效，料液组成渐增，温度同时升高，黏度及传热系数变化不大，温差分配均匀，适合于处理黏度较大的料液，不适合于处理热敏性料液。

（3）平流流程　平流流程如图 5-13 所示，每一效都有进料和出料，适合于有大量结晶析出的蒸发过程。

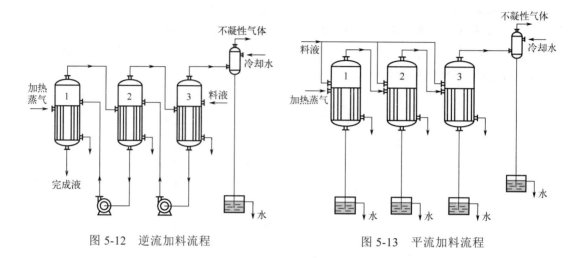

图 5-12 逆流加料流程　　　　图 5-13 平流加料流程

（4）错流流程　错流流程也称为混流流程，它是并、逆流的结合，其特点是兼有并、逆流的优点，但操作复杂，控制困难。我国目前仅用于造纸工业及有色冶金的碱回收系统中。

5.3.2 多效蒸发的计算

5.3.2.1 多效蒸发工艺计算

多效蒸发工艺计算的主要依据是物料衡算、热量衡算及传热速率方程。计算的主要项目有加热蒸气的消耗量、各效溶剂蒸发量以及各效的传热面积。计算的已知参数包括料液的流量、温度和组成，最终完成液的组成，加热蒸气的压力和冷凝器中的压力等。

（1）多效蒸发的设计计算步骤　多效蒸发的计算一般采用迭代计算法。

a. 根据工艺要求及溶液的性质，确定蒸发的操作条件（如加热蒸气压力及冷凝器压力）及蒸发器的形式、流程和效数。

b. 根据生产经验数据，初步估计各效蒸发量和各效完成液的组成。

c. 根据经验假设蒸气通过各效的压力降相等，估计各效溶液沸点和有效总温差。

d. 根据蒸发器的焓（热量）衡算，求各效的蒸发量和传热速率。

e. 根据传热速率方程计算各效的传热面积。若求得的各效传热面积不相等，则应根据各效传热面积相等的原则重新分配有效温度差，重复步骤 c 至 e，直到所求得的各效传热面积相等（或满足预先给出的精度要求）为止。

（2）蒸发器的计算方法　以三效并流流程为例介绍多效蒸发装置的计算方法。

① 估算各效蒸发量和完成液组成。

总蒸发量 W 为：

$$W = F\left(1 - \frac{x_0}{x_n}\right) \quad (5\text{-}20)$$

式中　x_n——第 n 效浓缩液中溶质的质量分数。

在蒸发过程中，总蒸发量为各效蒸发量之和，即

$$W = \sum W_i \quad (5\text{-}21)$$

式中 W_i——各效的蒸发量，kg·h^{-1}。

任一效中完成液的组成为

$$x_i = \frac{Fx_0}{F - \sum W_i} \quad (5\text{-}22)$$

式中 x_i——第 i 效浓缩液中溶质的质量分数。

各效蒸发量可按总蒸发量的平均值估算，即

$$W_i = \frac{\sum W_i}{n} \quad (5\text{-}23)$$

对于并流操作的多效蒸发，因存在闪蒸现象，可按如下比例进行估算。例如，对于三效蒸发：

$$W_1 : W_2 : W_3 = 1 : 1.1 : 1.2$$

② 各效溶液沸点及有效总温度差的估算。为求各效料液的沸点，首先假定各效的压力。一般加热蒸气的压力和冷凝器的压力（或末效压力）是给定的，其他各效的压力可按各效间蒸气压力降相等的假设来确定，即：

$$\Delta p = \frac{p_1 - p'_K}{n} \quad (5\text{-}24)$$

式中 Δp——各效加热蒸气压力与二次蒸气压力之差，Pa；
　　p_1——第 I 效加热蒸气的压力，Pa；
　　p'_K——末效冷凝器中的压力，Pa。

多效蒸发中的有效传热温差可用下式计算：

$$\sum \Delta t = (T_1 - T'_K) - \sum \Delta \quad (5\text{-}25)$$

式中 $\sum \Delta t$——有效总温差，为各效有效温差之和，℃；
　　T_1——第一效加热蒸气的温度，℃；
　　T'_K——冷凝器的操作压力下二次蒸气的饱和温度，℃；
　　$\sum \Delta$——总的温度差损失，为各效温差损失之和，℃。

$$\sum \Delta = \Delta' + \Delta'' + \Delta''' \quad (5\text{-}26)$$

③ 加热蒸气消耗量及各效蒸发水量的初步估算。

第 i 效的热量衡算式为

$$Q_i = D_i r_i = (Fc_{p0} - W_1 c_{pw} - W_2 c_{pw} - \cdots - W_{i-1} c_{pw})(t_i - t_{i-1}) + W_i r'_i \quad (5\text{-}27)$$

由上式可求得第 i 效的蒸发量 W_i。在热量衡算式中计入溶液的浓缩热及蒸发器的热损失时，尚需考虑热利用系数 η。对于一般溶液的蒸发，热利用系数 η 可取为 $0.7 \sim 0.96\Delta x$（式中 Δx 为以质量分率表示的溶液的组成变化）。

第 i 效的蒸发量 W_i 的计算式为：

$$W_i = \eta_i \left[\frac{D_i r_i}{r'_i} + (Fc_{p0} - W_1 c_{pw} - W_2 c_{pw} - \cdots - W_{i-1} c_{pw}) \frac{t_{i-1} - t_i}{r'_i} \right] \quad (5\text{-}28)$$

式中 D_i——第 i 效加热蒸气量，当无额外蒸气抽出时，$D_i = W_{i-1}$，kg·h^{-1}；

r_i ——第 i 效加热蒸气的汽化潜热，kJ·kg^{-1}；

c_{p0} ——原料液的比热容，kJ·kg^{-1}·℃$^{-1}$；

c_{pw} ——水的比热容，kJ·kg^{-1}·℃$^{-1}$；

t_i、t_{i-1} ——分别为第 i 效和第 $i-1$ 效溶液的温度（沸点），℃；

η_i ——第 i 效的热利用系数，无因次。

对于蒸气的消耗量，可列出各效热量衡算式与式（5-21）联解而求得。

④ 传热系数 K 的确定。蒸发器的总传热系数的表达式原则上与普通换热器相同，即：

$$K = \frac{1}{\frac{1}{\alpha_o} + R_o + \frac{d_o}{\alpha_i d_i} + R_i \frac{d_o}{d_i} + \frac{b}{\lambda} \times \frac{d_o}{d_m}} \tag{5-29}$$

式（5-29）中，下标 i 表示管内侧，o 表示外侧，m 表示平均。管外蒸气冷凝的传热系数 α_o 可按膜状冷凝的传热系数公式计算，垢层热阻 R 值可按经验值估计。

但管内溶液沸腾传热系数则受较多因素的影响，例如溶液的性质、蒸发器的形式、沸腾传热的形式以及蒸发操作的条件等。由于管内溶液沸腾传热的复杂性，现有的计算关联式的准确性较差。下面仅给出强制循环蒸发器管内沸腾传热系数的经验关联式，其他情况可参阅有关专著或手册。

在强制循环蒸发器中，加热管内的液体无沸腾区，因此可采用无相变时管内强制湍流的计算式，即：

$$\alpha_i = 0.023 \frac{\lambda_L}{d_i} Re_L^{0.8} Pr_L^{0.4} \tag{5-30}$$

式中 λ_L ——液体的导热系数，W·m^{-1}·℃$^{-1}$；

d_i ——加热管的内径，m；

Pr_L ——液体的普兰特准数，无因次；

Re_L ——液体的雷诺准数，无因次。

实验表明，式中的 α_i 计算值比实验值约低 25%。需要指出，由于 α_i 的关联式精度较差，目前在蒸发器设计计算中，总传热系数 K 大多根据实测或经验值选定。表 5-2 列出了几种常用蒸发器 K 值的大致范围，可供设计时参考。

⑤ 蒸发器的传热面积和有效温差在各效中的分配。

任一效的传热速率方程为：

$$Q_i = K_i S_i \Delta t_i \tag{5-31}$$

式中，下标 i 表示第 i 效。

确定总有效温差在各效间分配的目的是求取蒸发器的传热面积 S_i，现以三效为例加以说明。

$$\left.\begin{aligned} S_1 &= \frac{Q_1}{K_1 \Delta t_1} \\ S_2 &= \frac{Q_2}{K_2 \Delta t_2} \\ S_3 &= \frac{Q_3}{K_3 \Delta t_3} \end{aligned}\right\} \tag{5-32}$$

式中：

$$\left.\begin{array}{l}Q_1 = D_1 r_1 \\ Q_2 = W_1 r_1' \\ Q_3 = W_2 r_2'\end{array}\right\} \quad (5\text{-}33)$$

$$\left.\begin{array}{l}\Delta t_1 = T_1 - t_1 \\ \Delta t_2 = T_2 - t_2 = T_1' - t_2 \\ \Delta t_3 = T_3 - t_3 = T_2' - t_3\end{array}\right\} \quad (5\text{-}34)$$

在多效蒸发中，为了便于制造和安装，通常采用各效传热面积相等的蒸发器，即：

$$S_1 = S_2 = S_3 = S$$

若由式（5-32）求得的传热面积不等，应根据各效传热面积相等的原则重新分配各效的有效温度差，具体方法如下。

设以 $\Delta t'$ 表示各效传热面积相等时的有效温差，则：

$$\Delta t_1' = \frac{Q_1}{K_1 S}, \quad \Delta t_2' = \frac{Q_2}{K_2 S}, \quad \Delta t_3' = \frac{Q_3}{K_3 S} \quad (5\text{-}35)$$

与式（5-32）比较可得：

$$\Delta t_1' = \frac{S_1}{S}\Delta t_1, \quad \Delta t_2' = \frac{S_2}{S}\Delta t_2, \quad \Delta t_3' = \frac{S_3}{S}\Delta t_3 \quad (5\text{-}36)$$

将式（5-36）各式相加，得：

$$\sum \Delta t = \Delta t_1' + \Delta t_2' + \Delta t_3' = \frac{S_1}{S}\Delta t_1 + \frac{S_2}{S}\Delta t_2 + \frac{S_3}{S}\Delta t_3$$

或

$$S = \frac{S_1 \Delta t_1 + S_2 \Delta t_2 + S_3 \Delta t_3}{\sum \Delta t} \quad (5\text{-}37)$$

由式（5-37）求得传热面积 S 后，即可重新分配各效的有效温差，重复上述计算步骤，直到求得的各效传热面积相等（或达到所要求的精度）为止，该面积即为所求传热面积。

5.3.2.2 蒸发装置结构设计

蒸发器的主要结构尺寸 下面以中央循环管式蒸发器为例说明蒸发器主要结构尺寸的设计计算方法。中央循环管式蒸发器的主要结构尺寸包括加热室和分离室的直径和高度、加热管与中央循环管的规格和长度及在管板上的排列方式。这些尺寸的确定取决于工艺计算结果，主要是传热面积。

① 加热管的选择和管数的初步估计。蒸发器的加热管通常选用 $\phi25\text{mm}\times2.5\text{mm}$、$\phi38\text{mm}\times2.5\text{mm}$、$\phi57\text{mm}\times3.5\text{mm}$ 等几种规格的无缝钢管。加热管长度的选择应根据溶液结垢的难易程度、溶液的起泡性和厂房的高度等因素来考虑，一般为 0.6~2m，但也有选用 2m 以上的管子。易结垢和易起泡沫的蒸发宜选用短管。

当加热管的规格与长度确定后，可由下式初步估计所需的管子数 n'：

$$n' = \frac{S}{\pi d_o (L - 0.1)} \quad (5\text{-}38)$$

式中　S——蒸发器的传热面积，由前面的工艺计算决定，m^2；
　　　d_o——加热管外径，m；

L——加热管长度,m。

因加热管固定在管板上,考虑管板厚度所占据的传热面积,则计算管子数 n' 时的管长应取 $(L-0.1)$ m。为完成传热任务所需的最小实际管数,只有在管板上排列加热管后才能确定。

② 循环管的选择。循环管的截面积是根据循环阻力最小的原则来考虑的。中央循环管式蒸发器的循环管截面积可取加热管总截面积的 40%~100%。加热管的总截面积可按 n' 计算,循环管内径 D_1 可表示为:

$$\frac{\pi}{4}D_1^2 = (0.4 \sim 1.0)n'\frac{\pi}{4}d_i^2$$

或

$$D_1 = \sqrt{(0.4 \sim 1.0)n'}d_i \quad (5-39)$$

对于加热面积较小的蒸发器,应取较大的百分数。按上式计算出 D_1 后,应从管子规格中选取管径相近的标准管,如循环管数 n 与加热管数 n' 相差不大,则循环管的规格可一次确定。循环管的管长与加热管相等,循环管的表面积不计入传热面积中。

③ 加热室直径及加热管数目的确定。加热室的内径取决于加热管和循环管的规格、数目及在管板上的排列方式。

加热管在管板上的排列方式有三角形、正方形、同心圆等,目前以三角形排列居多。管心距 t 为相邻两管中心线之间的距离,t 一般为加热管外径的 1.25~1.5 倍。目前在换热器设计中,管心距的数值已经标准化,管子规格确定后,相应的管心距则为确定值。表 5-4 摘录了部分加热管管心距的数据、设计时可选用。

表 5-4 不同加热管尺寸的管心距

加热管外径 d_o/mm	19	25	38	57
管心距 t/mm	25	32	48	70

加热室内径和加热管数采用作图法来确定,具体作法是:先计算管束中心线上管数 n_c。

管子按正三角形排列时: $n_c = 1.1\sqrt{n}$ (5-40)

管子按正方形排列时: $n_c = 1.19\sqrt{n}$ (5-41)

式中 n——总加热管数。

然后采用下式初步估算加热室内径:

$$D_i = t(n_c - 1) + 2b' \quad (5-42)$$

式中,$b' = (1 \sim 1.5)d_o$。

根据初估加热室内径值和容器公称直径系列,试选一个内径作为加热室内径,并以此内径和循环管外径作同心圆,在同心圆的环隙中,按加热管的排列方式和管心距作图。作图所得管数 n 必须大于初估值 n'。如不满足,应另选一设备内径,重新作图,直至合适为止。

壳体内径的标准尺寸列于表 5-5 中,设计时可作为参考。

表 5-5 壳体的尺寸标准

壳体内径/mm	400~700	800~1000	1100~1500	1600~2000
最小壁厚/mm	8	10	12	14

④ 分离室直径和高度的确定。分离室的直径和高度取决于分离室的体积。而分离室的体积又与二次蒸气的体积流量及蒸发体积强度有关。

分离室体积可由下式计算：

$$V = \frac{W}{3600\rho U} \tag{5-43}$$

式中　V——分离室的体积，m^3；
　　　W——某效蒸发器的二次蒸气流量，$kg \cdot s^{-1}$；
　　　ρ——某效蒸发器的二次蒸气密度，$kg \cdot m^{-3}$；
　　　U——蒸发体积强度，$m^3 \cdot m^{-3} \cdot s^{-1}$，即每立方米分离室每秒钟产生的二次蒸气量，一般允许值为 $1.1 \sim 1.5 m^3 \cdot m^{-3} \cdot s^{-1}$。

根据蒸发器工艺计算得到的各效二次蒸气量，再从蒸发体积强度的数值范围内选取一个值，即可由式（5-43）计算出分离室的体积。

一般情况下，各效的二次蒸气量是不相同的，且密度也不相同，按式（5-43）算出的分离室体积也不相同，通常末效体积最大。为方便起见，设计时各效分离室的尺寸可取一致，分离室体积宜取其中较大者。但对于大型多效蒸发系统，各效分离室尺寸相差较大，各效分离室常采用不同尺寸。

分离室体积确定后，其高度 H 与直径 D 符合下列关系：

$$V = \frac{\pi}{4}D^2 H \tag{5-44}$$

在利用此关系确定高度和直径时应考虑如下原则：

分离室的高度与直径之比 $H/D=1\sim2$。对于中央循环管式蒸发器，其分离室的高度一般不能小于 1.8 m，以保证足够的雾沫分离高度。分离室的直径也不能太小，否则二次蒸气流速过大，将导致严重雾沫夹带；在允许的条件下，分离室直径应尽量与加热室相同，这样可使结构简单，加工制造方便；高度和直径均应满足施工现场的安装要求。

⑤ 接管尺寸的确定。流体进出口接管的内径按下式计算：

$$d = \sqrt{\frac{4V_s}{\pi u}} \tag{5-45}$$

式中　V_s——流体的体积流量，$m^3 \cdot s^{-1}$；
　　　u——流体的适宜流速，$m \cdot s^{-1}$。

流体的适宜流速列于表 5-6 中，设计时可作为参考。

表 5-6　流体的适宜流速

强制流动的流体/$m \cdot s^{-1}$	自然对流的流体/$m \cdot s^{-1}$	饱和蒸气/$m \cdot s^{-1}$	空气及其他气体/$m \cdot s^{-1}$
0.8~15	0.08~0.15	20~30	15~20

估算出接管内径后，应从管子的标准系列中选用相近的标准管。

蒸发器的主要接管包括：溶液的进出口管、加热蒸气进口与二次蒸气出口管、冷凝水出口管等。

溶液的进出口管：对于并流加料的三效蒸发，第Ⅰ效溶液的流量最大，若各效设备采用统一尺寸，应根据第Ⅰ效溶液流量来确定接管。溶液的适宜流速按强制流动考虑。为方便起见，进出口可取统一管径。

加热蒸气进口与二次蒸气出口管：若各效结构尺寸一致。则二次蒸气体积流量应取各效中较大者。一般情况下，末效的体积流量最大。

冷凝水出口管：冷凝水的排出一般属于自然流动（有泵抽出的情况除外），接管直径应由各效加热蒸气消耗量较大者确定。

5.4 蒸发装置的辅助设备

蒸发装置的辅助设备主要包括气液分离器与蒸气冷凝器。

5.4.1 气液分离器

蒸发操作时二次蒸气中夹带大量的液体，虽在分离室得到初步分离，但为了防止损失有用的产品或污染冷凝液体，还需设置气液分离器，以使雾沫中的液体聚集并与二次蒸气分离，故气液分离器又称为捕沫器或除沫器。其类型很多，设置在蒸发器分离室顶部的有简易式、惯性式及网式除沫器等，如图5-14（a）、（b）、（c）所示；设置在蒸发器外部的有折流式、旋流式及离心式除沫器等，如图5-14（d）、（e）、（f）所示。

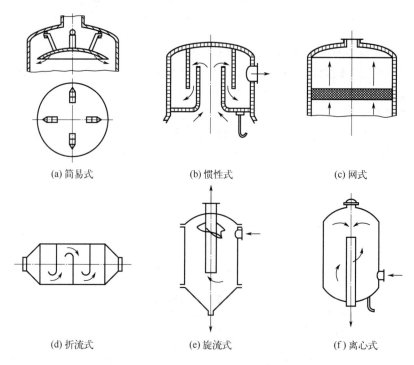

图5-14 气液分离器的主要类型

惯性式除沫器是利用带有液滴的二次蒸气在突然改变运动方向时，液滴因惯性作用而与蒸气分离。其结构简单，中小型工厂中应用较多。

惯性式除沫器的主要尺寸可按下式确定：

$$D_0 \approx D_1$$
$$D_1 : D_2 : D_3 = 1 : 1.5 : 2 \qquad (5\text{-}46)$$
$$H = D_3$$
$$h = (0.4 - 0.5)D_1$$

式中 D_0——二次蒸气管径，m；

D_1——除沫器内管直径，m；

D_2——除沫器外罩管直径，m；

D_3——除沫器外壳直径，m；

H——除沫器的总高度，m；

h——除沫器内管顶部与器顶的距离，m。

网式除沫器是让蒸气通过大比表面积的丝网，使液滴附在丝网表面而除去。除沫效果好，丝网空隙率大，蒸气通过时压力降小，因而网式除沫器应用广泛。网式除沫器的金属网一般采用三层或四层，丝网的规格型号可参阅有关手册。其他类型气液分离器尺寸的确定可参阅《气态非均一系分离》手册。

各种气液分离器的性能列于表 5-7 中，设计时可作为参考。

表 5-7 各种气液分离器的性能

形式	捕集雾滴的直径/mm	分离效率/%	压力降/Pa	气速范围/m·s^{-1}
简易式	>50	98~147	80~88	3~5
惯性式	>50	196~588	85~90	常压 12~25（进口），减压 >25（进口）
网式	>5	245~735	98~100	1~4
波纹折板式	>15	186~785	90~99	3~10
旋流式	>50	392~735	85~94	常压 12~25（进口），减压 >25（进口）
离心式	>50	~196	>90	3~4.5

5.4.2 蒸气冷凝器

5.4.2.1 主要类型

蒸气冷凝器的作用是用冷却水将二次蒸气冷凝，并通过控制冷凝液的温度来控制末效蒸发器的操作压力或真空度。当二次蒸气为有价值的产品，需要回收或会严重污染冷却水时，应采用列管式、板式、螺旋管式及淋水管式等间壁式冷却器。当二次蒸气为水蒸气不需要回收时，可采用直接接触式冷凝器。由于二次蒸气与冷却水直接接触进行热交换，其冷凝效果好、结构简单、操作方便、价格低廉，因此被广泛采用。

间壁式冷凝器系常用热交换器，可参阅"管壳式换热器设计"一章。此处仅介绍几种常用的直接接触式冷凝器。

直接接触式冷凝器有多孔板式、水帘式、填充塔式及水喷射式等，如图 5-15 所示。

多层多孔板式是目前广泛使用的型式之一。冷凝器内部装有 4~9 块不等距的多孔板，冷却水通过板上小孔分散成液滴而与二次蒸气接触，接触面积大，冷凝效果好。但多孔板易堵塞，二次蒸气在折流过程中压力增大。所以，也采用压力较小的单层多孔板式冷凝器，但冷凝效果较差。

水帘式冷凝器的器内装有 3～4 对固定的圆形和环形隔板，使冷却水在各板间形成水帘，二次蒸气通过水帘时被冷凝，其结构简单，压力较大。

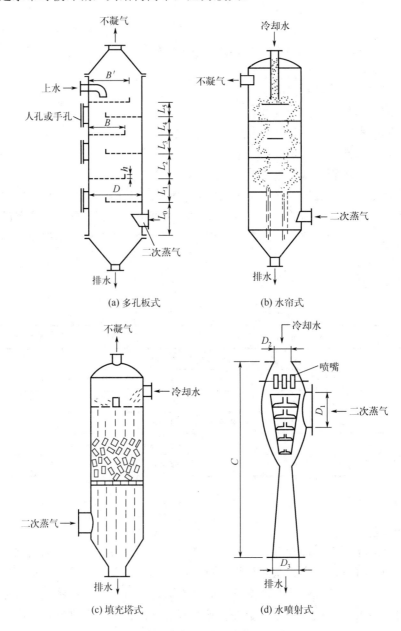

图 5-15　直接接触式冷凝器示意

填充塔式冷凝器的塔内上部装有多孔板式液体分布板，塔内装填拉西环填料。冷水与二次蒸气在填料表面接触，提高了冷凝效果，适用于二次蒸气量较大的情况以及冷凝具有腐蚀性气体的情况。

水喷射式冷凝器的冷却水依靠泵加压后经喷嘴雾化使二次蒸气冷凝。不凝气也随冷凝水由排水管排出。此过程产生真空，则不需要真空泵就可保持系统的真空度。但冷凝二次蒸气所需的冷却水量大，二次蒸气量过大时不宜采用。

各种型式蒸气冷凝器的性能列于表 5-8 中，设计时可作为参考。

表 5-8 蒸气冷凝器的性能

冷凝器形式	多层多孔板式	单层多孔板式	水帘式	填充塔式	水喷射式
水气接触面积	大	较小	较大	大	最大
压降	1067～2000Pa	小，可不计	1333～3333Pa	较小	大
塔径范围	大小均可	不宜过大	≤350mm	≤100mm	二次蒸气量<2t·h^{-1}
结构与要求	较简单	简单	较简单，安装有一定要求	简单	不简易，加工有一定要求
水量	较大	较大	较大	较大	最大
其他	孔易堵塞			适用于腐蚀性蒸气冷凝	

5.4.2.2 设计计算及选用

此处仅介绍常用的多层孔板式及水喷射式蒸气冷凝器的设计计算，填充塔式冷凝器及水帘式冷凝器的设计与选用可参阅有关手册。

(1) 多层多孔板式蒸气冷凝器

① 冷却水量 V_L。

冷却水的流量由冷凝器的热量衡算来确定：

$$V_L = \frac{W_V(h - c_w t_k)}{c_w(t_k - t_w)} \tag{5-47}$$

式中 V_L——冷却水量，kg·h^{-1}；

h——进入冷凝器二次蒸气的焓，J·kg^{-1}；

W_V——进入冷凝器二次蒸气的流量，kg·h^{-1}；

c_w——水的比热容，4.187×10^{3}J·kg^{-1}·℃$^{-1}$；

t_w——冷却水的初始温度，℃；

t_k——冷凝液混合物的排出温度，℃。

另一种确定冷却水流量的方法是利用图 5-16 所示的多孔式蒸气冷凝器的性能曲线，由冷凝器进口蒸气压力和冷却水进口温度可查得 1m^3 冷却水可冷却的蒸气量为 Xkg，则

$$V_L = W_V / X \tag{5-48}$$

与实际数据相比，由图 5-16 所计算的 V_L 值偏低，故设计时取：

$$V_L = (1.2 \sim 1.25) W_V / X \tag{5-49}$$

② 冷凝器的直径。二次蒸气流速 u 的范围通常为 15～20m·s^{-1}。若已知进入冷凝器的二次蒸气的体积流量，即可根据流量公式求出冷凝器直径 D。此外，也可根据图 5-17 来确定蒸气冷凝器直径。

③ 淋水板的设计。淋水板的设计主要包括以下内容。

淋水板数：当 D<500mm 时，取 4～6 块；当 D≥500mm 时，取 7～9 块。

淋水板间距：当 4～6 块板时，$L_{n+1}=(0.5 \sim 0.7)L_n$，$L_0=D+(0.15 \sim 0.3)$m；当 7～9 块板时，

$L_{n+1}=(0.6\sim0.7)L_n$,$L_\text{末}\geqslant 0.15\text{m}$。

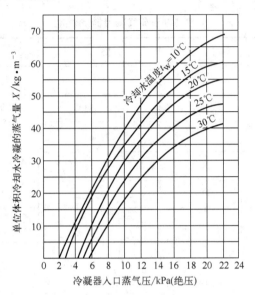

图 5-16 多孔式蒸气冷凝器的性能曲线

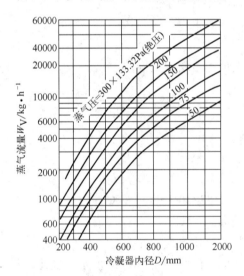

图 5-17 冷凝器内径与蒸气流量的关系

弓型淋水板的宽度：最上面一块 $B'=(0.8\sim0.9)D$；其他各块淋水板 $B'=0.5D+0.05$。

淋水板堰高 h：当 $D<500$mm 时，$h=40$mm；当 $D\geqslant 500$mm 时，$h=50\sim70$mm。

淋水板孔径：若冷却水质较好或冷却水不循环使用时，d 可取 $4\sim5$mm；反之，可取 $6\sim10$mm。

淋水板孔数：淋水孔流速 u_0 采用下式计算。

$$u_0=\eta\varphi\sqrt{2gh} \qquad (5\text{-}50)$$

式中　η——淋水孔的阻力系数，其值为 $0.95\sim0.98$；

φ——水流收缩系数，其值为 $0.80\sim0.82$；

h——淋水板堰高，m。

淋水板孔数为：

$$n = \frac{V_L}{3600 \frac{\pi}{4} d^2 u_0} \quad (5\text{-}51)$$

考虑到长期操作时易造成孔的堵塞，最上层板的实际淋水孔数应加大 10%～15%，其他各板孔数应加大 5%，淋水孔采用正三角形排列。

（2）水喷射式蒸气冷凝器　冷凝器所使用的喷射水水压大于或等于 $1.96×10^5$Pa（表压）时，水蒸气的抽吸压力为 5333Pa。水喷射式蒸气冷凝器的标准尺寸及性能列于表 5-9。

表 5-9　水喷射式蒸气冷凝器的标准尺寸及性能

D_1/mm	D_2/mm	D_3/mm	C/mm	冷凝水量 /m³·h⁻¹	冷凝蒸气流量/kg·h⁻¹		
					5333Pa	8000Pa	10666Pa
75	38	38	570	7	60	75	95
100	50	63	750	13	125	150	190
150	63	75	1000	21	190	230	290
200	75	88	1260	30	270	320	420
250	88	100	1410	54	310	610	800
300	100	125	1740	90	360	1030	1360
350	125	125	2070	136	1320	1600	2100
450	150	150	2500	194	1880	2300	3000
500	175	200	2800	252	2470	3000	3920

当采用水喷射式冷凝器时，不需安装真空泵。

5.4.3　真空装置

当蒸发器采用减压操作时，需要在冷凝器后安装真空装置，不断抽出蒸气所带的不凝气，以维持蒸发系统所需的真空度。常用的真空泵有水环式、往复式真空泵及喷射泵。对于有腐蚀性的气体，宜采用水环泵，但真空度不太高。喷射泵又分为水喷射泵、水-汽串联喷射泵及蒸气喷射泵。蒸气喷射泵的结构简单，产生的真空度较水喷射泵高，可达 $9.999×10^4$～$10.06×10^4$Pa，还可按不同真空度要求设计成单级或多级。

5.5　蒸发设备的强化

目前，强化蒸发设备的途径主要集中在以下几个方面：

（1）研制开发新型高效蒸发器　研发新型高效蒸发器主要从改进加热管表面形状等思路出发来提高传热效果，例如板式蒸发器。它的优点是传热效率高、液体停留时间短、体积小、易于拆卸和清洗，同时加热面积还可根据需要而增减；又如表面多孔加热管及双面纵槽加热管，它们可使沸腾溶液侧的传热系数显著提高。

（2）改善蒸发器内液体的流动状况　改善蒸发器内液体的流动状况主要是提高蒸发器循

环速度，以及在蒸发器管内装入多种形式的湍流元件。提高蒸发器循环速度的重要性在于它不仅能提高沸腾传热系数，同时还能降低单程汽化率，从而减轻加热壁面的结垢现象。装入湍流元件的出发点则是使液体增加湍动，以提高传热系数。还可向蒸发器管内通入适量不凝性气体，增加湍动，以提高传热系数。

（3）改进溶液的性质 近年来，通过改进溶液性质来改善蒸发效果的研究报道也不少。例如，加入适量表面活性剂，消除或减少泡沫，以提高传热系数；也有报道加入适量阻垢剂可以减少结垢，以提高传热效率和生产能力；在醋酸蒸发器溶液表面，喷入少量水，可提高生产能力和减少加热管的腐蚀，以及用磁场处理水溶液提高蒸发效率等。

（4）优化设计和操作 许多研究者从节省投资、降低能耗等方面着眼，对蒸发装置优化设计进行了深入研究，分别考虑了蒸气压力、冷凝器真空度、各效有效传热温差、冷凝水闪蒸、热损失以及浓缩热等综合因素的影响，建立了多效蒸发系统优化设计的数学模型。应该指出，在装置中采用先进的计算机测控技术，这是使装置在优化条件下进行操作的重要措施。

由以上内容可以看出，近年来蒸发过程的强化，不仅涉及化学工程、流体力学、传热方面的研究与技术支持，同时还涉及物理化学、计算机优化和测控技术、新型设备和材料等方面的综合知识与技术。这种不同单元操作、不同专业和学科之间的渗透和耦合已经成为过程和设备结合的新思路。

5.6 蒸发装置的设计示例

【设计示例】

设计题目：NaOH 水溶液三效蒸发器。

试设计一用于蒸发 NaOH 水溶液的三效蒸发器。已知 NaOH 水溶液由 12%浓缩到 30%，采用三效并流加料的蒸发器，各效蒸发器的总传热系数分别为 K_1=1800W·m^{-2}·℃$^{-1}$，K_2=1200W·m^{-2}·℃$^{-1}$，K_3=600W·m^{-2}·℃$^{-1}$。原料液的比热容为 3.77kJ·kg^{-1}·℃$^{-1}$，估计蒸发器中溶液的液面高度为 1.2m。在三效中液体的平均密度分别为 1120kg·m^{-3}、1290kg·m^{-3} 及 1460kg·m^{-3}。各效加热蒸气的冷凝液在饱和温度下排出，忽略热损失。

操作条件：原料液在第Ⅰ效的沸点下加入蒸发器。第Ⅰ效的加热蒸气压力为 500kPa（绝压），冷凝器的绝压为 20kPa。

试计算蒸发器的传热面积（设各效的传热面积相等）。蒸发器主要结构尺寸的确定和辅助设备的选型从略。

【设计计算】

并流加料三效蒸发的物料衡算与热量衡算示意见图 5-18。

（1）估算各效蒸发量和完成液浓度

总蒸发量
$$W = F\left(1 - \frac{x_0}{x_3}\right) = 10000 \times \left(1 - \frac{0.12}{0.30}\right) = 6000 \text{kg} \cdot \text{h}^{-1}$$

因并流加料，蒸发中无额外蒸气引出，可设
$$W_1 : W_2 : W_3 = 1 : 1.1 : 1.2$$
$$W = W_1 + W_2 + W_3 = 3.3W_1$$

$$W_1 = \frac{6000}{3.3} = 1818.2 \text{kg} \cdot \text{h}^{-1}$$

$$W_2 = 1.1 \times 1818.2 = 2000.0 \text{kg} \cdot \text{h}^{-1}$$

$$W_3 = 1.2 \times 1818.2 = 2181.8 \text{kg} \cdot \text{h}^{-1}$$

$$x_1 = \frac{Fx_0}{F - W_1} = \frac{10000 \times 0.12}{10000 - 1818.2} = 0.1467$$

$$x_2 = \frac{Fx_0}{F - W_1 - W_2} = \frac{10000 \times 0.12}{10000 - 1818.2 - 2000.0} = 0.1941$$

$$x_3 = 0.30$$

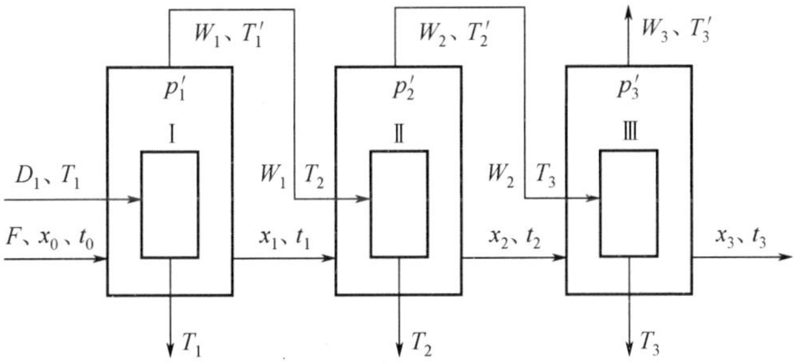

图 5-18 并流加料三效蒸发的物料衡算与热量衡算示意图

（2）估算各效溶液的沸点和有效总温度差
设各效间压力降相等，则总压力差为

$$\sum \Delta p = p_1 - p_k' = 500 - 20 = 480 \text{kPa}$$

各效间的平均压力差为

$$\Delta p_i = \frac{\sum \Delta p}{3} = 160 \text{kPa}$$

由各效的压力差可求得各效蒸发室的压力，即

$$p_1' = p_1 - \Delta p_i = 500 - 160 = 340 \text{kPa}$$
$$p_2' = p_1 - 2\Delta p_i = 180 \text{kPa}$$
$$p_3' = p_k' = 20 \text{kPa}$$

由各效的二次蒸气压力，从手册中可查得相应的二次蒸气的温度和汽化潜热列于表 5-10 中。

表 5-10 各效二次蒸气的温度和汽化潜热

效数	I	II	III
二次蒸气压力 p_i/kPa	340	180	20
二次蒸气温度 T_i'/°C	137.7	116.6	60.1

续表

效数	I	II	III
二次蒸气汽化潜热 r'_i /kJ·kg^{-1}	2155	2214	2355

① 各效由于溶液沸点而引起的温度差损失 Δ'

根据各效二次蒸气温度（也即相同压力下水的沸点）和各效完成液的浓度 x_i，由 NaOH 水溶液的杜林线图可查得各效溶液的沸点分别为

$$t_{A1}=143℃，t_{A2}=125℃，t_{A3}=78℃$$

则各效由于溶液蒸气压下降而引起的温度差损失为

$$\Delta'_1 = t_{A1} - T'_1 = 143 - 137.7 = 5.3℃$$

$$\Delta'_2 = t_{A2} - T'_2 = 125 - 116.6 = 8.4℃$$

$$\Delta'_3 = t_{A3} - T'_3 = 78 - 60.1 = 17.9℃$$

所以
$$\sum \Delta' = 5.3 + 8.4 + 17.9 = 31.6℃$$

② 由于液柱静压力而引起的沸点升高（温度差损失）Δ''

为简便计，以液层中部点处的压力和沸点代表整个液层的平均压力和平均温度，则根据流体静力学方程，液层的平均压力为

$$p_m = p' + \frac{\rho_m g L}{2}$$

所以
$$p_{m1} = p'_1 + \frac{\rho_{m1} g L}{2} = 340 + \frac{1.120 \times 9.81 \times 1.2}{2} = 346.6 \text{kPa}$$

$$p_{m2} = p'_2 + \frac{\rho_{m2} g L}{2} = 180 + \frac{1.290 \times 9.81 \times 1.2}{2} = 187.4 \text{kPa}$$

$$p_{m3} = p'_3 + \frac{\rho_{m3} g L}{2} = 20 + \frac{1.460 \times 9.81 \times 1.2}{2} = 28.6 \text{kPa}$$

由平均压力可查得对应的饱和温度为

$$T'_{p_{m1}} = 138.5℃，T'_{p_{m2}} = 118.1℃，T'_{p_{m3}} = 67.9℃$$

所以
$$\Delta''_1 = T'_{p_{m1}} - T'_1 = 138.5 - 137.7 = 0.8℃$$

$$\Delta''_2 = T'_{p_{m2}} - T'_2 = 118.1 - 116.6 = 1.5℃$$

$$\Delta''_3 = T'_{p_{m3}} - T'_3 = 67.9 - 60.1 = 7.8℃$$

$$\sum \Delta'' = 0.8 + 1.5 + 7.8 = 10.1℃$$

③ 由流动阻力而引起的温度差损失 Δ'''

取经验值 1℃，即 $\Delta'''_1 = \Delta'''_2 = \Delta'''_3 = 1℃$，则 $\sum \Delta''' = 3℃$，故蒸发装置的总的温度差损失为

$$\sum \Delta = \sum \Delta' + \sum \Delta'' + \sum \Delta''' = 44.7°C$$

④ 各效料液的温度和有效总温差

由各效二次蒸气压力 p'_i 及温度差损失 Δ_i，即可由下式估算各效料液的温度 t_i，则

$$t_i = T'_i + \Delta_i$$
$$\Delta_1 = \Delta'_1 + \Delta''_1 + \Delta'''_1 = 7.1°C$$
$$\Delta_2 = \Delta'_2 + \Delta''_2 + \Delta'''_2 = 10.9°C$$
$$\Delta_3 = \Delta'_3 + \Delta''_3 + \Delta'''_3 = 26.7°C$$

各效料液的温度为

$$t_1 = T'_1 + \Delta_1 = 137.7 + 7.1 = 144.8°C$$
$$t_2 = T'_2 + \Delta_2 = 116.6 + 10.9 = 127.5°C$$
$$t_3 = T'_3 + \Delta_3 = 60.1 + 26.7 = 86.8°C$$

有效总温度差

$$\sum \Delta t = (T_S - T'_K) - \sum \Delta$$

由手册可知 500kPa 饱和蒸气的温度为 151.7°C、汽化潜热为 2113kJ·kg^{-1}，所以

$$\sum \Delta t = (T_S - T'_K) - \sum \Delta = 151.7 - 60.1 - 44.7 = 46.9°C$$

（3）加热蒸气消耗量和各效蒸发水量的初步计算

第 Ⅰ 效的热量衡算式为

$$W_1 = \eta_1 \left[\frac{D_1 r_1}{r'_1} + F c_{p0} \frac{t_0 - t_1}{r'_1} \right]$$

对于沸点进料，$t_0 = t_1$，考虑到 NaOH 溶液浓缩热的影响，热利用系数计算式为 $\eta_i = 0.98 - 0.7 \Delta x_i$，式中 Δx_i 为第 i 效蒸发器中料液溶质质量分数的变化。

$$\eta_1 = 0.98 - 0.7（0.1467 - 0.12）= 0.9613$$

所以

$$W_1 = \eta_1 \frac{D_1 r_1}{r'_1} = 0.9613 D_1 \times \frac{2113}{2155} = 0.9426 D_1$$

第 Ⅱ 效的热量衡算式为

$$W_2 = \eta_2 \left[\frac{W_1 r_2}{r'_2} + (F c_{p0} - W_1 c_{pw}) \frac{t_1 - t_2}{r'_2} \right]$$

$$\eta_2 = 0.98 - 0.7 \Delta x_2 = 0.98 - 0.7（0.1947 - 0.1467）= 0.9468$$

$$W_2 = \eta_2 \left[\frac{W_1 r_2}{r'_2} + (F c_{p0} - W_1 c_{pw}) \frac{t_1 - t_2}{r'_2} \right]$$
$$= 0.9468 \times \left[\frac{2115}{2214} W_1 + (10000 \times 3.77 - 4.187 W_1) \frac{144.8 - 127.5}{2214} \right]$$
$$= 0.8735 W_1 + 278.9$$

对于第 Ⅲ 效，同理可得

$$\eta_3=0.98-0.7\Delta x_3=0.98-0.7(0.3-0.1941)=0.9059$$

$$W_3 = \eta_3\left[\frac{W_2 r_3}{r_3'} + (Fc_{p0} - W_1 c_{pw} - W_2 c_{pw})\frac{t_2 - t_3}{r_3'}\right]$$

$$= 0.9059 \times \left[\frac{2214}{2355}W_1 + (10000 \times 3.77 - 4.187W_1 - 4.187W_2)\frac{127.5 - 86.8}{2214}\right]$$

$$= 0.6861W_2 + 0.06555W_1 + 590.2$$

又

$$W_1 + W_2 + W_3 = 6000$$

联解上式，可得 W_1=1968.9kg·h^{-1}，W_2=1998.5kg·h^{-1}，W_3=2032.5kg·h^{-1}，D_1=2088.8kg·h^{-1}

（4）蒸发器传热面积的估算

$$S_i = \frac{Q_i}{K_i \Delta t_i}$$

$$Q_1 = D_1 r_1 = 2088.8 \times 2113 \times 10^3 / 3600 = 1.226 \times 10^6 \text{ W}$$

$$\Delta t_1 = T_1 - t_1 = 6.9°\text{C}$$

$$S_1 = \frac{Q_1}{K_1 \Delta t_1} = \frac{1.226 \times 10^6}{1800 \times 6.9} = 98.7\text{m}^2$$

$$Q_2 = W_1 r_2' = 1968.9 \times 2155 \times 10^3 / 3600 = 1.179 \times 10^6 \text{ W}$$

$$\Delta t_2 = T_2 - t_2 = T_1' - t_2 = 137.7 - 127.5 = 10.2°\text{C}$$

$$S_2 = \frac{Q_2}{K_2 \Delta t_2} = \frac{1.179 \times 10^6}{1200 \times 10.2} = 96.3\text{m}^2$$

$$Q_3 = W_2 r_3' = 1998.5 \times 2214 \times 10^3 / 3600 = 1.229 \times 10^6 \text{ W}$$

$$\Delta t_3 = T_3 - t_3 = T_2' - t_3 = 116.6 - 86.8 = 29.8°\text{C}$$

$$S_3 = \frac{Q_3}{K_3 \Delta t_3} = \frac{1.229 \times 10^6}{600 \times 29.8} = 68.7\text{m}^2$$

误差为 $1 - \frac{S_{min}}{S_{max}} = 1 - \frac{68.7}{98.7} = 0.304$，误差较大，应调整各效的有效温差，重复上述计算过程。

（5）有效温差的再分配

$$S = \frac{S_1 \Delta t_1 + S_2 \Delta t_2 + S_3 \Delta t_3}{\sum \Delta t} = \frac{98.7 \times 6.9 + 96.3 \times 10.2 + 68.7 \times 29.8}{46.9} = 79.1\text{m}^2$$

重新分配有效温差得，

$$\Delta t_1' = \frac{S_1}{S}\Delta t_1 = \frac{98.7}{79.1} \times 6.9 = 8.6°\text{C}$$

$$\Delta t_2' = \frac{S_2}{S}\Delta t_2 = \frac{96.3}{79.1} \times 10.2 = 12.4°\text{C}$$

$$\Delta t_3' = \frac{S_3}{S}\Delta t_3 = \frac{68.7}{79.1} \times 29.8 = 25.9°\text{C}$$

（6）重复上述计算步骤

① 计算各效料液浓度。由所求得的各效蒸发量，可求各效料液的浓度，即

$$x_1 = \frac{Fx_0}{F-W_1} = \frac{10000 \times 0.12}{10000-1968.9} = 0.149$$

$$x_2 = \frac{Fx_0}{F-W_1-W_2} = \frac{10000 \times 0.12}{10000-1968.9-1998.5} = 0.200$$

② 计算各效料液的温度。因末效完成液浓度和二次蒸气压力均不变,各种温度差损失可视为恒定,故末效溶液的温度仍为 86.8℃,即 t_3=86.8℃。

则第Ⅲ效加热蒸气的温度(即第Ⅱ效二次蒸气温度)为

$$T_3 = T_2' = t_3 + \Delta t_3' = 86.8 + 25.9 = 112.7℃$$

由第Ⅱ效二次蒸气的温度(112.7℃)及第Ⅰ效料液的浓度(0.200)查杜林曲线图,可得第Ⅱ效料液的沸点为 122℃。由液柱静压力及流动阻力而引起的温度差损失可视为不变,故第Ⅱ效料液的温度为

$$t_2 = t_{A2} + \Delta_2'' + \Delta_2''' = 122 + 1.5 + 1.0 = 124.5℃$$

同理

$$T_2 = T_2' = t_2 + \Delta t_2' = 124.5 + 12.4 = 136.9℃$$

由第Ⅰ效二次蒸气的温度(136.9℃)及第Ⅰ效料液的浓度(0.149)查杜林曲线图,可得第Ⅱ效料液的沸点为 142℃。则第Ⅰ效料液的温度为

$$t_1 = t_{A1} + \Delta_1'' + \Delta_1''' = 142 + 0.8 + 1.0 = 143.8℃$$

第Ⅰ效料液的温度也可由下式计算

$$t_1 = T_1 - \Delta t_1' = 151.7 - 8.6 = 143.1℃$$

说明溶液的各种温度差损失变化不大,不需重新计算,故有效总温度差不变,即

$$\sum \Delta t = 46.9℃$$

温度差重新分配后各效温度情况列于表 5-11。

表 5-11 温度差重新分配后各效温度情况

效次	Ⅰ	Ⅱ	Ⅲ
加热蒸气温度 T_i/℃	151.7	136.9	112.7
有效温度差 $\Delta t_i'$/℃	8.6	12.4	25.9
料溶液温度(沸点)t_i/℃	143.8	124.5	86.8

③ 各效的热量衡算

$$T_1'' = 136.9℃ \qquad r_1' = 2157 \text{kJ} \cdot \text{kg}^{-1}$$

$$T_2'' = 112.7℃ \qquad r_2' = 2225 \text{kJ} \cdot \text{kg}^{-1}$$

$$T_3'' = 60.1℃ \qquad r_2' = 2355 \text{kJ} \cdot \text{kg}^{-1}$$

第Ⅰ效

$$\eta_1 = 0.98 - 0.7\Delta x_1 = 0.98 - 0.7 \times (0.149 - 0.12) = 0.960$$

$$W_1 = \eta_1 \frac{D_1 r_1}{r_1'} = 0.960 D_1 \times \frac{2113}{2157} = 0.940 D_1$$

第Ⅱ效

$$\eta_2 = 0.98 - 0.7\Delta x_2 = 0.98 - 0.7 \times (0.20 - 0.149) = 0.9443$$

$$W_2 = \eta_2 \left[\frac{W_1 r_2}{r_2'} + (Fc_{p0} - W_1 c_{pw}) \frac{t_1 - t_2}{r_2'} \right] = 0.8811 W_1 + 308.8$$

第Ⅲ效

$$\eta_3 = 0.98 - 0.7\Delta x_3 = 0.98 - 0.7 \times (0.230 - 0.200) = 0.91$$

$$W_3 = \eta_3 \left[\frac{W_2 r_3}{r_3'} + (Fc_{p0} - W_1 c_{pw} - W_2 c_{pw}) \frac{t_2 - t_3}{r_3'} \right] = 0.7988 W_2 + 0.0610 W_2 + 549.2$$

又

$$W_1 + W_2 + W_3 = 6000$$

联解上式，可得

$$W_1 = 1939.6 \text{kg} \cdot \text{h}^{-1} \qquad W_2 = 2017.8 \text{kg} \cdot \text{h}^{-1}$$

$$W_3 = 2042.6 \text{kg} \cdot \text{h}^{-1} \qquad D_1 = 2063.4 \text{kg} \cdot \text{h}^{-1}$$

与第一次计算结果比较，其相对误差为

$$\left|1 - \frac{1968.9}{1939.6}\right| = 0.015 \qquad \left|1 - \frac{1998.5}{2017.8}\right| = 0.0096 \qquad \left|1 - \frac{2032.5}{2042.6}\right| = 0.0049$$

计算相对误差均在 0.05 以下，故各效蒸发量的计算结果合理。其各效溶液浓度无明显变化，不需重新计算。

④ 蒸发器传热面积的计算

$$Q_1 = D_1 r_1 = 2063.4 \times 2113 \times 10^3 / 3600 = 1.211 \times 10^6 \text{W}$$

$$\Delta t_1' = 8.6°\text{C} \qquad S_1 = \frac{Q_1}{K_1 \Delta t_1'} = \frac{1.211 \times 10^6}{1800 \times 8.6} = 78.2 \text{m}^2$$

$$Q_2 = W_1 r_1' = 1939.6 \times 2157 \times 10^3 / 3600 = 1.162 \times 10^6 \text{W}$$

$$\Delta t_2' = 12.4°\text{C} \qquad S_2 = \frac{Q_2}{K_2 \Delta t_2'} = \frac{1.162 \times 10^6}{1200 \times 12.4} = 78.1 \text{m}^2$$

$$Q_3 = W_2 r_2' = 2017.8 \times 2225 \times 10^3 / 3600 = 1.247 \times 10^6 \text{W}$$

$$\Delta t_3' = 25.9°\text{C} \qquad S_3 = \frac{Q_3}{K_3 \Delta t_3'} = \frac{1.247 \times 10^6}{600 \times 25.9} = 80.3 \text{m}^2$$

误差为 $1 - \frac{S_{\min}}{S_{\max}} = 1 - \frac{78.2}{80.3} = 0.026 < 0.05$，迭代计算结果合理。取平均传热面积 $S = 78.9 \text{m}^2$。

(7) 计算结果列表

三效蒸发装置的计算结果列于表 5-12 中。

表 5-12 三效蒸发装置的计算结果列表

效次	I	II	III	冷凝器
加热蒸气温度 T_i/°C	151.7	136.9	112.7	60.1
操作压力 p_i'/kPa	327	163	20	20
溶液温度（沸点）t_i/°C	143.8	124.5	86.8	
完成液浓度 x_i/%	14.9	20	30	
蒸发量 W/kg·h^{-1}	1939.6	2017.8	2042.6	
蒸气消耗量 D/kg·h^{-1}	2063.4			
传热面积 S_i/m^2	78.9	78.9	78.9	

第6章

干燥器设计

本章符号说明

英文字母

- a 单位体积物料提供的传热(干燥)面积，$m^2 \cdot m^{-3}$
- A 干燥器床层截面积，m^2
- Ar 阿基米德准数，无因次
- c 比热容，$kJ \cdot kg^{-1} \cdot ℃^{-1}$
- C 校正系数，无因次
- c_H 湿空气的比热容，$kJ \cdot kg^{-1}$ 干气 $\cdot ℃^{-1}$
- d_p 颗粒的平均直径，m
- D 设备直径，m
- De 当量直径，m
- E_v 床层膨胀率，无因次
- F 力，N
- g 重力加速度，$m \cdot s^{-2}$
- G 固体物料的质量流量，$kg \cdot s^{-1}$
- h 干燥器中物料出口堰高度，m
- H 空气的湿度，kg 水 $\cdot kg^{-1}$ 绝干气
- H_T 风机的风压，Pa
- I 空气的焓，$kJ \cdot kg^{-1}$
- I' 固体物料的焓，$kJ \cdot kg^{-1}$
- K 常数
- l 单位空气消耗量，kg 绝干气 $\cdot kg^{-1}$ 水
- L 绝干空气流量，$kg \cdot s^{-1}$
- L' 湿空气质量流量，$kg \cdot m^{-2} \cdot s^{-1}$
- Ly 李森科准数，无因次
- m 质量，kg
- M 摩尔质量，$kg \cdot kmol^{-1}$
- Nu 努塞尔准数，无因次
- p 操作压力，Pa
- Q 热量，kW
- r 汽化热，$kJ \cdot kg^{-1}$
- R_c 膨胀比，无因次
- Re 雷诺准数，无因次
- t 温度，℃
- u 流速，$m \cdot s^{-1}$
- U 干燥速率，$kg \cdot m^{-2} \cdot s^{-1}$
- v 湿空气的比容，$m^3 \cdot kg^{-1}$ 绝干气
- V 颗粒体积，m^3
- V_s 空气的体积流量，$m^3 \cdot s^{-1}$
- w 物料的湿基含水量，kg 水 $\cdot kg^{-1}$ 湿物料
- W 水分蒸发量，$kg \cdot s^{-1}$ 或 $kg \cdot h^{-1}$
- X 物料的干基含水量，kg 水 $\cdot kg^{-1}$ 绝干料
- Z 干燥器的高度，m

希腊字母

- α 对流传热系数，$W \cdot m^{-2} \cdot ℃^{-1}$
- ε 空隙率
- ζ 阻力系数
- η 热效率
- θ 固体物料的温度，℃
- λ 导热系数，$W \cdot m^{-1} \cdot ℃^{-1}$
- ρ 密度，$kg \cdot m^{-3}$
- τ 物料的停留时间，s
- φ 分布板的开孔率

下标

0	进预热器的、新鲜的或静止的	L	热损失的
1	进干燥器的或离开预热器的，干燥第一阶段的	m	湿物料的或平均的
2	离开干燥器的，干燥第二阶段的	P	预热的
b	堆积的	r	相对的
c	绝干的	s	饱和的或绝干物料的，固体物料的
D	干燥器的	t	沉降的
g	气体的或绝干气的	t_w	湿球温度下的
H	湿的	w	湿球的

6.1 概述

利用热能除去固体物料中的湿分（水分或其他有机溶剂）的单元操作过程称为干燥。干燥操作被广泛用于化工、食品、造纸和医药等工业领域，其主要目的是去除物料中的湿分以制得成品。如解热镇痛类药乙酰水杨酸（阿司匹林）的工业生产是以水杨酸和醋酸为原料经酰化反应制备，反应结束后，缓缓冷却至析出结晶，晶体经冷水多次洗涤、滤干，气流干燥过筛制得成品。

6.1.1 干燥器的类型

由于各种生产过程需经干燥处理的物料形状（块状、粒状、溶液、浆状等）和性质（耐热性、含水量、分散性、黏性、耐酸碱性、防爆性及湿度等）多种多样，生产规模或生产能力也相差很大，对于干燥后的产品要求（含水量、形状、强度及粒度等）也不尽相同，对干燥过程也提出了不同的要求。因此，干燥器的类型繁多。干燥器根据加热方式可以分为以下四类：

（1）对流干燥器　对流干燥器是应用最广的一类干燥器，包括流化床干燥器、气流干燥器、厢式干燥器、喷雾干燥器、隧道式干燥器等。此类干燥器具有如下特点：

① 热气流和固体物料直接接触，热量以对流传热方式由热气流传给湿物料，所产生的水汽由气流带走；

② 热气流温度可提高到普通金属材料所能耐受的最高温度（约730℃），在高温下辐射传热将成为主要的传热方式，因此可达到很高的热量利用率；

③ 气流的湿度对干燥速率和产品的最终含水量有影响；

④ 使用低温气流时，通常需对气流先作减湿处理；

⑤ 汽化单位质量水分所需的能耗较传导式干燥器高，最终产品含水量较低时尤甚；

⑥ 需要大量热气流以保证水分汽化所需的热量，如果被干燥物料的粒径很小，则除尘装置庞大而耗资较多；

⑦ 宜在接近常压条件下操作。

（2）传导干燥器　传导干燥器包括螺旋输送干燥器、滚筒干燥器、真空耙式干燥器、冷冻干燥器等。此类干燥器具有如下特点：
① 热量通过器壁（通常是金属壁），以热传导方式传给湿物料。
② 物料的表面温度可以从低于冰点（冷冻干燥时）温度升高至 330℃。
③ 便于在减压和惰性气氛下操作，挥发的溶剂可回收利用。常用于易氧化、易分解物料的干燥，亦适用于处理粉状物料。

（3）辐射干燥器　辐射干燥器是通过辐射传热将湿物料加热进行干燥。电加热辐射干燥器用红外线灯泡照射被干燥物料，使物料温度升高而干燥。煤气加热干燥器通过燃烧煤气将金属或陶瓷辐射板加热到 400~500℃，使之产生红外线，用以加热被干燥的物料。

辐射干燥器生产强度大，设备紧凑，使用灵活，但能量消耗较大。适用于干燥表面积大而薄的物料，如塑料、布匹、木材、涂漆制品等。

（4）介电加热干燥器　介电加热干燥器是将被干燥物料置于高频电场内，利用高频电场的交变作用将物体加热进行干燥。这种加热的特点是物料中含水量越高的部位，获得的热量越多。由于物料内部的含水量比表面高，因此物料内部获得的能量较多，物料内部温度高于表面温度，从而使温度梯度和水分扩散方向一致，可以加快水的汽化，缩短干燥时间，这种干燥器特别适用于干燥过程中容易结块以及内部的水分难以除尽的物料（如皮革）。介电加热干燥的电能消耗很大，目前主要应用于食品及轻工领域。

6.1.2　干燥器的选择

对于干燥操作来说，干燥器的选择是非常困难而又复杂的问题。因为被干燥物料的特性、供热的方法和物料-干燥介质系统的流体动力学等必须全部考虑。通常，干燥器选型应考虑以下各项因素。

（1）被干燥物料的性质　被干燥物料的热敏性、黏附性、固体颗粒的大小形状、初始含水量、水分和物料的结合形式、毒性、磨损性、腐蚀性、可燃性等物理化学性质。

（2）对干燥产品的要求　对干燥产品的形状、粒度大小和分布、最终含水量、粉碎程度等有要求，如干燥食品时，产品的几何形状、粉碎程度均对成品的质量和价格有直接的影响。干燥脆性物料时应特别注意成品的粉碎与粉化。

（3）物料的干燥速率曲线与临界含水量　确定干燥时间时，应先由实验作出干燥速率曲线，确定临界含水量 X_c。物料与介质接触状态、物料尺寸与几何形状对干燥速率曲线的影响很大。因此，物料粉碎后再进行干燥时，除了干燥面积增大外，一般临界含水量 X_c 值也降低，有利于干燥。因此，在不可能用与设计类型相同的干燥器进行实验时，应尽可能用其他干燥器模拟设计时的湿物料状态，进行干燥速率曲线的实验，并确定临界含水量 X_c 值。

（4）回收问题　固体粉粒及溶剂的回收。

（5）干燥热源　可利用的热源选择及能量的综合利用。

（6）干燥器的占地面积、排放物及噪声　考虑它们是否满足国家对环保的要求。

除上述因素以外，还应考虑环境湿度改变对干燥器选型及干燥器尺寸的影响。例如，以湿空气作为干燥介质时，同一地区冬季和夏季空气的湿度会有相当明显的差别，而湿度的变化将会影响干燥产品质量及干燥器的生产能力。

一般情况下，对于吸湿性物料或临界含水量高的、难于干燥的物料，应选择干燥时间长的干燥器；而临界含水量低的易于干燥的物料及对温度比较敏感的热敏性物料，则可选用干燥时间短的干燥器,如气流干燥器、喷雾干燥器;对产品不能受污染的物料(如食品、药品等)或易氧化的物料,干燥介质必须钝化或采用间接加热方式的干燥器;对要求产品有良好外观的物料,在干燥过程中干燥速度不能太快,否则,可能会使表面硬化或严重收缩,这样的物料应选择干燥条件比较温和的干燥器,如带有废气循环的干燥器。

通常,对干燥器的主要要求为:

(1) 能满足干燥产品的质量要求,如含水量、强度、形状等;

(2) 干燥速率快、干燥时间短,以减小干燥器的尺寸、降低能耗、提高热效率,同时还应考虑干燥器的辅助设备的规格和成本,即经济性要好;

(3) 操作控制方便,劳动条件好。

在化工生产中使用最广泛的是热风对流干燥,随着科技的进步,干燥技术与干燥设备也得到了很大的发展。对于散粒状物料的干燥,流态化干燥技术的应用更为广泛,其中以流化床干燥器的发展更为迅速,本章将介绍气流干燥器和流化床干燥器的设计。

6.1.3 气流干燥器

气流干燥器主要由空气加热器、加料器、干燥管、旋风分离器和风机等部件组成。其主要设备是直立圆筒形的干燥管,其长度一般为 10～20m,热空气(或烟道气)进入干燥管底部,将加料器连续送入的湿物料吹散,并悬浮在其中。介质速度应大于湿物料最大颗粒的沉降速度,于是在干燥器内形成了一个气、固相间进行传热传质的气力输送床层。一般物料在干燥管中的停留时间为 0.5～3s,干燥后的物料随气流进入旋风分离器,产品由下部收集,湿空气经袋式过滤器(或电除尘等)回收粉尘后排出。图 6-1 为两段式气流干燥器流程示意图。

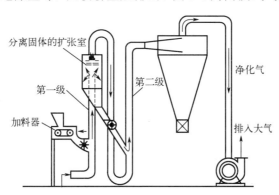

图 6-1 两段式气流干燥器流程示意图

气流式干燥器具有以下特点:

① 气、固间传递表面积很大,体积传质系数很高,干燥速率大。一般体积蒸发强度可达 0.003～0.06kg·m^{-3}·s^{-1}。

② 接触时间短,热效率高,气、固并流操作,可以采用高温介质,对热敏性物料的干燥尤为适宜。

③ 由于干燥伴随着气力输送,减少了产品的输送装置。

④ 气流干燥器的结构相对简单,占地面积小,运动部件少,易于维修,成本费用低。

⑤ 必须有高效能的粉尘收集装置,否则尾气携带的粉尘将造成很大的浪费,也会形成对

环境的污染。

⑥ 对有毒物质，不宜采用这种干燥方法。但如果必须使用时，可利用过热蒸汽作为干燥介质。

⑦ 对结块、不易分散的物料，需要性能好的加料装置，有时还需附加粉碎过程。

⑧ 气流干燥系统的流动阻力降较大，一般为3000~4000Pa，必须选用高压或中压通风机，动力消耗较大。

气流干燥器适宜于处理含非结合水及结块不严重又不怕磨损的粒状物料，尤其适宜于干燥热敏性物料或临界含水量低的细粒或粉末物料。对黏性和膏状物料，采用干料返混方法和适宜的加料装置如螺旋加料器等，也可正常操作。

6.1.4 流化床干燥器

流化床干燥器是借助于固体的流态化技术来实现干燥的。流态化技术已广泛应用于固体颗粒物料的干燥、混合、煅烧、输送以及催化反应过程中。

（1）流态化现象　当流体以不同速度由下向上通过固体颗粒床层时，根据流速的不同，可能出现以下阶段。

① 固定床阶段。当流体速度较低时，颗粒所受的曳力较小，能够保持静止状态，不发生相对运动，流体只能穿过静止颗粒之间的空隙而流动，这种床层称为固定床，床层高度 L_0 保持不变。

② 流化床阶段。当流速增至一定值时，颗粒床层开始松动，颗粒位置也在一定区间内开始调整，床层略有膨胀，但颗粒仍不能自由运动，床层的这种情况称为初始流态化或临界流化。此时床层高度 L_{mf}，空塔气速称为初始流化速度或临界流化速度。如继续增大流速，固体颗粒将悬浮于流体中作随机运动，床层开始膨胀、增高，空隙率也随之增大，此时颗粒与流体间的摩擦力恰好与其净重力相平衡。此后床层高度将随流速提高而升高，这种床层具有类似于流体的性质，故称为流化床。在流态化时，通过床层的流体称为流体介质。

③ 稀相输送床阶段。若流速再升高达到某一极限时，流化床的上界面消失，颗粒分散悬浮于气流中，并不断被气流带走，这种床层称为稀相输送床。颗粒开始被带出的速度称为带出速度，其数值等于颗粒在该流体中的沉降速度。

（2）流化床干燥器　在流化床中，气、固两相的运动状态就像沸腾的液体，因此流化床也称为沸腾床。流化床具有液体的某些性质，如具有流动性，无固定形状，随容器形状而变，可从小孔中喷出，从一个容器流入另一个容器；具有上界面，当容器倾斜时，床层上界面将保持水平，当两个床层连通时，它们的上界面自动调整至同一水平面；比床层密度小的物体被推入床层后会浮在床层表面上；床层中任意两截面的压差可用压差计测定，且大致等于两截面间单位面积床层的重力。

流化床干燥器是湿物料由床层的一侧加入，由另一侧导出。热气流由下方通过多孔分布板均匀地吹入床层，与固体颗粒充分接触后，由顶部导出，经旋风分离器回收其中夹带的粉尘后排出。流化干燥过程可间歇操作，但大多数是连续操作的。单层圆筒沸腾床干燥器如图6-2所示。

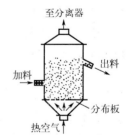

图6-2　单层圆筒沸腾床干燥器

流化床干燥器具有以下特点:

① 与其他干燥器相比,具有较高的传热、传质速率。因为单位体积内的传递表面积大,颗粒间充分的搅混几乎消除了表面上静止的气膜,使两相间密切接触,传递系数大大增加,气体离开床层时几乎等于或略高于床层温度,因而热效率高。体积传热系数可高达 $2300\sim 7000W \cdot m^{-3} \cdot ℃^{-1}$,由于干燥速率大,物料在干燥器内的停留时间短,适用于热敏性物料的干燥。

② 物料在干燥器内的停留时间可自由调节,因此可以得到含水量很低的产品。

③ 由于气体可迅速降温,所以与其他干燥器比,可采用更高的气体入口温度。

④ 设备结构简单,造价低,无运动部件,操作维修方便。

⑤ 流化床干燥器适用于处理粒径为 $30\mu m\sim 6mm$ 的粉粒状物料,流化床干燥器处理粉粒状物料时,要求物料中含水量为 2%~5%,对颗粒状物料则需低于 10%~15%,否则物料的流动性很差。

⑥ 床层内的固体颗粒处于悬浮状态并不停运动,使床层处于全混状态,整个床层的温度、组成均匀一致,床层的操作温度容易控制。

⑦ 热空气通过床层的阻力较大,风机能量消耗较大。

6.2 干燥器的设计

干燥器的设计是在设备选型和确定工艺条件基础上,进行设备工艺尺寸计算及其结构设计。不同物料、不同操作条件、不同形式的干燥器中,气固两相的接触方式差别很大,对流传热系数 $α$ 及传质系数 k 不相同,目前还没有通用的 $α$ 和 k 的关联式,干燥器的设计仍然大多采用经验或半经验方法进行。

6.2.1 干燥器的设计步骤

对于一个具体的干燥器设计任务,一般按以下步骤进行设计。

(1) 确定设计方案 包括干燥方法及干燥器结构形式的选择、干燥装置流程及操作条件的确定。确定设计方案时应遵循如下原则。

① 满足生产工艺的要求并且要有一定的适应性。设计方案应保证产品质量能达到规定的要求,且质量稳定。装置系统能在一定程度上适应不同季节空气湿度、原料湿含量、颗粒粒度的变化。

② 经济上的合理性。使得设备费与操作费总费用最低。

③ 环保要求。注意保护劳动环境,防止粉尘污染。

(2) 干燥器主体设计 包括工艺计算、设备尺寸设计。

(3) 辅助设备的计算与选型 干燥器的辅助设备主要包括风机、空气加热器、供料器及气固分离器等。

6.2.2 干燥条件的确定

干燥器的设计依据是物料衡算、热量衡算、速率关系和平衡关系 4 个基本方程。设计的基本原则是物料在干燥器内的停留时间必须等于或稍大于所需的干燥时间。

干燥器操作条件的确定与许多因素(如干燥器的形式、物料的特性及干燥过程的工艺要求等）有关，并且各种操作条件之间又是相互关联的，应予综合考虑。有利于强化干燥过程的最佳操作条件，通常由实验测定。

（1）干燥介质的选择　干燥介质的选择取决于干燥过程的工艺及可利用的热源，此外还应考虑介质的经济性及来源。基本的热源有热气体、液态或气态的燃料以及电能。在对流干燥中，干燥介质可采用空气、烟道气和过热水蒸气等。

化学工业中通常使用的干燥介质为价廉易得的空气。对某些易氧化的物料，或操作时从物料中蒸发出易燃、易爆的气体时，则宜采用惰性介质如过热水蒸气或氮气等作为干燥介质；当干燥过程可以在很高的温度下进行时，可用烟道气来代替空气，以提高干燥的热效率，提高经济性，但要求被干燥的物料不怕污染且不与烟气中的 SO_2 和 CO_2 等气体发生作用，由于烟道气温度高，故可强化干燥过程，缩短干燥时间。

（2）流动方式的选择　气体和物料在干燥器中的流动方式一般可分为并流、逆流和错流。

在并流操作中，物料的移动方向与介质的流动方向相同。湿物料一进入干燥器就与高温、低湿的热气体接触，传热、传质推动力都较大，干燥速率也较大，但随着干燥器管长的增加，干燥推动力下降，干燥速率降低。因此，并流操作时前期干燥速率较大，后期变得很小，因而难于获得含水量低的产品。并流操作适用于：当物料含水量较高时，允许进行快速干燥而不产生龟裂或焦化的物料；干燥后期不耐高温，即干燥产品易变色、氧化或分解等的物料。

在逆流操作中，物料移动方向和介质的流动方向相反，整个干燥过程中的干燥推动力较均匀，它适用于：在物料含水量高时，不允许采用快速干燥的场合；在干燥后期，可耐高温的物料；要求干燥产品的含水量很低时。

若气体初始温度相同，并流时物料的出口温度可较逆流时低，被物料带走的热量就少。就干燥强度和经济效益而论，并流优于逆流。

在错流操作中，干燥介质与物料间的运动方向相互垂直。各个位置上的物料都与高温、低湿的介质相接触，因此干燥推动力比较大，又可采用较高的气体速度，所以干燥速率很高。它适用于：无论在高或低的含水量时，都可以进行快速干燥，且可耐高温的物料；因阻力大或干燥器构造的要求不适宜采用并流或逆流操作的场合。

（3）干燥介质进入干燥器时的温度　提高干燥介质进入干燥器的温度，可提高传热、传质的推动力。因此，在避免物料发生变色、分解等理化变化的前提下，干燥介质的进口温度可尽可能高一些。一般为150～500℃，最高可达700～800℃。对于同一种物料，允许的介质进口温度随干燥器形式不同而异。在气流、流化床等干燥器中，由于物料不断地翻动，使物料温度较均匀，干燥速率快、时间短，因此介质进口温度可高些；热敏性物料，宜采用较低的入口温度，可加内热构件。

（4）干燥介质离开干燥器时的相对湿度 φ_2 和温度 t_2　增大干燥介质离开干燥器的相对湿度，可以减少空气消耗量，即可降低操作费用；但 φ_2 增大，介质中水气的分压升高，使干燥过程的平均推动力下降，为了保持相同的干燥能力，就需增大干燥器的尺寸，即加大了投资费用。所以，最适宜的 φ_2 值应通过经济衡算来决定。

不同的干燥器，适宜的 φ_2 值也不相同。例如，对气流干燥器，由于物料在器内的停留时间很短，就要求有较大的推动力以提高干燥速率。因此一般离开干燥器的气体中水蒸气分压需低于出口物料表面水蒸气压的50%。对于某些干燥器，要求保证一定的空气速度，因此应

考虑气量和 φ_2 的关系,即为了满足较大气速的要求,只得使用较大的空气量而减小 φ_2 值。

干燥介质离开干燥器时的相对湿度 φ_2 和温度 t_2 应综合考虑。若 t_2 升高,则热损失大,干燥热效率就低;若 t_2 降低,而 φ_2 又较高,此时湿空气可能会在干燥器后面的设备和管路中析出水滴,破坏了干燥的正常操作。对气流干燥器,一般要求 t_2 较物料出口温度高 10~30℃,或 t_2 较入口气体的绝热饱和温度高 20~50℃。在工艺条件允许时,可采用部分废气循环操作流程。

(5) 物料离开干燥器时的温度 θ_2 物料出口温度 θ_2 与物料在干燥器内经历的过程有关,主要取决于物料的临界含水量 X_c 值及干燥第二阶段的传质系数。若物料的出口含水量高于临界含水量 X_c,则物料出口温度 θ_2 等于与它相接触的气体湿球温度;若物料出口含水量低于临界含水量 X_c,则 X_c 值越低,物料的出口温度 θ_2 也愈低;传质系数愈高,θ_2 愈低。目前还没有计算 θ_2 的理论公式。有时按物料允许的最高温度估计,即:

$$\theta_2 = \theta_{max} - (5\sim10) \tag{6-1}$$

式中 θ_2——物料离开干燥器时的温度,℃;

θ_{max}——物料允许的最高温度,℃。

显然这种估算是很粗略的,因为它仅考虑物料的允许温度,并未考虑降速阶段中干燥的特点。

当 $X_c<0.05$ kg 水·kg^{-1} 绝干料时,悬浮或薄层物料出口温度可按下式计算:

$$\frac{t_2-\theta_2}{t_2-t_{w2}} = \frac{r_{t_{w2}}(X_2-X^*)-c_s(t_2-t_{w2})\left(\dfrac{X_2-X^*}{X_c-X^*}\right)^{\frac{r_{t_{w2}}(X_c-X^*)}{c_s(t_2-t_{w2})}}}{r_{t_{w2}}(X_c-X^*)-c_s(t_2-t_{w2})} \tag{6-2}$$

式中 t_{w2}——空气在出口状态下的湿球温度,℃;

r_{tw2}——t_{w2} 时水的汽化潜热,kJ·kg^{-1};

c_s——绝干物料的比热容,kJ·kg^{-1} 绝干料·℃$^{-1}$;

X_c-X^*——临界点处物料的自由水分,kg 水·kg^{-1} 绝干料;

X_2-X^*——物料离开干燥器时的自由水分,kg 水·kg^{-1} 绝干料。

利用式(6-2)求物料出口温度时需要迭代计算。

必须指出,上述各操作参数互相之间是有联系的,不能任意确定。通常物料进、出口的含水量 X_1、X_2 及进口温度 θ_1 是由工艺条件规定的,空气进口湿度 H_1 由大气状态决定。若物料的出口温度 θ_2 确定后,剩下的绝干空气流量 L、空气进出干燥器的温度 t_1 和 t_2 及出口湿度 H_2(或相对湿度 φ_2)这四个变量只能规定两个,其余两个由物料衡算及热量衡算确定,至于选择哪两个为自变量需视具体情况而定。在计算过程中,可以调整有关的变量,使其满足前述各种要求。

6.2.3 干燥过程的物料衡算与热量衡算

6.2.3.1 干燥系统的物料衡算

干燥过程的物料衡算可以算出水分蒸发量、空气的消耗量和干燥产品的流量。图 6-3 为连续干燥过程的衡算示意图,气、固两相在进出口处的流量及含水量均标注于图中。

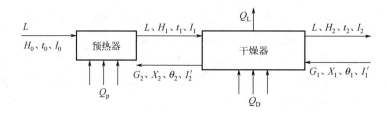

图 6-3 连续逆流干燥过程示意

H_0、H_1、H_2——湿空气进入预热器、离开预热器（即进入干燥器）及离开干燥器时的湿度，$kg \cdot kg^{-1}$ 绝干气；

I_0、I_1、I_2——湿空气进入预热器、离开预热器（即进入干燥器）及离开干燥器时的焓，$kJ \cdot kg^{-1}$ 绝干气；

t_0、t_1、t_2——湿空气进入预热器、离开预热器（即进入干燥器）及离开干燥器时的温度，℃；

L——绝干空气量，kg 绝干气 $\cdot s^{-1}$；

G_1、G_2——湿物料进入及离开干燥器时的流量，kg 湿物料 $\cdot s^{-1}$；

X_1、X_2——湿物料进入及离开干燥器时的干基含水量，kg 水 $\cdot kg^{-1}$ 绝干物料；

θ_1、θ_2——湿物料进入及离开干燥器时的温度，℃；

I_1'、I_2'——湿物料进入及离开干燥器时的焓，$kJ \cdot kg^{-1}$；

Q_P——单位时间内预热器消耗的热量，kW；

Q_D——单位时间内向干燥器补充的热量，kW；

Q_L——干燥器的热损失，kW。

（1）物料的水分蒸发量 W 以图 6-3 中的干燥器作为衡算范围，干燥器的水分作为衡算对象，以 1s 为计算基准，设干燥器内无物料损失，则

$$GX_1 + LH_1 = GX_2 + LH_2 \tag{6-3}$$

或

$$W = G(X_1 - X_2) = L(H_2 - H_1) \tag{6-4}$$

式中 W——单位时间内水分的蒸发量，$kg \cdot s^{-1}$；

G——单位时间内绝干物料的流量，kg 绝干物料 $\cdot s^{-1}$。

（2）空气消耗量 L 由式（6-3）得

$$L = \frac{G(X_1 - X_2)}{H_2 - H_1} = \frac{W}{H_2 - H_1} \tag{6-5}$$

蒸发 1kg 水分所消耗的绝干空气量 l（称为比空气用量或单位空气消耗量）为：

$$l = \frac{L}{W} = \frac{1}{H_2 - H_1} \tag{6-6}$$

式中 l——单位空气消耗量，kg 绝干空气 $\cdot kg^{-1}$ 水分。

（3）干燥产品的流量 G_2 由于假设干燥器内无物料损失，因此，进出干燥器的绝干物料量不变，即

$$G_2(1 - w_2) = G_1(1 - w_1) \tag{6-7}$$

解得

$$G_2 = \frac{G_1(1 - w_1)}{1 - w_2}$$

式中 w_1、w_2——物料进入及离开干燥器时的湿基含水量，kg 水 $\cdot kg^{-1}$ 湿物料。

应予指出，干燥产品的流量 G_2 是指离开干燥器的物料的流量，其中包括绝干物料及仍含

有的少量水分，与绝干物料不同，其实际上是含水分较少的湿物料。

6.2.3.2 干燥系统的热量衡算

干燥过程的热量衡算可以对预热器消耗的热量、干燥器补充的热量、干燥系统消耗的总热量进行计算。

（1）预热器消耗的热量 Q_p 以图6-3中的干燥器作为衡算范围，以1s为计算基准，忽略预热器的热损失，则对预热器的焓衡算为：

$$LI_0 + Q_p = LI_1 \tag{6-8}$$

故单位时间内预热器消耗的热量为：

$$Q_p = L(I_1 - I_0) = L(1.01 + 1.88H_0)(t_1 - t_0) \tag{6-9}$$

（2）向干燥器补充的热量 Q_D 对干燥器列焓衡算，得：

$$LI_1 + GI_1' + Q_D = LI_2 + GI_2' + Q_L \tag{6-10}$$

故单位时间内向干燥器补充的热量为：

$$Q_D = L(I_2 - I_1) + G(I_2' - I_1') + Q_L \tag{6-11}$$

（3）干燥系统消耗的总热量 Q 联立式（6-9）和式（6-11），整理得单位时间内干燥器系统消耗的总热量为：

$$Q = Q_p + Q_D = L(I_2 - I_0) + G(I_2' - I_1') + Q_L \tag{6-12}$$

其中，湿物料的焓 I' 包括绝干物料的焓（以0℃的物料为基准）和物料中所含水分（以0℃的物料为基准）的焓，即

$$I' = c_s\theta + Xc_w\theta = (c_s + 4.187X)\theta = c_m\theta \tag{6-13}$$

$$c_m = c_s + 4.187X \tag{6-14}$$

式中 c_s——绝干物料的比热容，kJ·kg^{-1}绝干物料·℃$^{-1}$；

c_w——水的比热容，kJ·kg^{-1}绝干物料·℃$^{-1}$；

c_m——湿物料的比热容，kJ·kg^{-1}绝干物料·℃$^{-1}$。

干燥系统消耗的总热量 Q 被用于：将新鲜空气 L（湿度为 H_0）由 t_0 加热至 t_2，所需热量为 $L(1.01+1.88H_0)(t_2-t_0)$；原湿物料 $G_1=G_2+W$，其中干燥产品从 θ_1 被加热至 θ_2 后离开干燥器，所耗热量为 $Gc_m(\theta_2-\theta_1)$；水分 W 由液态温度 θ_1 被加热并汽化后随气相离开干燥系统，所需热量为 $W(2490+1.88t_2-4.187\theta_1)$；干燥系统损失的热量 Q_L。因此

$$Q = Q_p + Q_D \\ = L(1.01+1.88H_0)(t_2-t_0) + Gc_m(\theta_2-\theta_1) + W(2490+1.88t_2-4.187\theta_1) + Q_L \tag{6-15}$$

忽略空气中水汽进出干燥系统的焓的变化和湿物料中水分带入干燥系统的焓，则上式简化为

$$Q = Q_p + Q_D = 1.01L(t_2-t_0) + Gc_m(\theta_2-\theta_1) + W(2490+1.88t_2) + Q_L \tag{6-16}$$

可见，干燥系统中加入的热量等于加热空气与物料、蒸发水分所需的热量及干燥系统中热损失之和。

（4）干燥系统的热效率 η 干燥系统的热效率为蒸发水分所需的热量占向干燥系统输入的总热量的比例，即

$$\eta = \frac{W(2490+1.88t_2)}{Q} \times 100\% \qquad (6\text{-}17)$$

热效率愈高表明干燥系统的热利用率愈好。提高干燥器的热效率，可以通过提高 H_2 而降低 t_2；提高空气入口温度 t_1；利用废气（离开干燥器的空气）来预热空气或物料，回收被废气带走的热量，以提高干燥操作的热效率；采用二级干燥；利用内换热器。此外还应注意干燥设备和管路的保温隔热，减少干燥系统的热损失。

6.3 气流干燥器的设计

6.3.1 气流干燥的基础理论

6.3.1.1 颗粒在气流干燥管中的运动

颗粒在气流干燥器中运动时，颗粒受力情况如图 6-4 所示，分别受到阻力 F_d、浮力 F_b 和重力 F_g 的影响，其值为：

$$F_d = \zeta A_d \rho_g \frac{(u_g - u_m)^2}{2} \qquad (6\text{-}18)$$

$$F_b = V_s \rho_g g \qquad (6\text{-}19)$$

$$F_g = V_s \rho_s g \qquad (6\text{-}20)$$

式中　F_d、F_b、F_g——颗粒受到的阻力、浮力和重力，N；
　　　u_g、u_m——干燥介质（空气）和颗粒的运动速度，m·s^{-1}；
　　　V_s——颗粒的体积，m^3；
　　　ρ_s、ρ_g——颗粒和气体的密度，kg·m^{-3}；
　　　m——颗粒的质量，kg；
　　　ζ——粒子与气间的阻力系数，无因次；
　　　A_d——颗粒在运动方向上的投影面积，m^2。

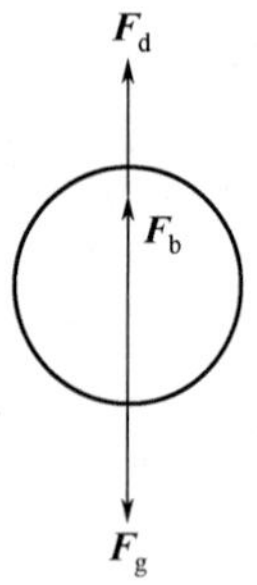

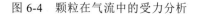

图 6-4　颗粒在气流中的受力分析

（1）颗粒在气流干燥器中的加速运动　根据颗粒的受力分析，可知颗粒在气流干燥管中作加速运动时的运动方程。

$$m\frac{du_m}{d\tau} = \zeta A_d \rho_g \frac{(u_g - u_m)^2}{2} - V_s(\rho_s - \rho_g)g \qquad (6\text{-}21)$$

式中　τ——颗粒运动时间，s。

对于直径为 d_p 的球形颗粒，可知：

$$\left. \begin{array}{l} V_s = \dfrac{\pi}{6}d_p^3 \\[4pt] A_d = \dfrac{\pi}{4}d_p^2 \\[4pt] m = \dfrac{\pi}{6}d_p^3 \rho_s \end{array} \right\} \qquad (6\text{-}22)$$

则式（6-21）可写成：

$$\frac{du_m}{d\tau} = \frac{3\zeta\rho_g(u_g-u_m)^2}{4d_p\rho_s} - g\left(\frac{\rho_s-\rho_g}{\rho_s}\right) \tag{6-23}$$

式（6-23）即为球形颗粒在气流干燥器中作加速运动时运动微分方程的一般形式。

设 $u_r = u_g - u_m$，$Re_r = \dfrac{d_p u_r \rho_g}{\mu_g}$，则式（6-23）可整理为：

$$\frac{4\rho_s d_p^2}{3\mu_g^2} \times \frac{dRe_r}{d\tau} = \frac{4d_p^3\rho_g(\rho_s-\rho_g)g}{3\mu_g^2} - \zeta Re_r^2 = \frac{4}{3}Ar - \zeta Re_r^2 \tag{6-24}$$

式中 Ar——阿基米德数，即 $Ar = \dfrac{d_p^3 \rho_g(\rho_s-\rho_g)g}{\mu_g^2}$；

u_r——空气和粒子的相对速度，$m \cdot s^{-1}$；

μ_g——气体的黏度，$Pa \cdot s$；

d_p——粒子直径，m；

Re_r——以空气和颗粒运动的相对速度计算的雷诺数。

（2）颗粒在气流干燥器中的等速运动　当颗粒在气流干燥器中作等速运动时，即 $u_r = u_g - u_m = u_t$，所以可得颗粒在气流干燥器中的等速运动方程为：

$$\frac{3\zeta_t \rho_g u_t^2}{4d_p \rho_s} = g\left(\frac{\rho_s-\rho_g}{\rho_s}\right) \tag{6-25}$$

或

$$Ar = \frac{3}{4}\zeta_t Re_t^2 \tag{6-26}$$

式中 u_t——颗粒的（自由）沉降速度，$m \cdot s^{-1}$；

ζ_t——等速沉降的阻力系数；

Re_t——用颗粒沉降速度表示的雷诺数。

对于等速沉降时的阻力系数，可根据 Re_t 的大小按以下公式计算：

当 $10^{-4} < Re_t < 1$ 时，$\zeta = \dfrac{24}{Re_t}$；

当 $1 \leqslant Re_t < 10^3$ 时，$\zeta = \dfrac{18.5}{Re_t^{0.6}}$；

当 $10^3 \leqslant Re_t < 2\times 10^5$ 时，$\zeta = 0.44$。

6.3.1.2 颗粒在气流式干燥器中的传热

（1）等速运动阶段颗粒与气流间的传热　对于空气-水系统，颗粒在气流干燥器内作等速运动时，颗粒与气流间的对流传热膜系数 α 为：

$$\alpha = \frac{\lambda}{d_p}(2 + 0.54 Re_t^{0.5}) \tag{6-27}$$

式中 α——对流传热膜系数，$W \cdot m^{-2} \cdot ℃^{-1}$；

λ——空气的导热系数，$W \cdot m^{-2} \cdot {}^\circ C^{-1}$。

（2）加速运动阶段颗粒与气流间的传热　对于直径大于 100μm 的颗粒，在刚进入气流干燥器时，颗粒与气流间的对流传热膜系数 α_{max} 可由以下公式计算：

$$\alpha_{max} = \frac{\lambda Nu_{max}}{d_p} \tag{6-28}$$

式中　Nu_{max}——努塞尔准数，可由雷诺数计算。

当 $400 < Re_r < 1300$ 时，$Nu_{max} = 1.95 \times 10^{-4} Re_r^{2.15}$；

当 $30 < Re_r < 400$ 时，$Nu_{max} = 0.76 Re_r^{0.65}$。

在整个加速运动过程中，由于颗粒的相对速度是变化的，因此颗粒与气流间的对流传热膜系数也是变化的，即由进料处的最大值逐渐减小到加速段终了（亦即等速运动段开始）的最小值，在这两个截面间可近似地看作 Nu 与 Re_r 之间的变化在双对数坐标上为一直线关系，可采用图解法或代数法进行计算。

6.3.2　气流干燥器的设计计算

6.3.2.1　设计步骤

在这里讨论直管型气流干燥器的设计，在设计时，一般要作下列假定：

① 颗粒是均匀的球形，在干燥过程中不产生形变；
② 颗粒在重力场中运动，即颗粒在不旋转的、向上的热气流中运动；
③ 颗粒群的运动及传热等行为可用单个颗粒的特性来描述；
④ 忽略加速段的影响，把颗粒在干燥管内的运动看成是等速的。

直管型气流干燥器的设计一般按以下步骤进行：

① 确定基本数据，包括设计的已知条件、设计者自行确定的数据、自行查询的数据；
② 对干燥管进行物料衡算与热量衡算；
③ 计算干燥管的直径 D；
④ 计算气流干燥管的高度；
⑤ 计算气流干燥管的压降；
⑥ 附属设备的选择和设计。

6.3.2.2　基本数据的确定

需要确定的基本数据包括设计的已知条件、自行确定的数据和自行查询的数据。

（1）设计已知条件　干燥物料的产量、物料进出干燥器的湿含量、湿物料进口温度、干物料平均粒径、当地空气状态（t_0、H_0）及车间室温等。

（2）自行确定的数据　需要设计者自行确定的数据有热风入口温度 t_1、热风出口温度 t_2、产品出口温度 θ_2、气流速度 u_g、气流干燥管的压降、操作设备中的热损失。

温度参数按照本章 6.2.2 部分进行确定。

① 气流速度 u_g。从气流输送的角度来看，只要气流速度大于最大颗粒的沉降速度 u_{max}，则全部物料便可被气流带走。但为了操作安全起见，在上升管中，取气流平均速度 $u_g = (2 \sim 5) u_{max}$ 或 $u_g = u_{max} + (3 \sim 5)$；在下降管中，$u_g = u_{tmax} + (1 \sim 2)$；在加速运动段，$u_g$ 为 30~40 $m \cdot s^{-1}$。有些设计中，不管颗粒的大小及物料的性质，气流平均速度一律按 20 $m \cdot s^{-1}$（甚至高达 40 $m \cdot s^{-1}$）左

右选择。

② 气流干燥管的压降。气流干燥管的压降主要包括：气、固相与管壁的摩擦损失、颗粒和气体位能提高引起的压力损失、颗粒加速引起的压力损失、局部阻力引起的压降等。一般直管型气流干燥器（气流干燥器）的压降为1200～2500Pa。

③ 操作设备中的热损失。干燥器的热损失一般取加热量（理论耗热量）的10%。

（3）自行查询的数据　需要设计者自行查询的数据包括物料的性质，如物料的临界含水量、物料的比热容及其密度等，干燥介质的性质，如在平均温度下的黏度、密度、导热系数等。

6.3.2.3　干燥器的工艺计算

（1）干燥管直径 D 的计算　干燥管可采用等直径管和变直径管。

等直径管 D 的计算如下：

$$D = \sqrt{\frac{4V_g}{3600\pi u_g}} \tag{6-29}$$

式中　D——气流干燥管的直径，m；
　　　V_g——平均气体体积流量，$m^3 \cdot h^{-1}$；
　　　u_g——平均气体速度，$m \cdot s^{-1}$。

变直径管分为加速段、等速段，加速段直径 D_1、等速段直径 D_2 计算如下。

$$D_1 = \sqrt{\frac{4V_{g1}}{3600\pi u_{g1}}} \tag{6-30}$$

$$D_2 = \sqrt{\frac{4V_{g2}}{3600\pi u_{g2}}} \tag{6-31}$$

式中　V_{g1}、V_{g2}——分别为进口和出口气体流量，$m^3 \cdot h^{-1}$；
　　　u_{g1}、u_{g2}——分别为进口和出口气体速度，$m \cdot s^{-1}$。

进口气速一般取 $30 m \cdot s^{-1}$，出口气速取最大粒子沉降速度的2倍或比其大 $3 m \cdot s^{-1}$。

（2）气流干燥管高度 Z 的计算　根据传热速率方程可得：

$$Z = \frac{Q}{\alpha a \left(\frac{\pi}{4}D^2\right)\Delta t_m} \tag{6-32}$$

$$Q = Q_1 + Q_2 \tag{6-33}$$

$$Q_1 = G[(X_1 - X_2)r_w + (c_m + c_w X_1)(t_w - \theta_1)] \tag{6-34}$$

$$Q_2 = G[(X_c - X_2)r_{av} + (c_m + c_w X_2)(\theta_2 - t_w)] \tag{6-35}$$

$$\Delta t_m = \frac{(t_1 - \theta_1) - (t_2 - \theta_2)}{\ln \frac{t_1 - \theta_1}{t_2 - \theta_2}} \tag{6-36}$$

式中　Z——气流干燥管长度，m；
　　　Q——热空气传给物料的热量，kW；

Q_1、Q_2——恒速、降速干燥阶段的传热量，kW。

（3）气流干燥管的压降计算　气流干燥管的压降损失包括气固相与管壁的摩擦损失、克服位能提高所需的压降、由于颗粒加速所引起的压降损失、其他的局部阻力引起的压降损失（包括管径的扩大、缩小及弯头等局部阻力所造成的压降）等四部分。局部阻力所引起的压降损失常占总压降的相当大的比例，故应尽量减少局部阻力以降低压降损失。一般情况下气流干燥管的总压降损失为980～1470Pa。

6.3.3　流化床干燥器的设计计算

6.3.3.1　流化床干燥器操作流化速度的确定

要使固体颗粒床层在流化状态下操作，必须使气速高于临界流化速度 u_{mf}，而最大气速又不得超过颗粒带出速度 u_t，因此流化床的操作范围应在临界流化速度和带出速度之间。

（1）临界流化速度 u_{mf}　临界流化速度 u_{mf}（又叫起始流化速度或最小流化速度）是流化床操作的最低速度。确定临界流化速度的最好方法是实验。在不易采用实验方法确定时，可以采用工程上方法近似计算。

① 李森科法（Ly-Ar 关联曲线法）。对于均匀球形颗粒的流化床，开始流化的空隙率 $\varepsilon_{mf}=0.4$，根据 ε_{mf} 和 Ar 数值，从图 6-5 中查得 Ly_{mf}，便可按下式计算临界流化速度，即

$$u_{mf}=\sqrt[3]{\frac{Ly_{mf}\mu\rho_s g}{\rho^2}} \quad (6\text{-}37)$$

式中　u_{mf}——临界流化速度，m·s^{-1}；

Ly_{mf}——以临界流化速度计算的李森科数，量纲为1；

μ——干燥介质的黏度，Pa·s；

ρ_s——绝干固体物料的密度，kg·m^{-3}；

ρ——干燥介质的密度，kg·m^{-3}。

② 关联式法。当物料为粒度分布较为均匀的混合颗粒床层，可用关联式法进行估算。

当颗粒直径较小时，颗粒床层雷诺数 Re_b 一般小于 20，根据经验，得到起始流化速度的近似计算式为：

$$u_{mf}=\frac{d_p^2(\rho_s-\rho)g}{1650\mu} \quad (6\text{-}38)$$

对于大颗粒，颗粒床层雷诺数 Re_b 一般大于 1000，得到近似计算式为：

$$u_{mf}=\sqrt{\frac{d_p(\rho_s-\rho)g}{24.5\rho}} \quad (6\text{-}39)$$

式中　d_p——颗粒直径，m。非球形颗粒时用当量直径，非均匀颗粒时用颗粒群的平均直径。

（2）带出速度 u_t　颗粒的带出速度即颗粒的沉降速度，颗粒被带出时，床层的空隙率 $\varepsilon\approx1$。根据 $\varepsilon=1$ 和 Ar 的数值，从图 6-5 中查得 Ly 值，便可按下式计算带出速度，即

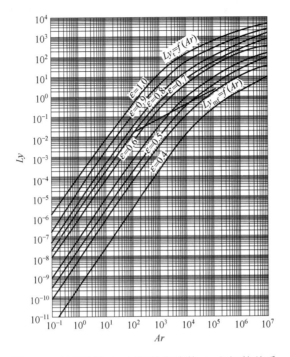

图 6-5　李森科数 Ly 与阿基米德数 Ar 之间的关系

李森科数 $Ly = \dfrac{u^3 \rho^2}{\mu(\rho_s - \rho)g}$

阿基米德数 $Ar = \dfrac{d^3(\rho_s - \rho)\rho g}{\mu^2}$

$$u_t = \sqrt[3]{\dfrac{Ly_t \mu \rho_s g}{\rho^2}} \tag{6-40}$$

式中　u_t——带出速度，$m \cdot s^{-1}$；

Ly_t——以带出速度计算的李森科数，量纲为 1。

上式适用于球形颗粒。对于非球形颗粒应乘以校正系数，即

$$u_t' = C_t u_t \tag{6-41}$$

$$C_t = 0.8431 \lg \dfrac{\varphi_s}{0.065} \tag{6-42}$$

$$\varphi_s = \dfrac{S}{S_p} \tag{6-43}$$

式中　u_t'——非球形颗粒的带出速度，$m \cdot s^{-1}$；

C_t——非球形颗粒校正系数；

φ_s——颗粒的形状系数或球形度；

S_p——非球形颗粒的表面积，m^2；

S——与颗粒等体积的球形颗粒的表面积，m^2。

值得注意的是，计算 u_{mf} 时要用实际存在于床层中不同粒度颗粒的平均直径 d_p，而计算

u_t 时则必须用最小颗粒直径。

（3）流化床的操作范围　流化床的操作范围，可用比值 u_t/u_{mf} 的大小来衡量，该比值称为流化数。

对于均匀的细颗粒，u_t/u_{mf}=91.7；对于大颗粒，u_t/u_{mf}=8.62。

研究表明，上述两个上下限值与实验数据基本相符，u_t/u_{mf} 比值常在 10～90 之间。u_t/u_{mf} 值是表示正常操作时允许气速波动范围的指标，大颗粒床层的 u_t/u_{mf} 值较小，说明其操作灵活性较差。实际上，不同生产过程的流化数差别很大。有些流化床的流化数高达数百，远远超过上述 u_t/u_{mf} 高限值。

对于粒径大于 500μm 的颗粒，根据平均粒径计算出粒子的带出速度，通常取操作流化速度为（0.4～0.8）u_t。

另外，一般流化床干燥器的实际空隙率 ε 在 0.55～0.75 之间，可根据选定的 ε 和 Ar 值用 Ly-Ar 关系曲线计算操作流化速度。

6.3.3.2　流化床干燥器主体工艺尺寸的计算

（1）流化床干燥器底面积的计算

① 单层圆筒流化床干燥器。单层圆筒流化床干燥器截面积 A 由下式计算：

$$A = \frac{vL}{3600u} \tag{6-44}$$

式中　L——绝干气的流量，kg·h^{-1}；

　　　v——气体在温度 t_2 及湿度 H_2 状态下的比容，m^3·kg^{-1} 绝干气。

v 可由下式计算：

$$v = (0.772 + 1.244H_2)\frac{273+t_2}{273} \times \frac{1.013 \times 10^5}{p} \tag{6-45}$$

式中　p——干燥器中操作压力，Pa。

若流化床设备为圆柱形，根据 A 可求得床层直径 D；若流化床采用长方形，可根据 A 确定其长度 l 和宽度 b。

在流化床上部常常设置扩大段，其主要目的是降低风速，使其小于某一粒径颗粒的沉降速度，则大于这些直径的颗粒就会沉降下来回到床层中去，以减轻细粉回收设备的负荷。

扩大段直径的确定，须由带入细粉回收设备中的最小颗粒的直径，计算其带出速度 u_{tmin}，再按下式求出扩大段直径 D_1，并加以圆整。

$$D_1 = \sqrt{\frac{vL}{900\pi u_{tmin}}} \tag{6-46}$$

有时取扩大段中的气速为操作气速的一半（即 u_{tmin}=1/2u）来确定扩大段的直径，也可获得满意的结果。

② 卧式多室流化床干燥器。物料在干燥器中通常经历表面汽化控制和内部迁移控制两个阶段。床层底面积等于两个阶段所需底面积之和。

a. 表面汽化阶段所需底面积 A_1。对干燥装置，在忽略热损失的条件下，列出热量衡算及传热速率方程，并经整理得表面汽化阶段所需底面积 A_1 计算式如下：

$$\alpha_a Z_0 = \frac{(1.01+1.88H_0)\overline{L}}{\left[\dfrac{(1.01+1.88H_0)\overline{L}A_1(t_1-t_2)}{G(X_1-X_2)r_{t_w}}-1\right]} \quad (6\text{-}47)$$

$$\alpha_a = \alpha a \quad (6\text{-}48)$$

$$a = \frac{6(1-\varepsilon_0)}{d_m} \quad \text{或} \quad a = \frac{6\rho_b}{\rho_s d_m} \quad (6\text{-}49)$$

$$\alpha = 4\times 10^{-3}\frac{\lambda}{d_m}(Re)^{1.5} \quad (6\text{-}50)$$

$$Re = \frac{d_m u \rho}{\mu} \quad (6\text{-}51)$$

式中　Z_0——静止时床层厚度，m（一般可取 0.05～0.15m）；

　　　$\overline{L}$——干空气的质量流速，kg 绝干气·m^{-2}·s^{-1}；

　　　A_1——表面汽化控制阶段所需底面积，m^2；

　　　t_1——干燥器入口空气的温度，℃；

　　　t_w——入口空气的湿球温度，℃；

　　　r_{t_w}——温度 t_w 时水的汽化潜热，kJ·kg^{-1}；

　　　α_a——流化床的体积传热系数或热容系数，kW·m^{-3}·℃$^{-1}$；

　　　a——静止时床层的比表面积，m^2·m^{-3}；

　　　ρ_b——静止床层的颗粒堆积密度，kg·m^{-3}；

　　　ε_0——静止床层的空隙率；

　　　d_m——颗粒的平均粒径，m；

　　　α——流化床层的对流传热系数，kW·m^{-2}·℃$^{-1}$；

　　　λ——气体的导热系数，kW·m^{-1}·℃$^{-1}$。

由式（6-47）可求得 α_a 或 A_1。

应予指出，当 $d_m<0.9$mm 时，由式求得值偏高，需根据图 6-6 校正。其横坐标 $C=\alpha_a'/\alpha_a$。α_a' 为修正后的体积传热系数。

b. 物料升温阶段所需底面积 A_2。在流化床干燥器中，物料的临界含水量一般都很低，故可认为水分在表面汽化控制阶段已全部蒸发，在此阶段物料由湿球温度升到排出温度。对干燥器微元面积列热量衡算和传热速率方程，经化简、积分，整理得物料升温阶段的所需底面积 A_2 计算式：

$$\alpha_a Z_0 = \frac{(1.01+1.88H_0)\overline{L}}{\left[\dfrac{(1.01+1.88H_0)\overline{L}A_2}{Gc_{m2}}\Big/\ln\dfrac{t_1-\theta_1}{t_2-\theta_2}-1\right]} \quad (6\text{-}52)$$

$$c_{m2}=c_s+4.187X_2$$

式中　c_{m2}——干燥产品的比热容，kJ·kg^{-1} 绝干料·℃$^{-1}$。

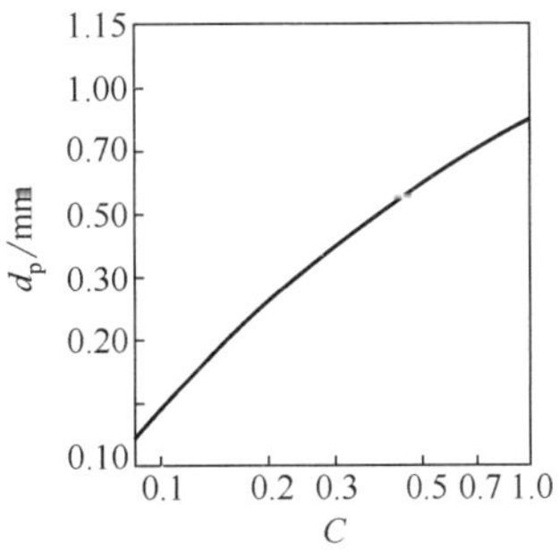

图 6-6　α_a 的校正系数

流化床层总的底面积为

$$A=A_1+A_2 \quad (6\text{-}53)$$

c. 卧式多室流化床干燥器的宽度和长度。在流化床层底面积确定之后，设备的宽度和长度需进行合理的布置。其宽度的选取以保证物料在设备内均匀分散为原则，通常不超过 2m。若需设备宽度很大，在物料分散性不良情况下，则应该设置特殊的物料散布装置。设备中物料前进方向的长度受到热空气均匀分布的条件限制，一般取 2.5m 以下为宜。在设计中，往往需要通过反复调整。

（2）物料在流化床中的平均停留时间　物料在流化床中的平均停留时间可由下式计算：

$$\tau = \frac{Z_0 A \rho_b}{G_2} \tag{6-54}$$

式中　G_2——干燥产品的流量，$kg \cdot s^{-1}$；
　　　ρ_b——颗粒的堆积密度，$kg \cdot m^{-3}$；
　　　Z_0——静止床层高度，m；
　　　τ——物料的停留时间，s。

需要指出，物料在干燥器中的停留时间必须大于或至少等于干燥所需时间。

（3）流化床干燥器的高度　流化床的总高度分为密相段（浓相区）和稀相段（分离区）。流化床界面以下的区域称为浓相区，界面以上的区域称为稀相区。

① 浓相区高度。当操作速度大于临界流化速度时床层开始膨胀，气速越大或颗粒越小，床层膨胀程度越大。由于床层内颗粒质量是一定的，对于床层截面积不随床高而变化的情况，浓相区高度 Z_1 与起始流化高度 Z_0 之间有如下关系：

$$R_c = \frac{Z_1}{Z_0} = \frac{1-\varepsilon_{mf}}{1-\varepsilon} \tag{6-55}$$

R_c 称为流化床的膨胀比。床层的空隙率 ε 可由流化速度 u 计算。Ly 和 Ar，从图 6-5 查得或利用下式近似计算：

$$\varepsilon = \left(\frac{18Re + 0.36Re^2}{Ar}\right)^{0.21} \tag{6-56}$$

② 分离高度。流化床中的固体颗粒都有一定的粒度分布，而且在操作过程中也会因为颗粒间的碰撞、磨损产生一些细小的颗粒。因此，流化床的颗粒中会有一部分细小颗粒的沉降速度低于气流速度，在操作中会被带离浓相区，经过分离区而被流体带出器外。另外，气体通过流化床时，气泡在床层表面上破裂时会将一些固体颗粒抛入稀相区，这些颗粒中大部分颗粒的沉降速度大于气流速度。因此，它们到达一定高度后又会落回床层。这样就使得离床面距离越远的区域，其固体颗粒的浓度越小，离开床层表面一定距离后，固体颗粒的浓度基本不再变化。固体颗粒浓度开始保持不变的最小距离称为分离区高度。床层界面之上必须有一定的分离区，以使沉降速度大于气流速度的颗粒能够重新沉降到浓相区而不被气流带走。

分离区高度的影响因素比较复杂，系统物性、设备及操作条件均会对其产生影响，至今尚无适当的计算公式。图 6-7 给出确定分离段高度的参考数据。图中的虚线部分是在小床层下实验得出的，数据可靠性较差；对于非圆柱形设备，用当量直径 D_e 代替图中的直径 D。

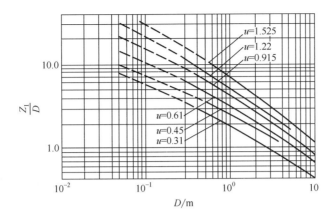

图 6-7　流化床的分离高度（u 的单位为 m·s^{-1}）

也有资料提出，分离段高度可近似等于浓相段高度。

为了进一步减小流化床粉尘带出量，可以在分离段高度之上再加一扩大段，降低气流速度，使固体颗粒较彻底地沉降。扩大段的高度一般可根据经验视具体情况选取。

6.3.3.3　流化床干燥器的结构设计

流化床干燥器的结构设计主要包括气体的分布和预分布装置、隔板和溢流堰的设计。

（1）气体分布板　气体分布板（简称筛板、分布板）是流化床内重要的构件之一，其作用除了支承固体颗粒、防止漏料外，还有分散气流使气体得到均匀分布的作用。分布板对整个流化床的直接作用范围仅局限在分布板上方 0.5m 的区域内，床层超过 0.5m 时，必须采取其他措施改善流化质量。

设计良好的分布板应对通过它的气流有足够大的阻力，从而保证气流均匀分布于整个床层截面上，也只有分布板的阻力足够大时，才能克服聚式流化的不稳定性，抑制床层出现沟流和死区现象，造成气体分布不均匀。实验证明，当采用某种致密的多孔介质或低开孔率的分布板时，可使气固接触良好，但同时气体通过这种分布板的阻力较大，会大大增加鼓风机的能耗，因此通过分布板的压力降应有个适宜值。据研究，适宜的分布板压力降应等于或大于床层压力降的 10%，并且其绝对值应不低于 3.5kPa。床层压力降可取为单位截面上床层的重力。

常用的分布板类型大致可分为直流式、侧流式和填充式等。

① 直流式分布板。直流式分布板如图 6-8 和图 6-9 所示。它结构简单，易于设计制造，但气流方向正对床层，易使床层形成沟流，小孔也容易被堵塞，停车时又易漏料。因此除特殊情况外，一般不使用直流式分布板。多层孔板能避免漏料，但结构稍微复杂。图 6-8（b）所示为用两层直孔筛板错叠而成，它可以克服单层直孔筛板的不足。在大直径流化床中颗粒物料的负荷较重，平筛板易受压弯曲，可采用图 6-8（c）和图 6-8（d）所示的弧形板，这种气体分布板可以经得起热应力。图 6-8（c）所示的设计使中间料层厚，有助于防止沟流和使气体分布均匀。图 6-8（d）所示的结构由于周围的孔数比中心多，也能使气体分布均匀。直流式气体分布板的开孔布置一般为等边三角形，其直孔的结构也是多种多样，如图 6-9 所示。

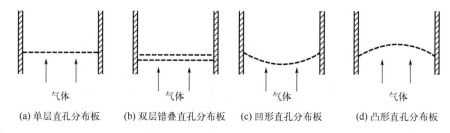

(a) 单层直孔分布板　　(b) 双层错叠直孔分布板　　(c) 凹形直孔分布板　　(d) 凸形直孔分布板

图 6-8　直流式分布板的结构形式

② 侧流式分布板。侧流式分布板如图 6-10、图 6-11、图 6-12 所示,它是在筛板孔中装有锥形风帽(简称锥帽),气流从锥帽底部的侧缝或锥帽四周的侧孔吹出,可以防止颗粒通过筛板下落。尽管其结构复杂,但目前工业上还是广泛采用,效果也较好。其中侧缝式采用尤多,它具有以下优点:固体颗粒不会在锥帽顶部堆成死床,每 3 个或 4 个锥帽之间形成一个小锥形床,由此形成许多个小锥形床,改善了床层的流化质量;热气体紧贴分布板面从侧缝吹出而进入床层,在筛板面上形成一层"气垫",使颗粒不能在板面上停留,这就消除了板面上形成死床或发生绕结的现象,大大减轻了分布板的磨蚀。

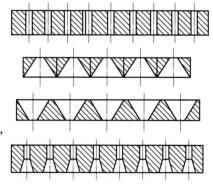

图 6-9　直流式分布板的孔结构形式

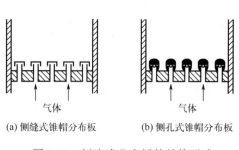

(a) 侧缝式锥帽分布板　　(b) 侧孔式锥帽分布板

图 6-10　侧流式分布板的结构形式

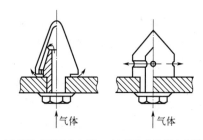

(a) 侧缝式锥帽分布板　　(b) 侧孔式锥帽分布板

图 6-11　侧流式分布板的锥帽与筛板装配示意图

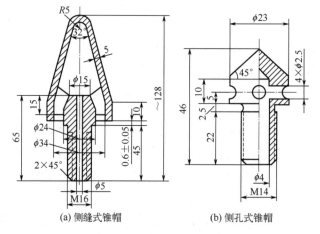

(a) 侧缝式锥帽　　(b) 侧孔式锥帽

图 6-12　锥帽的结构示意图

③ 填充式分布板。填充式分布板是在直孔筛板或栅板上铺上金属丝网，再间隔地铺上卵石、石英砂、卵石，最上层再用金属丝网压紧，如图 6-13 所示。此型结构简单，能够达到均匀布气的要求。但操作时，固体颗粒一旦进入填充层内就很难被吹出去，容易烧结。长期使用后，填充层常常松动、移位，使布气均匀程度降低。因此填充式分布板目前也很少使用。

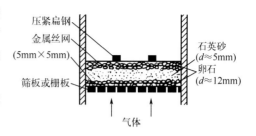

图 6-13 填充式分布板

分布板的开孔率一般为 3%~13%，下限常用于低流化速度，即用于颗粒细、密度小、物料干燥的场合。孔径常取 1.5~2.5mm，有时可达 5mm。

分布板开孔率的计算有多种方法。前已提到，分布板的压力降必须等于或大于床层压力降的 10%，即

$$\Delta p_b = Z_0(1-\varepsilon_0)(\rho_s - \rho)g \tag{6-57}$$

则

$$\Delta p_d = 0.1\Delta p_b \tag{6-58}$$

式中 Δp_b——床层的压力降，Pa；

Δp_d——气体通过分布板的压力降，Pa。

气体通过分布板的孔速可按下式计算：

$$\frac{\Delta p_d}{\rho} = \zeta \frac{u_0^2}{2} \tag{6-59}$$

或

$$u_0 = C_d \left(\frac{2\Delta p_d}{\rho}\right)^{\frac{1}{2}} \tag{6-60}$$

式中 ζ——分布板的阻力系数，一般为 1.1~2.5；

u_0——气体通过筛孔的速度，m·s^{-1}；

C_d——孔流系数，量纲为 1，可根据床层直径 D_t 由图 6-14 查得。

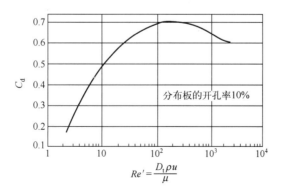

图 6-14 孔流系数 C_d 与 Re' 的关系

分布板上需要的孔数为

$$n_0 = \frac{V_s}{\frac{\pi}{4}d_0^2 u_0} \tag{6-61}$$

$$V_s = L(0.772 + 1.244H_0)\frac{t_1 + 273}{273} \times \frac{1.013 \times 10^5}{p} \tag{6-62}$$

式中　V_s——热空气的体积流量，$m^3 \cdot s^{-1}$；

　　　L——绝干空气的流量，$kg \cdot s^{-1}$；

　　　d_0——筛孔直径，m；

　　　t_1——干燥入口热空气的温度，℃；

　　　p——操作压力，Pa；

　　　n_0——分布板上的总孔数。

分布板的实际开孔率为

$$\varphi = \frac{A_0}{A} = \frac{\frac{\pi}{4}d_0^2 n_0}{A} \tag{6-63}$$

式中　A_0——开孔面积，m^2。

若分布板上筛孔按正三角形布置，则孔心距为

$$t = \left(\frac{\pi d_0^2}{2\sqrt{3}\varphi}\right)^{1/2} = \frac{0.952}{\sqrt{\varphi}}d_0 \tag{6-64}$$

式中　t——正三角形边长（即孔心距），m。

（2）气体预分布器　为使气体更均匀地进入分布板，一般在流化床干燥器内加设气体预分布器，将气体预先分布一次，这样可避免气流直冲分布板而造成局部流速过高，可使分布板在较低阻力下达到均匀布气的作用。大型干燥器（床径大于 1.5m）更需要加装预分布器。常用气体预分布器有弯管式、开口式、同心圆锥壳式和填充式，如图 6-15 所示。弯管式预分布器结构简单，应用最为广泛；开口式预分布器与弯管式属于同一种类型；同心圆锥壳式预分布器结构稍微复杂，但预分布效果很好，并且阻力不大；填充式预分布器效果也较好，但阻力较大，目前应用得不多。

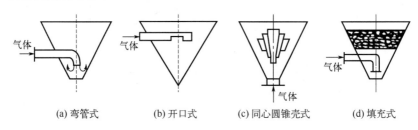

(a) 弯管式　　(b) 开口式　　(c) 同心圆锥壳式　　(d) 填充式

图 6-15　常用的气体预分布器形式

（3）隔板（分隔板）　为了改善气固接触情况和使物料在床层内停留时间分布均匀，对于卧式多室流化床干燥器，常常采用分隔板沿长度方向将整个干燥室分隔成 4~8 室（隔板数为 3~7 块）。隔板与分布板之间的距离为 30~60mm。隔板做成上下移动式，以调节其与分布板之间的距离。

（4）溢流堰　为了保持流化床层内物料厚度均匀，物料出口通常采用溢流方式。溢流堰的高度可取 50～200mm，其值可用下式计算：

$$\frac{2.14\left(Z_0 - \dfrac{h}{E_v}\right)}{\left(\dfrac{1}{E_v}\right)^{1/3}\left(\dfrac{G}{b\rho_b}\right)^{2/3}} = 18 - 1.52\ln\left(\frac{Re_t}{5h}\right) \tag{6-65}$$

$$\frac{E_v - 1}{u - u_{mf}} = \frac{25}{Re_t^{0.44}} \tag{6-66}$$

式中　h——溢流堰高度，m；
　　　ρ_b——颗粒的堆积（表观）密度，kg·m^{-3}；
　　　Re_t——对应于颗粒带出速度的雷诺准数；
　　　b——溢流堰的宽度，m；
　　　G——绝干物料流量，kg·s^{-1}；
　　　E_v——床层膨胀率，无因次；
　　　u、u_{mf}——操作流化速度和临界流化速度，m·s^{-1}。

为了便于调节物料的停留时间，溢流堰设计成可调节结构。

表 6-1、表 6-2 列出了国内某些工厂使用的流化床干燥器的有关数据，供设计者参考。

表 6-1　部分圆筒流化床干燥器的有关数据

物料名称	颗粒粒度	静止床层高度 Z_0/mm	沸腾层高度 Z_1/mm	设备尺寸（直径/mm×高度/mm）
氯化铵	40～60 目	150	360	φ2600×6030
硫铵	40～60 目	300～400		φ920×3480
锦纶	φ3mm×4mm			φ530×3450
涤纶	5mm×5mm×2mm	50～70		φ200×2300
葡萄糖酸钙	0～4mm	400	700	φ900×3170
土霉素、金霉素				φ400×1200
氯化铵	40～60 目	250～300	1000	φ900×2700

表 6-2　卧式多室流化床干燥器的有关数据

物料名称	颗粒粒度	静止床层高度 Z_0/mm	沸腾层高度 Z_1/mm	设备尺寸（长/mm×宽/mm×高/mm）
颗粒状药品	12～14 目	100～150	300	2000×263×2828
肝粉、糖粉	14 目	100	250～300	1400×200×1500
SMP（药）	80～100 目	200	300～350	2000×263×2828
尼龙 1010	6mm×3mm×2mm	100～200	200～300	2000×263×2828
驱胃灵	8～14 目	150	500	1500×200×700
水杨酸钠	8～14 目	1505	500	1500×200×700
各种片剂药	12～14 目	0～1000	300～400	2000×500×2860
合酶素	粒状	400	1000	2000×250×2500
氯化钠	粒状	300	800	4000×2000×5000

6.4 干燥装置附属设备的计算与选型

干燥装置的附属设备主要包括风机、空气加热器、气固分离器及供料器（加料器和排料器）。

6.4.1 风机

为了克服整个干燥系统的阻力以输送干燥介质，必须选择合适类型的风机并确定其安装方式。风机的基本安装方式有三种。

（1）送风式　风机安装在空气加热器前，整个系统在正压下操作。这时要求系统的密封性良好，避免粉尘飞入室内污染环境，恶化操作条件。

（2）后抽式　风机安装在气固分离器之后，整个系统在负压下操作，粉尘不会飞出。这时同样要求系统的密封性良好，以免把外界气体吸入系统内破坏操作条件。

（3）前送后抽式　用两台风机分别安装在空气加热器之前和气固分离器之后，前一台为送风机，后一台为抽风机，调节前后压力，可使干燥室处于略微负压下操作，整个系统与外界压差很小。

根据所输送气体的性质及所需的风压范围，确定风机的材质和类型。然后，根据计算的风量和系统所需要的风压，选择适宜的风机型号。需要注意的是，风量是指单位时间内从风机出口排出的气体体积，并以风机进口处的气体状态计，单位为 $m^3 \cdot h^{-1}$。而风压则需要将操作条件下的风压换算为实验条件下的风压 H_T 来选择风机，即

$$H_T = H_T'(1.2 / \rho') \tag{6-67}$$

式中　ρ'——操作条件下空气的密度，$kg \cdot m^{-3}$。

通风机铭牌或手册中所列的风压是在空气密度为 $1.2 kg \cdot m^{-3}$（20℃、101.3kPa）的条件下用空气作介质测定的。

干燥系统中各部分的压力损失范围如下：

干燥器　　　　5500～15500Pa

旋风分离器　　500～2000Pa

袋滤器　　　　1000～2000Pa

湿式洗涤器　　1000～2000Pa

6.4.2 空气加热器

用于加热干燥介质（空气）的换热器称为空气加热器。一般采用烟道气或饱和水蒸气作为加热介质，且以饱和蒸汽应用更为广泛。空气的出口温度通常不超过160℃，其所用蒸汽的压力一般在185kPa以下，最高压力可达1374kPa。由于蒸汽冷凝侧热阻很小，故总传热系数接近于空气侧的对流传热系数值。为了强化传热，应设法减小空气侧的热阻，例如加大空气的湍动或增大空气侧的传热面积。

可用作空气加热器的换热器有以下几种：

（1）翅片管加热器　工业上常用的翅片管加热器有叶片式和螺旋形翅片式。这类换热器均有系列产品可供选用。

（2）列管式和板式换热器　这是适应性很强、规格齐全的两类换热器，可根据任务要求选用适宜的型号。

6.4.3 供料器

供给或排出颗粒状与片状物料的装置一般统称为供料器。在干燥过程中进料器所处理的往往是湿物料，而排料器所处理的往往是较干物料。

供料器作为干燥装置的附属设备，其作用是保证按照要求定量、连续（或间歇）、均匀地向干燥器供料和排料。设计时要根据物料的物理性质和化学性质（如含湿量、堆积密度、粒度、黏附性、吸湿性、磨损性和腐蚀性等）以及要求的加料速率选择适宜的供料器。在工业生产中，使用较多的固体物料供料器有以下几种：

（1）圆盘供料器　圆盘供料器是在料斗底部安装的水平方向旋转的圆盘，它靠管板将水平板上的物料刮落。加料量是以圆盘的转数、与料斗间的距离以及刮刀的角度等进行调节，其操作情况如图 6-16 所示。它的供料量调节幅度很大，也很方便。这种加料器的特点是物料无破损，装置不会磨损，结构简单，设备费用低，故障少。主要适用于定量要求不严格而流动性较好的粒状物料，不适用于含湿量高的物料。若物料含湿量及粒度变动，将会影响物料的定量排出。

（2）旋转叶轮供料器　旋转叶轮供料器又称星形供料器，是应用最广泛的供料器之一，其操作原理是：电机通过减速器带动星形叶轮转动，物料进入叶片之间的空隙中，借助叶轮旋转由下方排放至受料系统，如图 6-17 所示。它的供料量调节幅度很大，也很方便。这种加料器的特点是结构简单，操作方便，物料颗粒几乎不会破碎，300℃的高温物料也能使用，体积小，安装方便，可用耐磨耐腐蚀材料制造，适用范围很广。但这种供料器在结构上不能保证完全的气密性，对含湿量高以及有黏附性的物料不宜采用。星形供料器的规格见表 6-3。

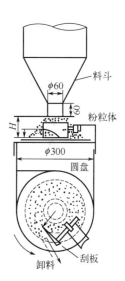

图 6-16　圆盘供料器

表 6-3　星形供料器的规格参数

规格/mm	生产能力 /$m^3 \cdot s^{-1}$	叶轮转速 n /$r \cdot min^{-1}$	传动方式	齿轮减速电机 型号	功率 /kW	输出转速 n /$r \cdot min^{-1}$	设备质量 /kg
φ200×200	4/	20 31	链轮直联	JTC561	1	31	66
φ200×300	6 10	20 31	链轮直联	JTC561	1	31	76
φ300×300	15 23	20 31	链轮直联	JTC561	1	31	155
φ300×400	20 31	20 31	链轮直联	JTC562	1.6	31	174
φ400×400	35 53	20 31	链轮直联	JTC571	2.6	31	224
φ400×500	43 67	20 31	链轮直联	JTC571	2.6	31	260
φ500×500	68 106	20 31	链轮直联	JTC572	4.2	31	350

（3）螺旋供料器　螺旋供料器的主体是安装在圆筒形机壳内的螺旋。依靠螺旋旋转时产生的推送作用使物料从一端向另一端移动而进行送料。其结构和工作原理如图 6-18 所示。螺旋供料器横截面积尺寸小，密封性能好，操作安全方便，进料定量性高。选择适当结构的螺旋可使之适用于含湿量范围大的物料。另外，通过材质的选择又可使它适用于输送腐蚀性物料。但这种供料器动力消耗较大，难以输送颗粒大、易粉碎的物料。由于螺旋叶片和壳体之间易沉积物料，所以它不宜于输送易变质、易结块的物料。在输送质地坚硬的磨削性物料时，螺旋磨损也较严重。

图 6-17　星形供料器

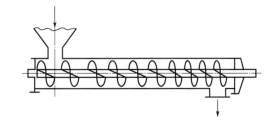

图 6-18　螺旋供料器

膏状物料的定量输送可采用立式螺旋供料器，加料量由螺旋的转速进行调节。第一个螺旋尺寸大小及其位置的高低随膏状物料的性质调节，这是决定能否顺利加料的关键。

（4）喷射式供料器　喷射式供料器是依靠压缩空气从喷嘴高速喷出将物料吸引而进行压送。该供料器没有运动部件，而且由于喷嘴处为负压，使上部物料处于开口状态。但这种供料器压缩空气消耗量大，效率不高，输送能力和输送距离有限，并且在输送坚硬粒子时喉部磨损严重。

6.4.4　气固分离器

对流干燥器工作过程中，从干燥器出来的气流总是夹带有部分被干燥物料的粉尘。这部分粉尘的收集关系到产品的收率和操作环境的保护。因此，任何对流干燥器后都要设置气固分离设备。工业中常用的气固分离器有旋风分离器、袋滤器和湿式除尘器等，但应用最广的是旋风分离器。

（1）旋风分离器　旋风分离器的优点是：构造简单、分离效率较高（达 70%～90%），可以分离出小到 5μm 的粒子，也可以分离高温含尘气体。其缺点是：对于小于 5μm 的粒子分离效果比较差；气体在器内的阻力损失较大；对气体流量的变化很敏感，气体流量太小时分离效率很低；粒子对器壁的磨损大，特别是颗粒大时磨损更严重，生产中当粒子大于 200μm 时，一般是先用重力沉降除去大颗粒后再用旋风分离器。

旋风分离器可以单筒（单个分离器）使用，也可以做成多级组合使用。当处理气量大时可为并联装置，而当分离效率要求较高或使用体型较小的高效分离器时可以设计成串联装置。

旋风分离器之后，通常再设置袋滤器或其他高效分离器，以收集 5μm 以下的粉尘。

化工生产中常见的旋风分离器类型有 XLT/A、XLP/A、XLP/B 及 XLK 型，其性能比较见表 6-4。

表 6-4 化工生产中常用的各种旋风分离器的比较

分离器种类	XLT/A 型	XLP/A 型	XLP/B 型	XLK 型
气速范围/m·s⁻¹	10～18	12～20	12～20	12～16
分离效率	低	高	次低	次高
对粒度适应性	<10μm	<5μm	<5μm	<10μm
对含尘浓度的适应性	4.0～50g·m⁻²	适应性广	适应性广	1.7～200g·m⁻²
摩擦阻力	次大	次小	小	大
结构	简单	复杂	复杂	简单

设计旋风分离器时，首先应根据具体的分离含尘气体任务，结合各型设备的特点，选定旋风分离器的形式，而后通过计算决定尺寸与个数。计算的主要依据有：含尘气体的体积流量、要求达到的分离效率、允许的压力降。

（2）袋滤器　袋滤器是由若干个滤袋组成的一种气固分离设备，其生产强度通常不超过 2m³·m⁻²·min⁻¹。每个滤袋长 2～3.5m，直径为 0.15～0.2m。

袋滤器的优点是：能去除气流中细小的固体颗粒（<1μm），而且分离效率高，一般为 94%～97%，最高可达 99%。其主要缺点是：滤布的磨损或堵塞较快；不适合处理高温或潮湿的气体。

袋滤器的主要构件是滤袋，目前推荐使用的袋料有：

① 工业涤纶布。它具有耐酸、耐热（120℃以下）、耐磨、负荷大、效率高等优点。

② 印刷毡。其性能与工业涤纶布相近，但价格较高。

③ 玻璃丝布。它具有过滤效率高（一般为 90%～99%）、阻力小、耐高温（<150℃）、不吸湿及化学稳定性好等优点。其缺点是随温度升高而变脆。经过特殊处理的玻璃丝布能在 260℃下正常工作。目前国内已成批生产各种直径的玻璃丝布袋（无缝）。

此外，还有单面棉绒布、丝绸平纹布、毛呢等。

袋料的性能对袋滤器的效率有很大影响。选择合适的袋料必须以含尘气体的特性（如粒度、化学性质、温度、湿度等）为依据，同时考虑操作条件和分离要求。

实践证明，具有斜纹和表面有绒毛的布料分离效率较高，适用于过滤非纤维性颗粒，而平纹无绒毛布料则适用于过滤纤维性颗粒。

目前工业生产中用得比较多的是脉冲式袋滤器，如图 6-19 所示。它是一种周期性地向滤袋内喷吹压缩空气以清除滤袋上积料的除尘器。所处理的含尘气体浓度可达 3～5g·m⁻³，分离效率可达 99%。

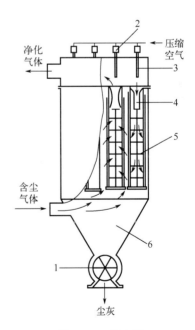

图 6-19 袋滤器
1—排灰阀；2—电磁阀；3—喷嘴；
4—文丘里管；5—滤袋骨架；6—灰斗

6.5 气流干燥器的设计示例

【设计示例】

设计题目：气流干燥器。

试设计一用于干燥固体物料的气流干燥器。已知现有含水 w_1=2%的某晶体物料，物料平均颗粒直径 d_p=0.6mm，颗粒最大直径 d_{pmax}=1mm，密度 ρ_s=2490kg·m^{-3}，经实验测定其临界含水量 w_c=1%，干物料的定压比热容 c_s=1.005kJ·kg^{-1}·℃$^{-1}$，要求产品量为730kg·h^{-1}，干燥后产品含水 w_2=0.03%（均为湿基）。

操作条件：已知物料进入干燥器的温度为 15℃，离开干燥器的温度为 60℃（实测值），使用空气作干燥介质，空气进入预热器的温度为15℃，相对湿度 φ=80%，进入干燥器的温度为 146℃，离开干燥器的温度为 64℃。

【设计计算】

（1）物料衡算与热量衡算

① 水分蒸发量 W

$$W = G_2 \frac{w_1 - w_2}{100 - w_1} = 730 \times \frac{2 - 0.03}{100 - 2} = 14.7 \text{kg} \cdot \text{h}^{-1}$$

则加料量 $G_1=G_2+W$=730+14.7=744.7≈745kg·h^{-1}

② 空气消耗量。首先确定空气离开干燥器的出口状态。由于过程存在热损失，对干燥器进行热量衡算，整理得：

$$\frac{t_1 - t_2}{H_2 - H_1} = \frac{Q_1 + Q_L - Q_D - c_w \theta_1 + r_0}{c_H}$$

依题意：t_0=15℃，t_1=146℃，t_2=64℃，$H_1=H_0$，φ=80%，查饱和水蒸气表可得 t_0=15℃时，p_s=1.71kPa，则：

$$H_1 = H_0 = 0.622 \frac{\varphi p_s}{p - \varphi p_s} = 0.622 \times \frac{0.80 \times 1.71}{101.32 - 0.80 \times 1.71} = 0.0085 \text{kg水} \cdot \text{kg}^{-1}\text{干空气}$$

过程中干燥器没有补充加热，所以 Q_D=0。

物料升温所需热量 Q_1：

$$Q_1 = \frac{G_2 c_s (\theta_2 - \theta_1)}{14.7} = \frac{730 \times 1.005 \times (60 - 15)}{14.7} = 2246 \text{kJ} \cdot \text{kg}^{-1}\text{水}$$

热损失取绝热干燥过程总热量消耗的10%。按绝热过程计算，焓值不变，即：

$$(1.01 + 1.88 \times 0.0085) \times 146 + 2490 \times 0.0085 = (1.01 + 1.88 H_2') \times 64 + 2490 H_2'$$

解得：$H_2' = 0.041 \text{kg水} \cdot \text{kg}^{-1}\text{干空气}$

单位空气消耗量为：

$$l_{绝热} = \frac{1}{H_2' - H_1} = \frac{1}{0.041 - 0.0085} = 30.77 \text{kg干空气} \cdot \text{kg}^{-1}\text{水}$$

$$I_1 = (1.01+1.88H_1)t_1 + 2490H_1 = (1.01+1.88\times0.0085)\times146 + 2490\times0.0085$$
$$= 170.79 \text{kJ} \cdot \text{kg}^{-1}\text{水}$$
$$I_0 = (1.01+1.88H_0)t_0 + 2490H_0 = (1.01+1.88\times0.0085)\times15 + 2490\times0.0085$$
$$= 36.55 \text{kJ} \cdot \text{kg}^{-1}\text{水}$$

故干燥系统的比热量消耗：

$$Q' = l_{绝热}(I_1 - I_0) = 30.77 \times (170.79 - 36.55) = 4130.56 \text{kJ} \cdot \text{kg}^{-1}\text{水}$$

所以，热损失为 $Q_L = 4130.56 \times 10\% = 413 \text{kJ} \cdot \text{kg}^{-1}$ 水

湿空气比热容近似取为进口湿度下的比热容，即：

$$c_H = 1.01 + 1.88 \times 0.0085 = 1.026 \text{kJ} \cdot \text{kg}^{-1} \cdot °C^{-1}$$

水的汽化潜热 $r_0 = 2490 \text{kJ} \cdot \text{kg}^{-1}$，水的定压比热容 $c_w = 4.18 \text{kJ} \cdot \text{kg}^{-1} \cdot °C^{-1}$，湿物料进口温度 $\theta_1 = 15°C$，解得：$H_2 = 0.0246 \text{kg}$ 水 $\cdot \text{kg}^{-1}$ 干空气

故该过程干空气的消耗量为：

$$L = \frac{W}{H_2 - H_1} = \frac{14.7}{0.0246 - 0.0085} = 913 \text{kg 干空气} \cdot \text{h}^{-1}$$

湿空气的体积：

湿空气的比容 v 可按平均温度 t 及平均湿含量 H 计算。

$$t = (146+64)/2 = 105°C$$

$$H = (0.0246+0.0085)/2 = 0.0165 \text{kg 水} \cdot \text{kg}^{-1} \text{干空气}$$

$$v = (0.772 + 1.244 \times 0.0165) \times \frac{273+105}{273} \approx 1.1 \text{m}^3 \text{湿空气} \cdot \text{kg}^{-1} \text{干空气}$$

则湿空气体积为：

$$V = 913 \times 1.1 = 1004 \text{m}^3 \text{湿空气} \cdot \text{h}^{-1}$$

故取湿空气的体积为 1004m^3 湿空气 $\cdot \text{h}^{-1}$。

③ 总热量消耗 Q。该过程总热量消耗 Q 为：

$$Q = L(I_1 - I_0) = 913 \times (170.79 - 36.55) = 122561 \text{kJ} \cdot \text{h}^{-1} = 34.0 \text{kW}$$

（2）干燥管直径　采用变径干燥管。

① 加速段管径计算。取加速段管内的气体速度 $u = 30 \text{m} \cdot \text{s}^{-1}$，此时加速段管径 D 为：

$$D = \sqrt{\frac{V}{\frac{\pi}{4} u \times 3600}} = \sqrt{\frac{1010}{3600 \times 0.785 \times 30}} \approx 0.110 \text{m}$$

② 等速段干燥管直径计算。由最大颗粒的自由沉降速度 u_{tmax}，取等速段管内速度：
$u = u_{tmax} + 3$

已知，$d_{pmax} = 1\text{mm}$，$\rho_s = 2490 \text{kg} \cdot \text{m}^{-3}$。

空气的物性按平均温度 105°C 计算，查得空气黏度 $\mu = 0.022 \times 10^{-3} \text{Pa} \cdot \text{s}$。

密度 $\rho_g = \frac{29}{22.4} \times \frac{273}{273+105} = 0.935 \text{kg} \cdot \text{m}^{-3}$

假定 Re_t 在 1～500 的范围内，则 $\zeta = \frac{18.5}{Re_t^{0.6}}$，则：

$$u_{tmax} = \frac{0.78 d_p^{1.14}(\rho_s - \rho_g)^{0.714}}{\mu^{0.429}\rho_g^{0.286}} = \frac{0.78 \times 0.001^{1.14}(2490-0.935)^{0.714}}{(0.022\times10^{-3})^{0.429}\times 0.935^{0.286}} = 8\text{m}\cdot\text{s}^{-1}$$

检验雷诺数 Re_{tmax}:

$$Re_{tmax} = \frac{d_{pmax}u_{tmax}\rho_g}{\mu} = \frac{0.001\times 8\times 0.935}{0.022\times 10^{-3}} = 340 < 500$$

假设成立。所以，$u = u_{tmax} + 3 = 8 + 3 = 11\text{m}\cdot\text{s}^{-1}$

等速段干燥管直径为：$D = \sqrt{\dfrac{V}{\dfrac{\pi}{4}u\times 3600}} = \sqrt{\dfrac{1010}{3600\times 0.785\times 11}} = 0.180\text{m}$

所以干燥管加速段直径为 0.110m，等速段直径为 0.180m。

（3）干燥管长度　干燥管长度 Z 可根据式（6-32）计算，式中空气传给湿物料的总热量 Q 包括恒速和降速干燥阶段的传热量 Q_1 和 Q_2。

恒速干燥阶段传热量（包括物料预热）Q_1:

首先将物料湿含量换算为干基。

$$X_1 = \frac{w_1}{1-w_1} = \frac{0.02}{1-0.02} = 0.0204$$

$$X_2 = \frac{w_2}{1-w_2} = \frac{0.0003}{1-0.0003} = 0.0003$$

$$X_c = \frac{w_c}{1-w_c} = \frac{0.01}{1-0.01} = 0.01$$

物料湿含量由 X_1 降到 X_c 时为干燥第一阶段，由 X_c 降到 X_2 时为干燥第二阶段。温度为146℃、湿度为 0.0085 的空气的湿球温度 t_w=41℃，所以湿物料和空气的湿含量及温度变化如图 6-20 所示。

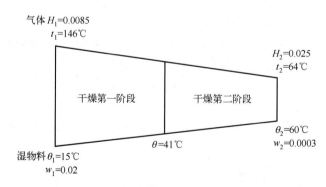

图 6-20　空气和湿物料变化示意图

物料温度由 15℃加热到 41℃，再由 41℃加热到 60℃。在降速段内，物料的水分汽化温度取：

$$\theta' = \frac{\theta + \theta_2}{2} = \frac{41 + 60}{2} = 50.5°C$$

在 $\theta=41°C$ 时，$r_\theta=2402.8kJ·kg^{-1}$；在 $\theta'=50.5°C$ 时，$r_{av}=2380.6kJ·kg^{-1}$
所以，在恒速干燥阶段传热量：

$$\begin{aligned}Q_1 &= G[(X_1 - X_c)r_\theta + (c_s + c_w X_1)(\theta - \theta_1)]\\ &= \frac{730}{3600} \times [(0.0204 - 0.01) \times 2402.8 + (1.005 + 4.187 \times 0.0204) \times (41 - 15)]\\ &= 10.8 kW\end{aligned}$$

降速干燥阶段的传热量：

$$\begin{aligned}Q_2 &= G[(X_c - X_2)r_{av} + (c_s + c_w X_2)(\theta_2 - \theta)]\\ &= \frac{730}{3600}[(0.01 - 0.0003) \times 2380.6 + (1.005 + 4.187 \times 0.0003) \times (60 - 41)]\\ &= 8.6 kW\end{aligned}$$

全管对数平均温度差为：

$$\Delta t_m = \frac{(t_1 - \theta_1) - (t_2 - \theta_2)}{\ln \frac{t_1 - \theta_1}{t_2 - \theta_2}} = \frac{(146 - 15) - (64 - 60)}{\ln \frac{146 - 15}{64 - 60}} = 36.4°C$$

为计算 α，首先计算平均颗粒尺寸的沉降速度，以便计算 Re_t。此时空气的温度仍取平均温度 105°C，其 $\mu=2.2\times10^{-5}Pa·s$，$\rho=0.935kg·m^{-3}$，导热系数 $\lambda=0.03256W·m^{-1}·°C^{-1}$，平均颗粒直径 $d_p=0.6mm$，则

$$u_t = \frac{0.78 d_p^{1.14}(\rho_s - \rho)^{0.714}}{\mu^{0.429}\rho^{0.286}} = \frac{0.78 \times (0.0006)^{1.14} \times (2490 - 0.935)^{0.714}}{(0.022 \times 10^{-3})^{0.429} \times (0.935)^{0.286}} = 4.46 m·s^{-1}$$

$$Re_t = \frac{d_p u_t \rho}{\mu} = \frac{0.0006 \times 4.46 \times 0.935}{0.022 \times 10^{-3}} = 114 < 500$$

故计算所得 u_t 正确。因此：

$$\frac{\alpha d_p}{\lambda} = 2 + 0.54 Re_t^{0.5} = 2 + 0.51 \times 114^{0.5} = 7.78$$

所以，$\alpha = 7.78 \frac{\lambda}{d_p} = 7.78 \times \frac{0.03256}{0.0006} = 422 W·m^{-2}·°C^{-1}$

可得：$a \cdot \frac{\pi}{4}D^2 = \frac{G}{600 d_p \rho_s (u - u_t)} = \frac{730}{600 \times 0.0006 \times 2490 \times (11 - 4.46)} = 0.125$

则干燥管高度 Z 为：$Z = \frac{Q}{\alpha a \left(\frac{\pi}{4}D^2\right)\Delta t_m} = \frac{19.4 \times 10^3}{422 \times 0.125 \times 36.4} = 10.1 m$

计算结果如下：加速段管径 0.110m，等速段管径为 0.180m，干燥管长度为 10.1m。

6.6 流化床干燥器的设计示例

【设计示例】

设计题目：单层圆筒形（连续）流化床干燥器。

试设计一用于热空气干燥氯化铵湿物料的单层圆筒形（连续）流化床干燥器。已知产品产量 G_2=13500kg·h^{-1}，湿物料含水量 w_1=5%（湿基，质量分数，下同），产品含水量 w_2=0.5%，物料堆积密度 ρ_b=950kg·m^{-3}，物料的真密度 ρ_p=1470kg·m^{-3}，物料平均直径 d_p=0.44mm，产品颗粒平均直径 d_{p0}=0.15mm，干物料比热容 c_s=1.6kJ·kg^{-1}·℃$^{-1}$，空气初始湿含量 H_1=0.0198kg 水·kg^{-1} 干空气。

操作条件：热风入口温度 t_1=200℃，热风出口温度 t_2=60℃，物料进干燥器时的温度 θ_1=9℃，产品离开干燥器时的温度 θ_2=55℃。

【设计计算】

（1）物料衡算与热量衡算

① 物料衡算

湿物料处理量 G_1：

$$G_1 = G_2 \frac{100-w_2}{100-w_1} = 13500 \times \frac{100-0.5}{100-5} = 14139 \text{kg} \cdot \text{h}^{-1}$$

水分蒸发量 W：

$$W = G_1 - G_2 = 14139 - 13500 = 639 \text{kg} \cdot \text{h}^{-1}$$

② 热量衡算

水分蒸发所需的热量 Q_1：

$$Q_1 = W(2490 + 1.88t_2 - 4.186\theta_1) = 639 \times (2490 + 1.88 \times 60 - 4.186 \times 9) = 1639116 \text{kJ} \cdot \text{h}^{-1}$$

干物料升温所需的热量 Q_2：

$$Q_2 = G_2 c_m (\theta_2 - \theta_1) = 13500 \times 1.6 \times (55 - 9) = 993600 \text{kJ} \cdot \text{h}^{-1}$$

干燥过程所需有效热量 Q_D：

$$Q_D = Q_1 + Q_2 = 1639116 + 993600 = 2632716 \text{kJ} \cdot \text{h}^{-1}$$

热损失 Q_L：

$$Q_L = 0.1 Q_D = 263271.6 \text{kJ} \cdot \text{h}^{-1}$$

干燥过程所需总热量 Q：

$$Q = Q_D + Q_L = 1831500 + 993600 + 263271.6 = 3088372 \text{kJ} \cdot \text{h}^{-1}$$

则干空气用量 L：

$$L = \frac{Q}{(1.01+1.88H_1)(t_1-t_2)} = \frac{3088372}{(1.01+1.88\times 0.0198)\times(200-60)} = 21065 \text{kg 干空气} \cdot \text{h}^{-1}$$

废气湿含量 H_2：

$$H_2 = H_1 + \frac{W}{L} = 0.0198 + \frac{639}{21065} = 0.0303 \text{kg水} \cdot \text{kg}^{-1} \text{干空气}$$

（2）床层直径 D 的确定

根据实验结果，适宜的空床气速（即操作气速）为 $1.2 \sim 1.4 \text{m} \cdot \text{s}^{-1}$，现取 $1.2 \text{m} \cdot \text{s}^{-1}$ 进行计算。在60℃下，湿空气的比容 v_{H_2} 和体积流量 V 分别为

$$v_{H_2} = (0.773 + 1.224 \times 0.0303) \times \frac{273 + 60}{273} = 0.988 \text{m}^3 \cdot \text{kg}^{-1} \text{干空气}$$

$$V = L v_{H_2} = 21065 \times 0.988 = 20812 \text{m}^3 \cdot \text{h}^{-1}$$

流化床床层的横截面积 A 为

$$A = \frac{V}{3600u} = \frac{20812}{3600 \times 1.2} = 4.82 \text{m}^2$$

因此，床层直径为

$$D = \sqrt{\frac{A}{\pi/4}} = \sqrt{\frac{4.82 \times 4}{\pi}} = 2.48 \text{m}$$

圆整后取实际床层直径为 2500mm。

（3）分离段直径 D_1 的确定

在60℃时，空气的密度 $\rho = 1.06 \text{kg} \cdot \text{m}^{-3}$，黏度 $\mu = 2.01 \times 10^{-5} \text{Pa} \cdot \text{s}$，对于平均直径 $d_{p0} = 0.15 \text{mm}$ 的产品颗粒

$$Ar_0 = \frac{d_{p0}^3 \rho (\rho_p - \rho) g}{\mu^2} = \frac{(0.15 \times 10^{-3})^3 \times 1.06 \times (1470 - 1.06) \times 9.8}{(2.01 \times 10^{-5})^2} = 127.5$$

$$\therefore \zeta = \frac{18.5}{Re_t^{0.6}}$$

由式（6-26）可得 $Ar = \frac{3}{4} \times 18.5 Re_t^{1.4}$

即 $127.5 = \frac{3}{4} \times 18.5 \times \left(\frac{d_{p0} u_f \rho_a}{\mu_a} \right)^{1.4}$，解得 $u_f = 0.63 \text{m} \cdot \text{s}^{-1}$

$$D_1 = \sqrt{\frac{V}{3600 u_f \times \pi/4}} = \sqrt{\frac{21750 \times 4}{3600 \times 0.63 \times \pi}} = 3.49 \text{m}$$

圆整后取实际分离段直径为 3500mm。

（4）流化床层高度的计算

固定床空隙率为

$$\varepsilon_0 = 1 - \frac{\rho_b}{\rho_p} = 1 - \frac{950}{1470} = 0.354$$

对于颗粒平均直径 $d_p = 0.44 \text{mm}$ 的物料

$$Ar = \frac{d_p^3 \rho(\rho_p - \rho)g}{\mu^2} = \frac{(0.44 \times 10^{-3})^3 \times 1.06 \times (1470 - 1.06) \times 9.8}{(2.01 \times 10^{-5})^2} = 3218$$

$$Re = \frac{d_p u \rho}{\mu} = \frac{0.44 \times 10^{-3} \times 1.2 \times 1.06}{2.01 \times 10^{-5}} = 27.8$$

所以流化床的空隙率

$$\varepsilon_f = \left(\frac{18Re + 0.36Re^2}{Ar}\right)^{0.21} = \left(\frac{18 \times 27.8 + 0.36 \times 27.8^2}{3218}\right)^{0.21} = 0.742$$

取静止床层高度 Z_0=150mm，则流化床层高度为

$$Z = Z_0 \frac{1 - \varepsilon_0}{1 - \varepsilon_f} = 0.15 \times \frac{1 - 0.354}{1 - 0.742} = 0.38 \text{m}$$

（5）平均停留时间 τ

物料在流化床干燥器内的平均停留时间可按式（6-54）估算，即

$$\tau = \frac{Z_0 A \rho_b}{G_2} = \frac{0.15 \times \pi/4 \times 2.5^2 \times 950 \times 60}{13500} = 3.14 \text{min}$$

6.7 卧式多室流化床干燥器设计示例

【设计示例】

设计题目：卧式多室流化床干燥器。

试设计一用于热空气干燥有机粉末湿物料的（连续）卧式流化床干燥器。已知产品产量 G_2=2000kg·h^{-1}，湿物料含水量 w_1=35%（湿基，质量分数，下同），产品含水量0.3%（干基），物料堆积密度 ρ_b=450kg·m^{-3}，物料的临界含水量为 X_c=2%（干基），物料的平衡含水量为0，物料的真密度 ρ_p=1400kg·m^{-3}，物料平均直径 d_p=0.15mm，干物料比热容 c_s=1.26kJ·kg^{-1}·℃$^{-1}$，空气初始湿含量 H_1=0.02kg 水·kg^{-1} 干空气。

操作条件： 热风入口温度 t_1=145℃，热风出口温度 t_2=85℃，物料进干燥器时的温度 θ_1=20℃，实验结果表明，当空床气速 u=0.6m·s^{-1} 时，可形成良好的流态化床层。

【设计计算】

（1）体积给热系数 α_a 的计算

对于85℃的空气，λ=0.0308W·m^{-1}·℃$^{-1}$，μ=2.1×10^{-5}Pa·s，ρ=0.988kg·m^{-3}，则

$$Re = \frac{d_p u \rho}{\mu} = \frac{0.15 \times 10^{-3} \times 0.6 \times 0.988}{0.021 \times 10^{-3}} = 4.2$$

可以计算出给热系数

$$\alpha = 4 \times 10^{-3} \frac{\lambda}{d_p} Re^{1.5} = 4 \times 10^{-3} \times \frac{0.0308}{0.15 \times 10^{-3}} \times 4.2^{1.5} = 7.1 \text{W·m}^{-2} \cdot \text{℃}^{-1}$$

$$a = \frac{6\rho_b}{\rho_p d_p} = \frac{6 \times 450}{1400 \times 0.15 \times 10^{-3}} = 12857 \text{m}^2 \cdot \text{m}^{-3}$$

所以

$$\alpha_a = \alpha a = 7.1 \times 12857 = 91285 \text{W} \cdot \text{m}^{-3} \cdot {}^\circ\text{C}^{-1}$$

由图查得，当 $d_p=0.15\text{mm}$ 时，$C=0.11$，因此，实际床层的体积给热系数

$$\alpha_a' = C\alpha_a = 0.11 \times 91285 = 10041 \text{W} \cdot \text{m}^{-3} \cdot {}^\circ\text{C}^{-1}$$

（2）产品离开干燥器时的温度

按绝热过程 $I_1=I_2$，计算所得空气出口湿度 H_2，则

$$(1.01+1.88H_1)t_1+2490H_1=(1.01+1.88H_2)t_2+2490H_2$$

$$(1.01+1.88\times0.02)\times145+2490\times0.02=(1.01+1.88H_2)\times85+2490H_2$$

$$H_2=0.043\text{kg 水} \cdot \text{kg}^{-1} \text{干空气}$$

当空气 $t_2=85^\circ\text{C}$、$H_2=0.043\text{kg 水} \cdot \text{kg}^{-1}$ 干空气时，$t_{w2}=47.5^\circ\text{C}$，$r_{t_{w2}}=2362\text{kJ} \cdot \text{kg}^{-1}$。所以产品离开干燥器时的温度可由式（6-2）来计算，即

$$\frac{85-\theta_2}{85-47.5}=\frac{2362\times0.003-1.26(85-47.5)\left(\dfrac{0.003}{0.02}\right)^{\frac{0.02\times2362}{1.26\times(85-47.5)}}}{0.02\times2362-1.26(85-47.5)}$$

$$\theta_2=68.70^\circ\text{C}$$

（3）流化床干燥器底面积 A

① 表面汽化阶段所需的底面积 A_1

表面汽化阶段所需底面各 A_1 可按式（6-47）计算：

$$\alpha_a'Z_0=\frac{(1.01+1.88H_0)\bar{L}}{\left[\dfrac{(1.01+1.88H_0)\bar{L}A_1(t_1-t_2)}{G(X_1-X_2)r_{t_w}}-1\right]}$$

式中，取静止时床层高度 $Z_0=150\text{mm}$，绝干物料量 $G\approx G_2=2000\text{kg} \cdot \text{h}^{-1}$

$$\bar{L}=\rho u=0.988\times0.6=0.5928\text{kg} \cdot \text{m}^{-2} \cdot \text{s}^{-1}$$

前已算得体积传热系数 $\alpha_a'=10041\text{W} \cdot \text{m}^{-3} \cdot {}^\circ\text{C}^{-1}$

代入得：

$$10041\times0.15=\frac{(1.01+1.88\times0.02)\times0.5928}{\left[\dfrac{(1.01+1.88\times0.02)\times0.5928A_1(145-85)}{\dfrac{2000}{3600}(0.538-0.003)\times2362}-1\right]}=\frac{0.6210}{0.5308A_1-1}$$

解得 $A_1=1.88\text{m}^2$

② 物料升温阶段所需底面积

物料升温所需底面积 A_2 可以按（6-47）计算：

$$\alpha_a'Z_0=\frac{(1.01+1.88H_0)\bar{L}}{\left[\dfrac{(1.01+1.88H_0)\bar{L}A_2}{Gc_{m2}}\bigg/\ln\dfrac{t_1-\theta_1}{t_2-\theta_2}-1\right]}$$

式中 $c_{m2}=c_s+4.187X_2=1.26+4.187\times 0.003=1.273$

$$10041\times 0.15 = \cfrac{0.6210}{\cfrac{0.6210A_2\times 3600}{2000\times 1.273\times \ln\cfrac{145-20}{85-68.7}}-1}=\cfrac{0.6210}{0.4310A_2-1}$$

解得 $A_2=2.32\text{m}^2$

③ 床层总底面积 $A=A_1+A_2=1.88+2.32=4.20\text{m}^2$

（4）干燥器的宽度和长度

取宽度为 1.8m，长度为 2.4m，则流化床的实际底面积为 4.32m^2。沿长度方向在床层内设置三个横向分隔板，板间距为 0.8m。

（5）平均停留时间

物料在流化床干燥器内的平均停留时间可按式（6-54）计算：

$$\tau=\frac{Z_0A\rho_b}{G_2}=\frac{0.15\times 4.32\times 450\times 60}{2000(1+0.003)}=8.72\,\text{min}$$

参 考 文 献

[1] 柴诚敬. 化工原理. 北京：高等教育出版社，2010.
[2] 都健，王瑶. 化工原理. 4 版. 北京：高等教育出版社，2022.
[3] 杨祖荣. 化工原理. 北京：化学工业出版社，2021.
[4] 钟理，易聪华，曾朝霞. 化工原理. 2 版. 北京：化学工业出版社，2020.
[5] 夏清，姜峰. 化工原理. 北京：化学工业出版社，2021.
[6] 李素君，赵薇. 化工原理. 大连：大连理工大学出版社，2020.
[7] 吕树申，莫冬传，祁存谦. 化工原理. 北京：化学工业出版社，2022.
[8] 何志成. 化工原理. 4 版. 北京：中国医药科技出版社，2019.
[9] 贾绍义，柴诚敬. 化工原理. 4 版. 北京：化学工业出版社，2022.
[10] 陈敏恒，丛德滋，齐鸣斋，等. 化工原理. 5 版. 北京：化学工业出版社，2020.
[11] 王晓红，田文德. 化工原理. 北京：化学工业出版社，2019.
[12] 柴诚敬，张国亮. 化工原理. 北京：化学工业出版社，2020.
[13] 华平，朱平华. 化工原理. 南京：南京大学出版社，2020.
[14] 王许云，王晓红，田文德. 化工原理：双语. 北京：化学工业出版社，2020.
[15] 廖辉伟，杜怀明. 化工原理. 北京：化学工业出版社，2019.
[16] 钟秦，陈迁乔，王娟. 化工原理. 北京：国防工业出版社，2019.
[17] 陈均志，李磊. 化工原理实验及课程设计. 2 版. 北京：化学工业出版社，2020.
[18] 李芳. 化工原理及设备课程设计. 北京：化学工业出版社，2020.
[19] 田维亮. 化工原理课程设计. 北京：化学工业出版社，2019.
[20] 李燕. 化工原理课程设计. 北京：中国石化出版社，2019.
[21] 吴晓艺. 化工原理及工艺仿真实训. 北京：化学工业出版社，2019.
[22] 刘建周. 化工原理课程设计. 徐州：中国矿业大学出版社，2019.
[23] 王婷婷，徐建华，刘坤. 化工原理与典型化工工艺研究. 上海：上海交通大学出版社，2017.
[24] 郭文瑶，朱晟. 化工设计课程设计. 北京：冶金工业出版社，2022.
[25] 黄璐，王保国. 化工设计. 北京：化学工业出版社，2017.
[26] 朱晟，辛志玲，张萍. 化工原理课程设计. 北京：冶金工业出版社，2021.
[27] 马烽，陈振，袁芳. 化工原理课程设计. 北京：化学工业出版社，2021.
[28] 叶世超，金央，刘长军. 化工原理课程设计. 北京：化学工业出版社，2021.
[29] 郑育英，李军，丁春华，等. 化工原理课程设计. 北京：化学工业出版社，2022.
[30] 贾绍义，柴诚敬. 化工单元操作课程设计. 天津：天津大学出版社，2011.
[31] 马江权，冷一欣. 化工原理课程设计. 2 版. 北京：中国石化出版社，2011.
[32] 匡国柱，史启才. 化工单元过程及设备课程设计. 2 版. 北京：化学工业出版社，2008.
[33] 贾原媛. 化工原理课程设计. 北京：化学工业出版社，2022.
[34] 宋红，史竞艳. 化工原理课程设计. 武汉：华中科技大学出版社，2022.
[35] 中国石化集团上海工程有限公司. 化工工艺设计手册（上册）. 北京：化学工业出版社，2018.
[36] 《化工工艺系统设计》编委会. 化工工艺系统设计. 北京：石油工业出版社，2013.
[37] 中国石化集团上海工程有限公司. 化工工艺设计手册（下册）. 北京：化学工业出版社，2009.
[38] 张亚婷. 化工仿真实训教程. 北京：化学工业出版社，2022.
[39] 陈群. 化工仿真操作实训. 2 版. 北京：化学工业出版社，2013.